面向新工科物联网专业“十四五”系列教材

物联网短距离无线通信

赵丽娜　高　明　王　婧　兰　剑◎主编

WU LIAN WANG

WULIANWANG
DUANJULI
WUXIAN TONGXIN

中国铁道出版社有限公司
CHINA RAILWAY PUBLISHING HOUSE CO., LTD.

内 容 简 介

本书是为应用型本科学生开发的物联网专业系列教材之一，详细介绍了物联网短距离无线通信技术及其相关应用开发，包括物联网基本理论和应用场景以及 ZigBee、BLE、Wi-Fi 无线网络技术与实践应用。全书深入浅出地论述了物联网短距离无线通信技术的原理和特点，通过实际项目案例，将基本知识与工程项目设计和实施结合起来。每个案例都贴近实际生产与生活，使读者能在较短时间内掌握物联网短距离无线通信技术相关的知识和应用技能。

本书适合作为普通高等院校物联网工程、电子信息工程、物联网应用技术及相关专业的教材，也可作为物联网技术的培训用书和工程技术人员的参考书。

图书在版编目（CIP）数据

物联网短距离无线通信 / 赵丽娜等主编. -- 北京 ：中国铁道出版社有限公司，2025. 5. --（面向新工科物联网专业"十四五"系列教材）. -- ISBN 978-7-113-31010-3

Ⅰ. TP393.4；TP18

中国国家版本馆 CIP 数据核字第 202568T7K3 号

书　　名：物联网短距离无线通信
作　　者：赵丽娜　高　明　王　婧　兰　剑

责任编辑：荆　波　闫钇汛　　**编辑部电话：**（010）51873202　　**电子邮箱：**the-tradeoff@qq.com
封面设计：崔丽芳
责任校对：安海燕
责任印制：赵星辰

出版发行：中国铁道出版社有限公司（100054，北京市西城区右安门西街 8 号）
印　　刷：天津嘉恒印务有限公司
版　　次：2025 年 5 月第 1 版　2025 年 5 月第 1 次印刷
开　　本：787 mm×1 092 mm　1/16　**印张：**15.25　**字数：**380 千
书　　号：ISBN 978-7-113-31010-3
定　　价：59.80 元

前　言

本书是黄冈教育谷投资控股有限公司(以下简称"教育谷")面向21世纪应用型本科学生及对物联网感兴趣的初学人士所开发的系列教材之一。本书以培养学生的应用能力为主要目标,理论与实践并重,并强调理论与实践相结合。通过校企双方优势资源的共同投入和促进,建立以产业需求为导向、以实践能力培养为重点、以产学结合为途径的专业培养模式,使学生既获得实际工作体验,又夯实基础知识、掌握实际技能、提升综合素养。因此,本书注重实际应用,立足于应用型本科的人才培养目标,结合教育谷培养应用型技术技能专业人才的核心目标,在内容编排上,将知识点项目化、模块化,用任务驱动的方式安排章节,力求循序渐进、举一反三、通俗易懂,突出实践性和工程性,使抽象的理论具体化、形象化,使之真正贴合实际、面向工程应用。

本书根据物联网短距离无线通信技术特点和行业对人才的知识、技能要求设计项目模块,包括理论篇、实战篇、工程篇三部分,共十个项目。

项目一引导读者初步认识物联网和无线传感网,了解物联网的概念和常用技术,分析物联网重点发展领域,概述物联网短距离无线通信技术和芯片原理及应用,并进一步了解无线传感网平台的基本特征及使用方法。

项目二介绍了ZigBee短距离无线通信技术,主要内容包括ZigBee无线通信技术开发基础,ZigBee的特点、应用、架构,ZigBee开发平台和开发工具,ZigBee的网络协议栈的工作原理和协议栈的关键接口;通过分析源代码学习物联网开发框架,最后通过真实的项目案例——智慧农业系统,快速实现ZigBee无线传感网络的开发。

项目三介绍了BLE短距离无线通信技术,主要内容包括BLE无线通信技术开发基础,BLE的特点、应用、架构,BLE开发平台和开发工具,BLE协议栈解析与应用开发;通过分析源代码学习物联网开发框架,最后通过真实的项目案例——智慧家庭系统,快速实现BLE无线传感网络开发。

项目四介绍了Wi-Fi短距离无线通信技术,主要内容包括Wi-Fi无线通信技术开发基础,Wi-Fi的特点、应用、架构,Wi-Fi开发平台和开发工具,Wi-Fi协议栈解析与应用开发;通过分析源代码学习物联网开发框架,最后通过真实的项目案例——智能家居系统,快速实现Wi-Fi无线传感网络开发。

项目五介绍了ZigBee智慧农业系统开发。掌握ZigBee数据发送接口的使用和ZigBee数据协议设计,理解ZigBee控制类和控制类传感器程序逻辑、智云控制类程序开发接口,以及农业光照系统和农业遮阳控制系统程序开发。

项目六介绍了BLE创意产品系统开发。掌握BLE数据发送接口的使用和BLE数据协议设计,理解BLE采集类和控制类传感器程序逻辑、智云控制类程序开发接口,以及家庭湿度采集系统和家庭灯光控制系统程序开发。

项目七介绍了Wi-Fi智能家居系统开发。掌握Wi-Fi数据发送接口的使用和Wi-Fi数据协议设计，理解Wi-Fi采集类和控制类传感器程序逻辑、智云控制类程序开发接口，以及家居环境采集系统和智能饮水机控制系统程序开发。

项目八介绍了ZigBee农业预警系统。掌握ZigBee数据发送接口的使用和ZigBee数据协议设计，理解ZigBee安防类传感器程序逻辑、智云控制类程序开发接口，以及农业光强预警系统程序开发。

项目九介绍了BLE家庭门磁报警系统。掌握BLE数据发送接口的使用和BLE数据协议设计，理解BLE安防类传感器程序逻辑、智云控制类程序开发接口，以及家庭门磁报警系统程序开发。

项目十介绍了Wi-Fi家居智能安防系统。掌握Wi-Fi数据发送接口的使用和Wi-Fi数据协议设计，理解Wi-Fi安防类传感器程序逻辑、智云控制类程序开发接口，以及家居智能安防系统程序开发。

本书主要有以下特点：

(1)实用性。以项目为基础、以模块为划分、以任务实战的方式安排章节，架构清晰、组织结构新颖，先让学生掌握课程整体知识内容的框架，然后在不同项目中穿插实战任务，学习目标明确，实战经验丰富，对学生培养效果好。

(2)校企融合。本书由一批具有丰富教学经验的教师和多年工程实践经验的企业培训师共同编写，既解决了高校教师教学经验丰富但工程经验少、编写教材时不免理论内容过多的问题，又解决了工程人员实战经验多却无法全面清晰阐述内容的问题，教材贴合实际又易于学习，实用性好。

(3)前瞻性。实践案例来自工程一线，案例新、实践性强。本书结合工程一线真实案例编写了大量实训任务和工程案例演练环节，让学生掌握实际工作中所需要用到的各种技能，边做边学，在学校完成实践学习，提前具备职业人员技能素养。

本书由赵丽娜、高明、王婧、兰剑主编。其中项目一至项目三由赵丽娜(云南交通职业技术学院)编写，项目四至项目六由高明(重庆城管职业学院)编写，项目七和项目八由王婧(东营科技职业学院)编写，项目九和项目十由兰剑(黄冈教育谷投资控股有限公司)编写。

在本书的编写过程中，我们吸收了相关教材及论著的研究成果，在此，谨向通信学界的师友、同仁及作者表示衷心的感谢！同时，也得到了黄冈教育谷投资控股有限公司领导的关心和支持，更得到了广大同事的无私帮助及家人的温馨支持，在此向他们表示诚挚的谢意与感激。

限于我们的水平，书中难免有不妥或疏漏之处，敬请广大读者批评指正。

编　者

2024年12月

目　录

理论篇　物联网认知与应用

实战篇　短距离无线通信技术应用

工程篇 短距离无线通信技术应用拓展

理论篇

物联网认知与应用

引言

物联网的概念最早出现于比尔·盖茨(Bill Gates)1995年的《未来之路》一书中。在《未来之路》中,比尔·盖茨已经提及物联网概念,只是当时受限于无线网络、硬件及传感设备的发展,并未引起世人的重视。

1998年,美国麻省理工学院创造性地提出了当时被称作EPC系统的"物联网"的构想。

1999年,美国Auto-ID首先提出"物联网"的概念,主要是建立在物品编码、射频识别(radio frequency identification,RFID)技术和互联网的基础上。在中国,物联网曾被称为传感网。中国科学院早在1999年就启动了传感网的研究,并已取得了一些科研成果,建立了一些适用的传感网。同年,在美国召开的移动计算和网络国际会议提出了"传感网是下一个世纪人类面临的又一个发展机遇"。

2003年,美国《技术评论》提出传感网络技术将是未来改变人们生活的十大技术之首。

2005年11月17日,在突尼斯举行的信息社会世界峰会上,国际电信联盟发布了《ITU互联网报告2005:物联网》,正式提出了"物联网"的概念。报告指出,无所不在的"物联网"通信时代即将来临,世界上所有的物体从轮胎到牙刷、从房屋到纸巾都可以通过互联网主动进行交换。射频识别技术、传感器技术、纳米技术、智能嵌入技术将得到更加广泛的应用。

学习目标

- 掌握 ZigBee、BLE(bluetooth low energy,蓝牙低能耗)、Wi-Fi 开发工具的使用。
- 掌握 ZigBee、BLE、Wi-Fi 协议栈功能。
- 掌握实验平台出厂程序固化、网络参数修改并体验综合项目。

知识体系

- 物联网认知与应用
  - 项目一　认知物联网与无线传感网
    - 任务　认知物联网与无线传感网学习平台
  - 项目二　ZigBee智慧农业系统设计
    - 任务一　ZigBee无线网络认知
    - 任务二　ZigBee无线网络工具
    - 任务三　ZigBee协议栈程序分析
  - 项目三　BLE网络认知与工具调试
    - 任务一　BLE无线网络认知
    - 任务二　BLE无线网络工具
    - 任务三　BLE协议栈程序分析
  - 项目四　Wi-Fi网络认知与工具调试
    - 任务一　Wi-Fi无线网络认知
    - 任务二　Wi-Fi无线网络工具
    - 任务三　Wi-Fi协议栈程序分析

项目一
认知物联网与无线传感网

学习目标

- 理解无线传感网的基本知识，了解 ZigBee、BLE、Wi-Fi 无线传感网技术及相关实验平台和芯片。
- 安装部署 ZigBee、BLE、Wi-Fi 三种实验平台的开发环境和工具。
- 掌握实验平台出厂程序固化、网络参数修改并体验综合项目。

任务　认知物联网与无线传感网学习平台

任务描述

本任务主要讲述物联网概念、无线传感网概念，了解物联网无线通信技术主流架构。同时介绍各种主流的无线传感网络，以及相关学习路线、学习平台、综合体验等。

任务分析

一、物联网与无线传感网技术概述

（一）物联网技术

物联网(internet of things, IoT)是新一代信息技术的重要组成部分，也是“信息化”时代的重要发展阶段。顾名思义，物联网就是物物相连的互联网。这有两层意思：其一，物联网的核心和基础仍然是互联网，是在互联网基础上的延伸和扩展的网络；其二，其用户端延伸和扩展到了任何物品与物品之间，进行信息交换和通信，也就是物物相息。物联网通过智能感知、识别技术与普适计算等通信感知技术，广泛应用于网络的融合中，也因此被称为继计算机、互联网之后世界信息产业发展的第三次浪潮。物联网是互联网的应用拓展，与其说物联网是网络，不如说物联网是业务和应用。因此，应用创新是物联网发展的核心，以用户体验为核心的创新 2.0 是物联网发展的灵魂。

物联网是互联网上的延伸，更高于互联网。物联网应用结构如图 1-1 所示。

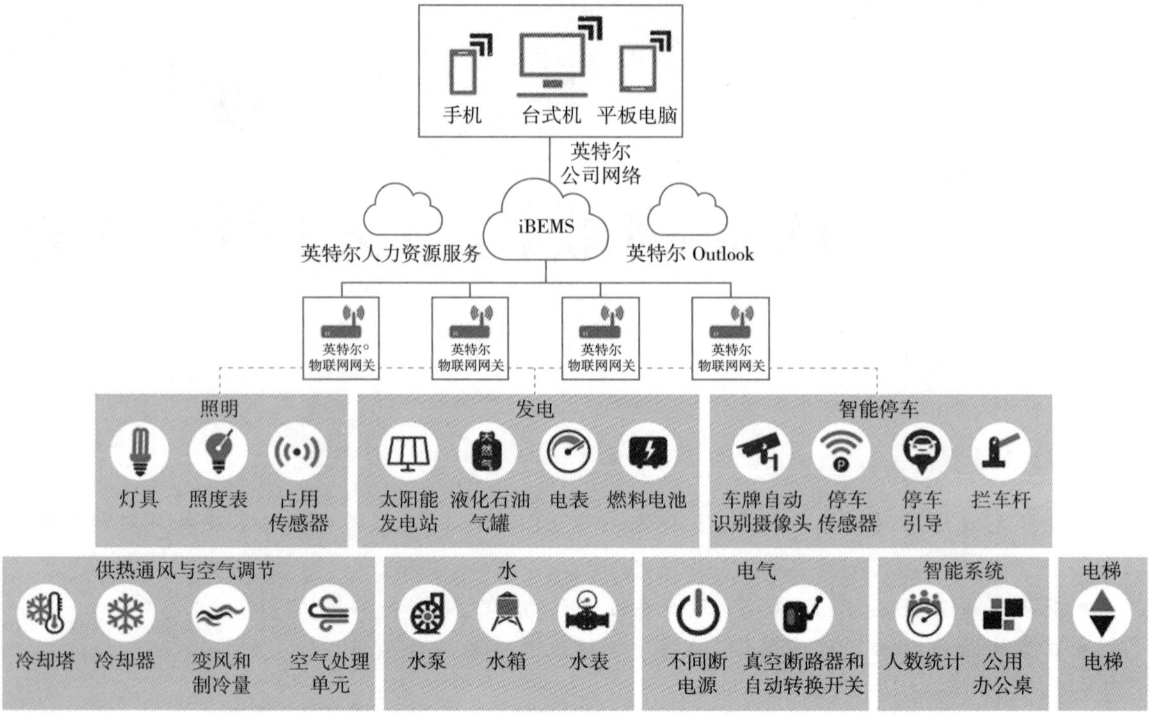

图 1-1　物联网应用结构

（二）无线传感网

无线传感器网络（wireless sensor networks，WSN）是由部署在监测区域内的大量微型传感器节点组成，是采用无线通信的方式形成的一个多跳自组织网络系统，能够通过集成化的微型传感器，协同地实时监测、感知、采集和处理网络覆盖区域中各种感知对象的信息，并对信息资料进行处理，再通过无线通信方式发送，并以自组多跳网络方式传送给信息用户，以此实现数据收集、目标跟踪，以及报警监控等各种功能。无线传感器网络技术综合了传感器技术、嵌入式计算技术、现代网络及无线通信技术、分布式信息处理技术等先进技术，该技术具备的感知能力、计算能力、通信能力，给更多的 WSN 应用空间和应用价值提供了可能性，是物联网的重要组成部分。无线传感网络节点如图 1-2 所示。

网络中主节点组建网络，其他节点可以接入网络并相互组网和收发数据，新的节点可以加入已有的网络中。其中每个入网节点下都可携带传感器或控制设备，网络可以上传网络中各个节点采集的数据，同时通过网络也可以对网络中指定节点的受控设备进行控制。

（三）无线传感网应用场景

无线传感网络应用系统中大量采用具有智能感测和无线传输的微型传感设备或微型传感器，通过这些微型设备和传感器侦测周遭环境，如温度、湿度、光照、气体浓度、PM2.5、PM10、甲醛、电磁辐射、震动幅度等物理信息，并由无线网络将搜集到的信息传送给监控者。监控者解读报表信息后，便可掌握现场状况，进而维护、调整相关系统。由于监控物理世界的重要性从来没有像今天这么突出，所以无线传感网络已成为军事侦测、环境保护、建筑监测、安全作业、工业控制、家庭、船舶和运输系统自动化等应用中的重要技术手段，如图 1-3 所示。

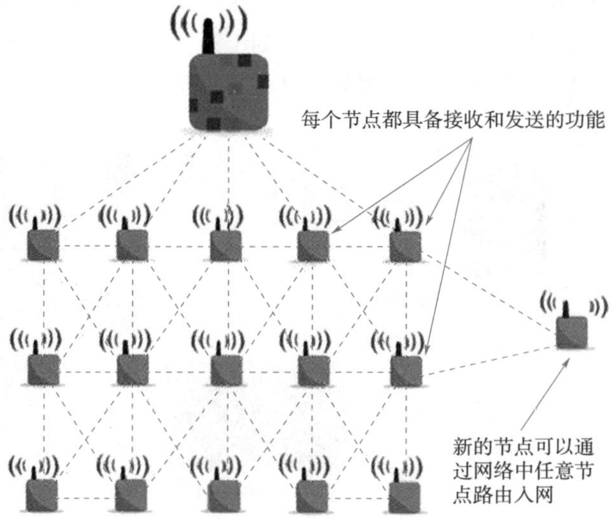

图 1-2　无线传感网络

图 1-3　无线传感网络的应用领域

下面以智能家居为例讲解无线传感网络在物联网中的应用。

无线传感网络在家庭中的应用能给人们的家居生活带来革命性的影响。现代化居住格局使家庭生活的封闭性越来越强，安全问题尤为重要。当前安全防范及报警系统是数字家庭、智能家居的重要组成部分。无线传感网中极为重要的通信途径之——Wi-Fi，在未来家庭的智能家居中有着广阔的应用空间，如通过分布在各个房间中的传感器，获得每个房间的温度信息，实现智能控制平衡居室温度。同时，还可以在家电、家居，以及门窗上安装相应的传感器节点，利用这些节点来构建一个智能家居系统。例如，当燃气探测器探测到煤气泄漏、烟雾探测器探测到烟雾浓度过高、红外感应器探测到有小孩靠近窗户欲爬窗而出、气象传感器探测风雨天气等情况时，会同时向主控器和窗门驱动器发出信号，窗门驱动器自动开窗，主控器报警循环拨打预先设置的电话号码进行警情通报，燃气探测器还会启动通风装置进行通风等。利用无线传感网络技术和 Wi-Fi 技术等获取安全居家生活的各类传感量并提供 Internet 控制和连接,既可利用 PC 或者智能手机等进行远端访问和控制,也可以委托第三方公司来实行统一的管理和数据存储,无线传感网络技术在智能家居中的应用如图 1-4 所示。

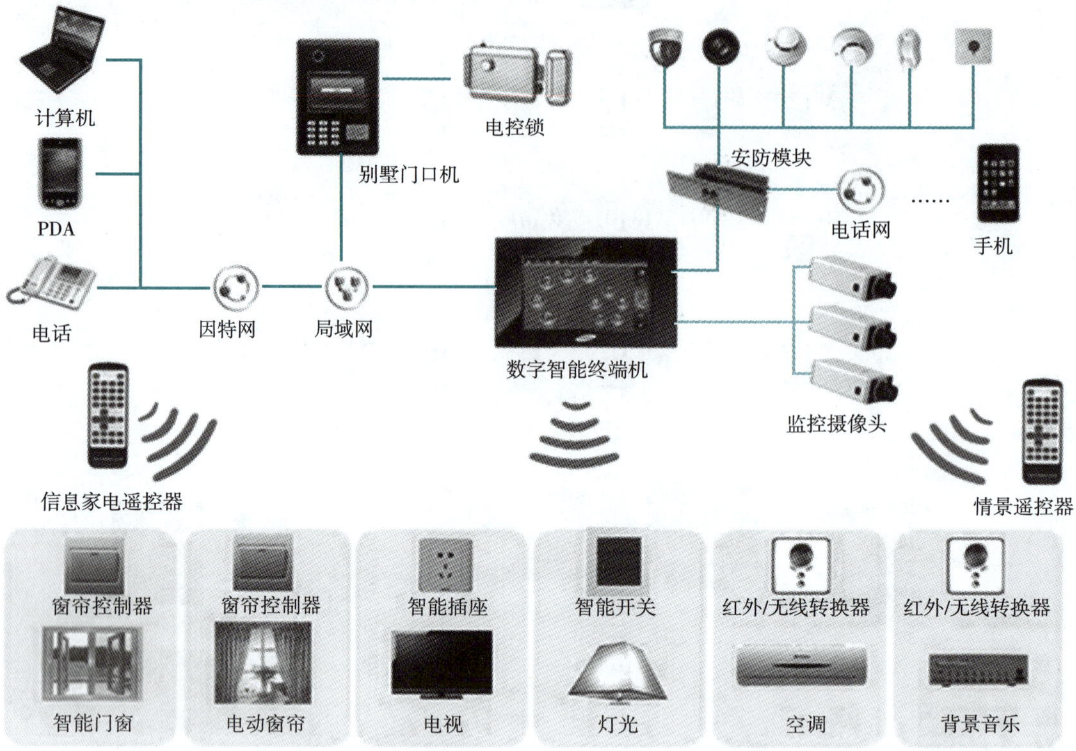

图 1-4　无线传感网络技术在智能家居中的应用

二、无线传感网学习平台

(一)无线传感网学习路线

无线传感网络是一个融合性的学科,无线传感网络融合了单片机技术和射频技术两个部分。单片机学习部分主要是对射频承载的芯片的使用进行学习,射频则是对网络特性和网络协议的学习。通过使用射频芯片能够实现组网和自由的数据收发,那么无线传感网络的学习目的就基本上达到了。

以 ZigBee 无线传感网络为例分析无线传感网学习路线。ZigBee 是一种低功耗的高效率的多点自组网的近距离可中继的无线传感网络。承载 ZigBee 网络的芯片有很多,这里使用美国德州仪器公司生产的 CC2530 射频 ZigBee 芯片为例。CC2530 芯片是一个拥有增强型 51 内核的单片机,该单片机上集成了符合 ZigBee 网络特性的射频组件。因此整个 CC2530 芯片可以理解为是一个具有 ZigBee 网络功能的单片机。

了解了 CC2530 芯片的原理后,可以学习 CC2530 单片机的片上外设的使用,学会使用 CC2530 单片机片上外设后接着学习 CC2530 的射频功能。在射频功能这一块,很多半导体公司为了用户能够方便地使用到 ZigBee 网络的完整性能,在基于生产的芯片上开发了 ZigBee 网络协议栈,网络协议栈能够调用芯片的全部资源,并能够通过协议栈使用户轻松地使用 ZigBee 网络。因此使用 CC2530 的 ZigBee 功能就是使用 CC2530 的 ZigBee 协议栈。

但在很多时候，半导体公司的协议栈程序开发人员的程序开发水平远高于初学者，导致初学者对协议栈的学习和理解变得十分困难，阅读协议栈代码也显得十分生涩，因此很多企业在原有的半导体公司提供的 ZigBee 协议栈上进行了封装和优化，极大方便了初学者的学习。因此学习 ZigBee，一方面是学习芯片的使用，另一方面在理解协议栈原理的基础上使用企业封装的 ZigBee 协议栈可以实现 ZigBee 网络的快速学习和使用。

结合 ZigBee 网络的学习思路，无线传感网络的学习路线如图 1-5 所示。

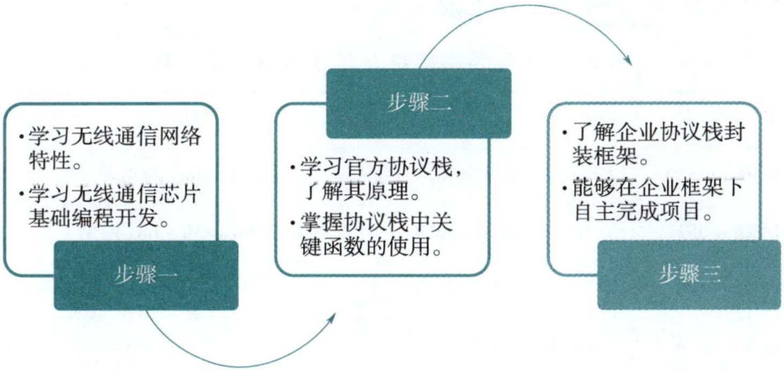

图 1-5　无线传感网络学习路线

常见无线网络的学习内容见表 1-1。

表 1-1　无线网络的学习内容

网络类型	芯　　片	协　议　栈	企业框架
ZigBee	CC2530	ZStsack 协议栈	智云框架
BLE	CC2540	蓝牙 BLE 协议栈	智云框架
Wi-Fi	CC3200	SimpleLink	智云框架
LoRa	STM32F103+SX1278	企业协议栈+AT 指令	智云框架
NB-IoT	STM32F103+BC95	企业协议栈+AT 指令	智云框架
LTE	STM32F103+EC20	企业协议栈+AT 指令	智云框架

表 1-1 中 ZigBee 网络、BLE 网络、Wi-Fi 网络均使用带射频功能的芯片，可直接使用官方提供的协议栈；LoRa 网络、NB-IoT 网络、LTE 网络均使用的是射频模块，本身并不具备数据逻辑处理能力，需要外接单片机或微控制器对射频芯片进行操作。另外为了方便这些网络的使用，企业根据网络特性，自主设计了企业协议栈，以方便学习和使用。

(二) 无线传感网开发环境

通过学习，可以了解到学习无线传感网络就是学习无线传感网络承载的芯片和网络协议栈。那么对无线传感网络的学习与开发就是对芯片的程序开发。既然要开发程序，那么就需要开发环境和相关的开发工具。

为了避免多个开发和编译环境的使用造成初学者对学习无线传感网络的困扰，企业在选择芯片时选用了全 TI 平台，即 ZigBee、BLE 和 Wi-Fi 的芯片都是使用美国德州仪器公司生产的芯片。同时德州仪器公司提供的这三种芯片的协议栈开发环境均为 IAR，因此这三种芯片的开发均使用 IAR 作为集成开发环境。另外三种网络选用的是射频模块加控制芯片的组合,在程序开发上只需要对控制芯片进行操作即可。芯片选用的是意法半导体公司生产的基于 ARM 内核的 STM32 芯片,IAR 集成开发环境对此款芯片也有很好的支持。因此在无线传感网络的学习中程序的开发均使用 IAR 集成开发环境。

除了开发环境,意法半导体公司还为芯片的开发提供了许多可用的工具,如网络调试工具、抓包工具等,企业为了方便初学者对无线传感网络的学习,也开发了功能强大的综合调试工具。

无线传感网络开发环境与调试工具汇总见表 1-2。

表 1-2　无线传感网络开发环境与调试工具

网络类型	开发环境	工具一	工具二	工具三
ZigBee	IARfor8051	ZTools(数据调试)	SensorMonitor(网络)	PackageSniffer(抓包)
BLE	IARfor8051	BTools(数据调试)	BLEDeviceMonitor(网络)	PackageSniffer(抓包)
Wi-Fi	IARforARM	TCP&UDP 工具(调试)	—	—
LoRa	IARforARM	串口助手(调试)	—	—
NB-IoT	IARforARM	串口助手(调试)	—	—
LTE	IARforARM	串口助手(调试)	—	—
企业调试工具		xLabTools、ZCloudTools、ZCloudWebTools(以上网络均可调试)		

由于所有网络均使用 IAR 作为集成开发环境,此处将对 IAR 集成开发环境的使用进行讲解,后面不再说明。

为了能够正常开发无线传感网络程序,需要首先安装 IAR 集成开发环境,为后面的程序开发做准备。IAR 集成开发环境图标如图 1-6 所示。

图 1-6　IAR 集成开发环境

IAR 集成开发环境是一个专门用于开发嵌入式设备程序的开发环境,使用方便简单,其主窗口界面如图 1-7 所示。

以下是 IAR 主界面中各窗口的含义:

- Menu Bar 菜单栏:该窗口是 IAR 比较重要的一个窗口,里面包含 IAR 所有操作及内容,在编辑模式和调试模式下存在一些不同。
- Tool Bar 工具栏:该窗口是一些常见的快捷按钮,下面会重点讲述。
- Workspace Window 工作空间窗口:一个工作空间可以包含多个工程,该窗口主要显示工作空间下面工程项目的内容。
- Edit Window 编辑空间:代码编辑区域。
- Message Window 信息窗口:该窗口包括编译信息、调试信息、查找信息等一些信息的窗口。

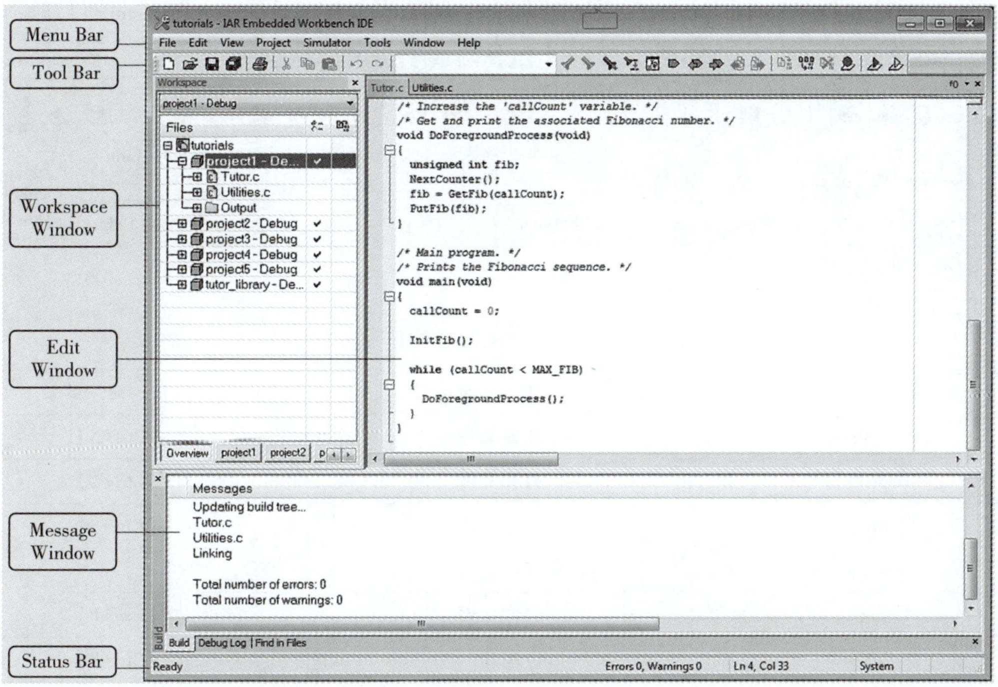

图 1-7 IAR 主窗口界面

- Status Bar 状态栏：该窗口包含错误警告、光标行列等一些状态信息。

Tool Bars 工具栏其实就是在主菜单下面的快捷图标按钮，这些快捷按钮之所以归到工具栏里面，是因为它们使用的频率较高。比如编译按钮，这个按钮在编程的时候使用的频率是相当高的，这些快捷按钮大部分也是有对应的快捷键。

IAR 的 Tool Bar 工具栏共有两个：主(Main)工具栏和调试(Debug)工具栏。在编辑(默认)状态下只显示主工具栏，在进入调试模式后会显示 Debug 工具栏。

工具栏可以通过菜单打开：View→Tool bars，如图 1-8 所示。

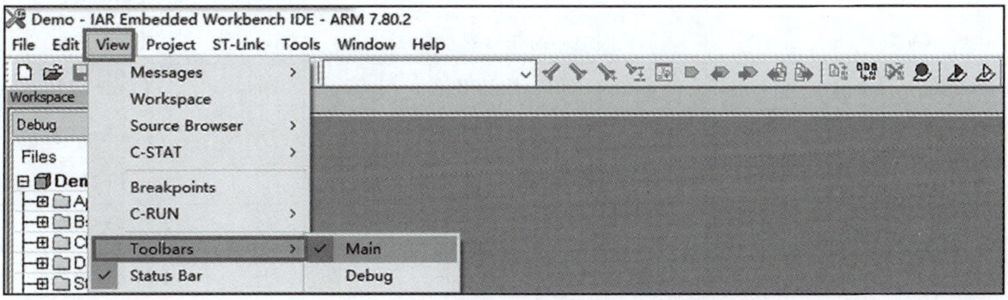

图 1-8 IAR 设置工具栏

(1)主工具栏

在编辑(默认)状态下，只有主工具栏，这个工具栏中的内容也是在编辑状态下常用的快捷按钮，如图 1-9 所示。

图 1-9 中按钮功能与快捷键见表 1-3。

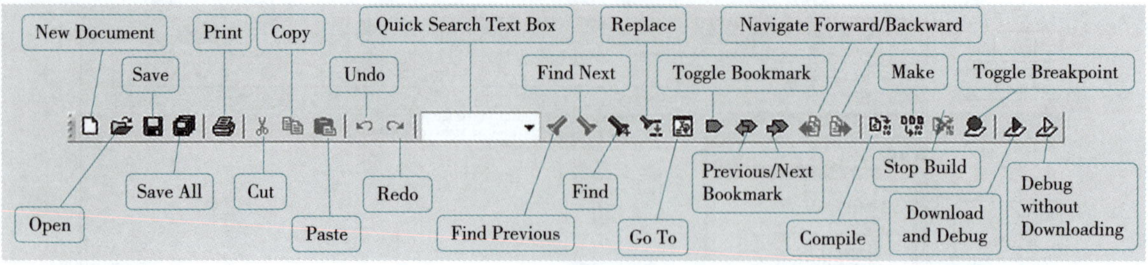

图 1-9 主工具栏

表 1-3 主工具栏按钮

按 钮	功 能	快 捷 键
New Document	新建文件	【Ctrl+N】
Open	打开文件	【Ctrl+O】
Save	保存文件	【Ctrl+S】
Save All	保存所有文件	—
Print	打印文件	【Ctrl+P】
Cut	剪切	【Ctrl+X】
Copy	复制	【Ctrl+C】
Paste	粘贴	【Ctrl+V】
Undo	撤销编辑	【Ctrl+Z】
Redo	恢复编辑	【Ctrl+Y】
Quick Search Text Box	快速搜索文本框	—
Find Previous	向前查找	【Shift+F3】
Find Next	向后查找	【F3】
Find	查找(增强)	【Ctrl+F】
Replace	替换	【Ctrl+H】
Go To	前往行列	【Ctrl+G】
Toggle Bookmark	标记/取消书签	【Ctrl+F2】
Previous Bookmark	跳转到上一个书签	【Shift+F2】
Next Bookmark	跳转到下一个书签	【F2】
Navigate Backward	跳转到上一步	【Alt+左箭头】
Navigate Forward	跳转到下一步	【Alt+右箭头】
Compile	编译当前(文件、组)	【Ctrl+F7】
Make	编译工程(构建)	【F7】
Stop Build	停止编译	【Ctrl+Break】
Toggle Breakpoint	编辑/取消断点	【Ctrl+F9】
Download and Debug	下载并调试	【Ctrl+D】
Debug without Downloading	调试(不下载)	—

(2)调试工具栏

调试工具栏是在程序调试时才有效的快捷按钮，在编辑状态下，这些按钮是无效的，如图 1-10 所示。

图 1-10　调试工具栏

图 1-10 中各按钮(自左至右)解释见表 1-4。

表 1-4　调试工具栏按钮

按　钮	功　能	快　捷　键
Reset	复位	—
Break	停止运行	—
Step Over	逐行运行	【F10】
Step Into	跳入运行	【F11】
Step Out	跳出运行	【F11】
Next Statement	运行到下一语句	—
Run to Cursor	运行到光标行	—
Go	全速运行	【F5】
Stop Debugging	停止调试	【Ctrl+Shift+D】

逐行运行也叫逐步运行，跳入运行也叫单步运行，运行到下一语句和逐行运行类似。

任务引导与步骤

三、智能家居场景分析与实践

智能家居作为典型的物联网应用场景，运用了智能传感器、无线传感网络、智能网关、云平台、移动互联网应用等技术。智能家居系统采用各种智能传感器构建无线传感网，通过智能网关和云平台与移动互联应用进行交互，实现智慧化的互联生活。典型的智能家居系统包含中央控制子系统、环境感知子系统、家电控制子系统、安全监控子系统等部分，如图 1-11 所示，包含以下功能：

- 网络服务：提供无线互联网接入服务、3G 移动通信网接入服务，为智能家居系统提供通信链路。
- 智能安防：智能安防可以实现非法入侵检测、火情监控、煤气泄漏监控等功能，当出现警情时主动发出报警信息，启动应急系统。
- 智能光照：提供多种情景模式的智能光照，智能控制光照度、光照时间等。
- 家电控制：可控制电视、音箱、冰箱、电扇、门窗等。
- 情景控制：可根据环境信息、安全监测、用户指令等多方面的信息，进行家居全方位控制，提供诸如夜间睡眠模式、早起模式、家庭影院模式等。

本任务以 ZigBee、BLE、Wi-Fi 无线传感网络及各种智能传感器设备，实现一个完整的智能家居系统。

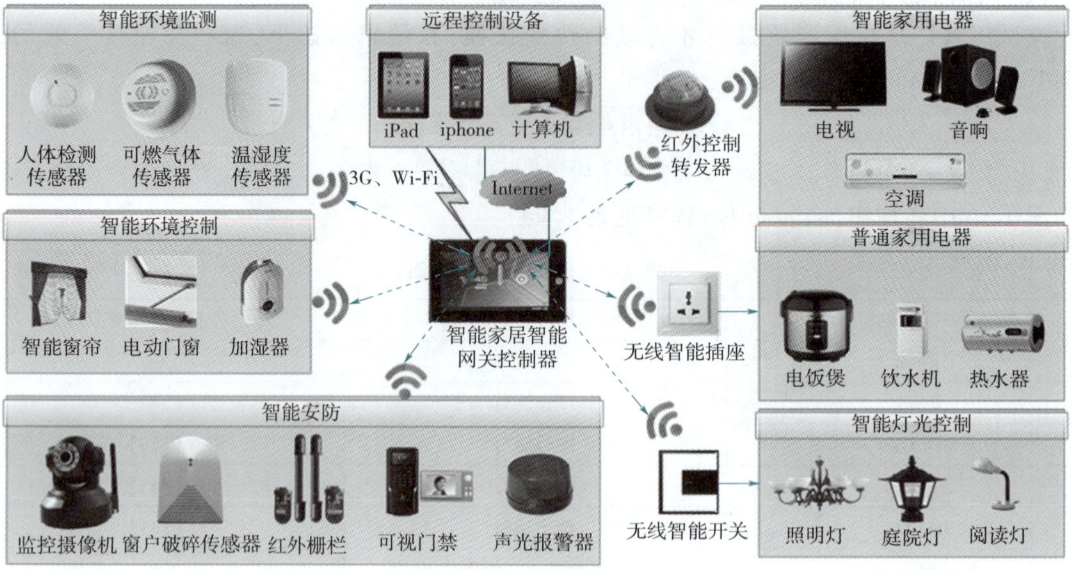

图 1-11　智能家居系统

(一)实验软硬件认知

针对 ZigBee、BLE、Wi-Fi 无线传感网络的开发和学习,安装必要的开发环境,IAR 开发环境如图 1-12 所示。

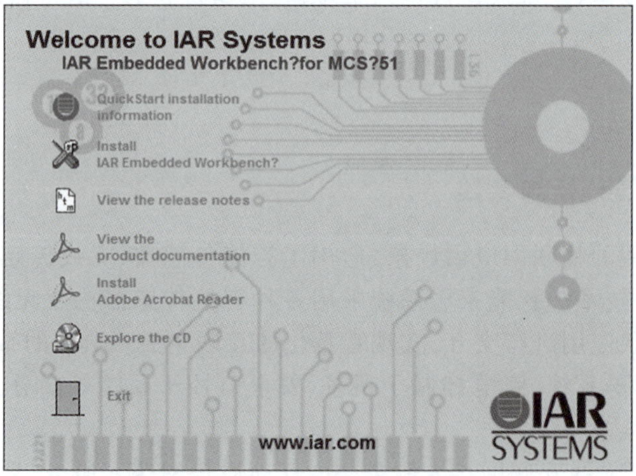

图 1-12　IAR 开发环境

通过提供的产品手册对学习平台进行认知和理解,如图 1-13 所示。

通过提供的产品手册对学习平台进行出厂镜像固化和网络参数更新,如图 1-14 所示。

通过提供的产品手册安装 xLabDemo 智能家居演示软件,并搭建好硬件,学习智能家居系统综合演示,如图 1-15 所示。

(二)验证测试演示系统

安装必要的 ZigBee、BLE、Wi-Fi 开发环境,认知传感网学习平台,通过 xLabDemo 演示理解物联网场景。

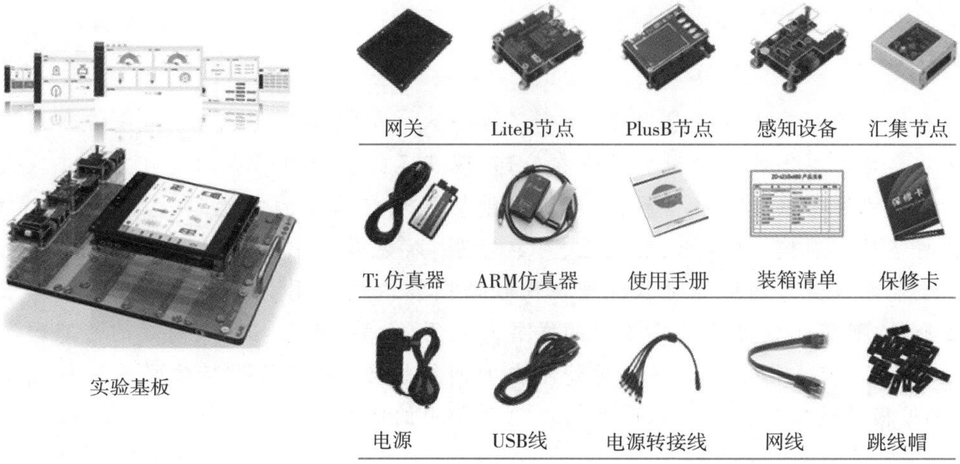

图 1-13　物联网教学设备

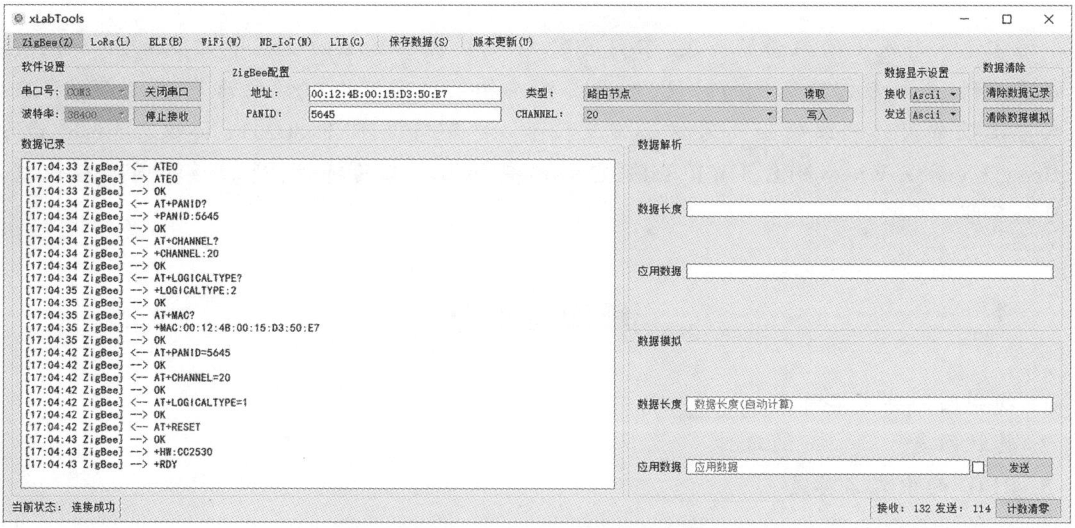

图 1-14　无线网络参数更新

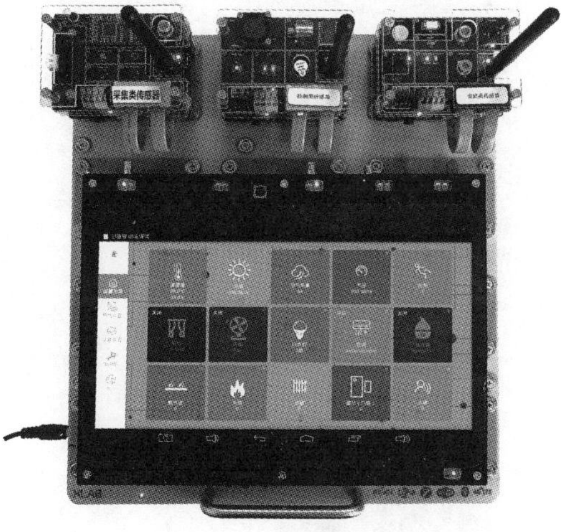

图 1-15　xLab 演示系统

任务小结

因特网构成了逻辑上的信息世界，改变了人与人之间的沟通方式，而无线传感网络将逻辑上的信息世界与客观上的物理世界融合在一起，改变了人类与自然界的交互方式。人们可以通过无线传感网络直接感知客观世界，从而极大地扩展现有网络的功能和人类认知世界的能力。无线传感网络是大规模、自组织、动态性、可靠性强、以数据为中心和与应用相关的网络。无论是互联网还是无线传感网络均可以说是现代物联网技术的应用。当前无线传感网络正处于起步和发展阶段，随着无线传感网络技术的发展与应用，微型、智能、廉价、高效的传感器节点必将走入人们的生活，使人们感受到一个无处不在的网络世界，未来必将与物联网一样成为继计算机、互联网与移动通信网之后信息产业新一轮竞争中的制高点。

大开眼界

语言是人与人之间沟通的桥梁，不同国家、不同民族在交往的过程中需要语言。同样，在物联网时代，当机器需要交流的时候，也需要按照相互之间可以听懂的语言进行。那些在物联网中比较常用的无线短距离通信语言及技术——Wi-Fi(IEEE 802.11 协议)、Mesh、蓝牙、ZigBee、Thread、Z-Wave、NFC、UWB、LiFi，它们都有自己独有的特性，感兴趣的同学可以深入学习和了解。

思考与练习

1. 物联网的英文名称是________。
2. 物联网是________的延伸。
3. RFID 的中文名称是________。
4. 物联网平台基于________技术。
5. 物联网的四层架构和每个层的功能是什么？
6. 无线传感网的概念是什么？

项目二

ZigBee 智慧农业系统设计

学习目标

- 了解 ZigBee 网络特征。
- 掌握 ZigBee 网络特性。
- 掌握 ZStack 协议栈功能。
- 掌握 ZigBee 开发工具的使用。

任务一　ZigBee 无线网络认知

任务描述

本任务主要讲述 ZigBee 技术概念、ZigBee 传感网架构、ZigBee 传感网组网过程等。

任务分析

一、ZigBee 传感网概述

（一）ZigBee 定义

ZigBee 是基于 IEEE 802. 15. 4 标准的低功耗局域网协议。根据国际标准规定，ZigBee 技术是一种短距离、低功耗的无线通信技术。这一名称（又称紫蜂协议）来源于蜜蜂的八字舞，由于蜜蜂（bee）是靠飞翔和“嗡嗡”（zig）地抖动翅膀的“舞蹈”来与同伴传递花粉所在的方位信息，也就是说，蜜蜂依靠这样的方式构成了群体中的通信网络。其特点是近距离、低复杂度、自组织、低功耗、低数据速率。主要适合用于自动控制和远程控制领域，可以嵌入各种设备。简而言之，ZigBee 就是一种便宜的、低功耗的近距离无线组网通信技术。ZigBee 图标如图 2-1 所示。

图 2-1　ZigBee 图标

(二)ZigBee 传感网特点

ZigBee 技术的设计目标是保证在低电耗的前提下,开发一种易部署、低复杂度、低成本、短距离、低速率的自组织无线网络,在工业控制、家庭智能化、无线传感器网络等领域有广泛的应用前景。简而言之,ZigBee 是一种便宜的低功耗的近距离无线组网技术。

ZigBee 具有以下技术优势:

(1)低功耗:在低耗电待机模式下,两节 5 号干电池可支持一个节点工作 6~24 个月,甚至更长。这是 ZigBee 的突出优势。相比较,蓝牙能工作数周,Wi-Fi 可工作数小时。

TI 公司和德国的 Micropelt 公司共同推出新能源的 ZigBee 节点。该节点采用 Micropelt 公司的热电发电机给 TI 公司的 ZigBee 提供电源。

(2)低成本:通过大幅简化协议(不到蓝牙的 1/10),降低了对通信控制器的要求,按预测分析,以 8051 的 8 位微控制器测算,全功能的主节点需要 32 KB 代码,子功能节点少至 4 KB 代码,而且 ZigBee 免协议专利费。每块芯片的价格大约为 2 美元。

(3)低速率:ZigBee 工作在 20~250 kbit/s 的速率,分别提供 250 kbit/s(2.4 GHz)、40 kbit/s(915 MHz)和 20 kbit/s(868 MHz)的原始数据吞吐率,满足低速率传输数据的应用需求。

(4)近距离:传输范围一般介于 10~100 m 之间,在增加发射功率后,亦可增加到 1~3 km。这指的是相邻节点间的距离。如果通过路由和节点间通信的接力,传输距离将可以更远。

(5)短时延:ZigBee 的响应速度较快,一般从睡眠转入工作状态只需 15 ms,节点连接进入网络只需 30 ms,进一步节省了电能。相比较,蓝牙需要 3~10 s、Wi-Fi 需要 3 s。

(6)高容量:ZigBee 可采用星状、片状和网状网络结构,由一个主节点管理若干子节点,最多一个主节点可管理 254 个子节点;同时主节点还可由上一层网络节点管理,最多可组成 65 000 个节点的大网。

(7)高安全性:ZigBee 提供了三级安全模式,包括无安全设定、使用访问控制清单(access control list,ACL)防止非法获取数据,以及采用高级加密标准(AES 128)的对称密码,以灵活确定其安全属性。

(8)免执照频段:使用工业科学医疗(ISM)频段、915 MHz(美国)、868 MHz(欧洲)、2.4 GHz(全球)。

二、ZigBee 网络架构

(一)ZigBee 网络参数

ZigBee 作为一种可中继,覆盖范围广泛,接入节点众多的无线网络技术,其所构建的网络势必会有众多的节点,这些节点的识别与定位都是 ZigBee 网络所要关注的技术重点。同时,一个外来的 ZigBee 节点要如何才能够并入到已有的 ZigBee 网络中,允许组网的依据是什么,用户如何识别每个节点的身份,采用的是什么方法。这些都是 ZigBee 网络真实面临的问题。

ZigBee 采用的网络区分与识别方法是设置 ZigBee 的网络 CHANNEL(网络信道号),在相同 CHANNEL 下通过 PANID(网络 ID)来区别网络。当一个 ZigBee 节点将 CHANNEL 和 PANID 信息与已有的 ZigBee 网络信息设置相同时,这个 ZigBee 节点就可以接入到已有的 ZigBee 网络。在 ZigBee 网络内部 Coordinator(协调器)和 Router(路由)通过分配的 ShortAddr(短地址)实现对节点的定位与识别。在 ZigBee 网络外部,用户可以通过每个 ZigBee 芯片所携带的全球唯一的 MAC 地址对 Zigbee 节点进行识别。

下面对这四个参数进行说明。

(1)CHANNEL:CHANNEL 是 ZigBee 通信频率设置的信道号,2.4 G 的 ZigBee 协议栈含有 16 个通信信道,中国地区分配的信道为:信道 11(0x0b)~信道 26(0x1a)。对于信道的设置通过一个 4 字节的 32 bit 数据来标识,如果需要使能某个信道,那么就将信道对应 bit 的数据值为 1 即可。比如,某个设备使用信道 11,那么将其信道数据值设置为 0x00000800,使用信道 26 则设置为 0x04000000。同时,ZigBee 网络允许设备使能多个信道。如果需要使能所有信道,那么设置 CHANNEL 为 0x7fff800 即可。ZigBee 网络只有在保证在相同的信道下才能考虑通信的可能性,如果信道不同则无法组网。信道号分配如图 2-2 所示。

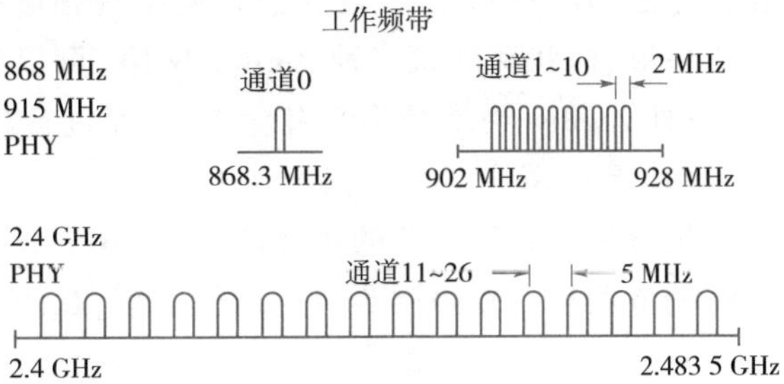

图 2-2 ZigBee 信道分配

(2)PANID:PANID 是 Zigbee 的局域网 ID,用于区分通信道下的其他网络,节点通过 PANID 判断自身所属的网络标识。PANID 的参数可配置,其配置参数范围从 0x0000~0xFFFF。可互相通信的节点之间 PANID 必须相同,且必须保证同一工作区域内的相邻网络 PANID 不同。

(3)MAC:MAC 地址是一种 64 位 IEEE 地址,这个 64 位的 IEEE 地址是一个全球唯一的地址,一经分配就将跟随设备一生。它通常由制造商或者被安装时设置。这些地址由 IEEE 组织来维护和分配。

(4)ShortAddr:ShortAddr 是一种 16 位的 ZigBee 网络内部的网络地址,这个 16 位网络地址是当设备加入网络后分配的,它在 ZigBee 局域网中是唯一的,用来在网络中鉴别设备和发送数据。ZigBee 节点在 RFD 模式下时直接使用内网点地址即可。

(二)ZigBee 网络节点类型

ZigBee 网络的基础主要包括设备类型、拓扑结构和路由方式三个方面的内容。ZigBee 标准规定所有的 ZigBee 网络节点分为协调器(coordinator)、路由(route)、终端(enddevice)三种类型,节点类型只是网络层的概念,反映了网络的拓扑形式,而 ZigBee 网络采用任何一种拓扑形式只是为了实现网络中信息高效稳定地传输,在实际的应用中不必关心 ZigBee 网络的组织形式的,节点类型的定义和节点在应用中所起到的功能并不相关。下面来详细介绍网络节点类型。

(1)协调器

不论 ZigBee 网络采用何种拓扑方式,网络中有一个并且只能有一个协调器节点,它在网络层的任务是:选择网络所使用的频率通道、建立网络,并将其他节点加入网络,提供信息路由、安全管理和其他的服务。协调器在系统初始化时起重要作用,某些应用中网络初始化完成后,即使关闭了协调器节点,网络仍然可正常工作,但若协调器在应用层提供一些服务,就必须持续地处于工作状态。

(2)路由

如果 ZigBee 网络采用了树状和星形拓扑结构就需要用到路由类型节点,负责数据的路由,路由建立由 ZigBee 协议的算法决定,它入网后可以加入其他路由节点,也可以加入协调器,是网络远距离延伸的必要部件。此类节点的主要功能是:发送和接收节点自身信息、在节点之间转发信息、允许子节点通过它加入网络。

(3)终端

终端节点的主要任务就是发送和接收信息,不能够转发信息,也不能够让其他人加入网络。通常一个终端节点不处在数据收发状态时可进入休眠状态,以节省耗电。

(三)ZigBee 网络架构

ZigBee 作为一种短距离、低功耗、低数据传输速率的无线网络技术,它是介于无线标记技术和蓝牙之间的技术方案,在传感器网络等领域应用非常广泛,这得益于它强大的组网能力,可以形成星形、树状和网状三种 ZigBee 网络,可以根据实际项目需要来选择合适的 ZigBee 网络结构,三种 ZigBee 网络结构各有优势,下面进行具体的分析对比。

(1)星形拓扑

星形拓扑是最简单的拓扑形式(见图 2-3)包含一个协调器节点和一系列终端节点。每一个终端节点只能和协调器节点进行通信,在两个终端节点之间进行通信必须通过协调器节点进行转发。

这种拓扑形式的缺点是节点之间的数据路由只有唯一的一个路径。协调器有可能成为整个网络的瓶颈。实现星形网络拓扑不需要使用 ZigBee 的网络层协议,因为本身 IEEE 802.15.4 的协议层就已经实现了星形拓扑形式,但是这需要开发者在应用层做更多的工作,包括自己处理信息的转发。

(2)树状拓扑

在树状拓扑结构(见图 2-4)中,协调器可以连接路由和终端,其子节点的路由也可以连接路由和终端,多个层级的树状拓扑中,信息具有唯一路由通道,直接通信只可以在父节点与子节点之间进行,非父子关系的节点需间接通信。

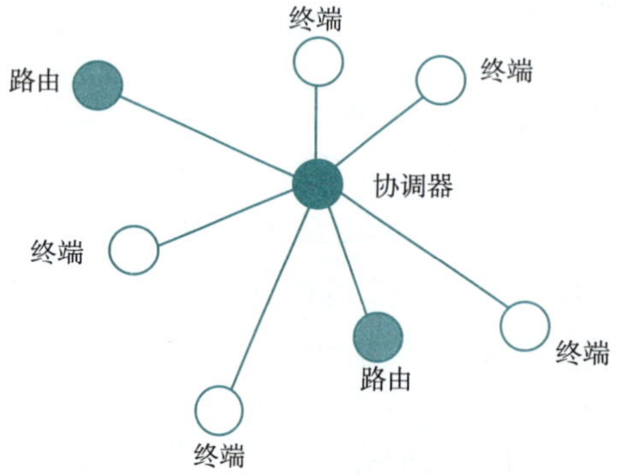

图 2-3　星形拓扑图

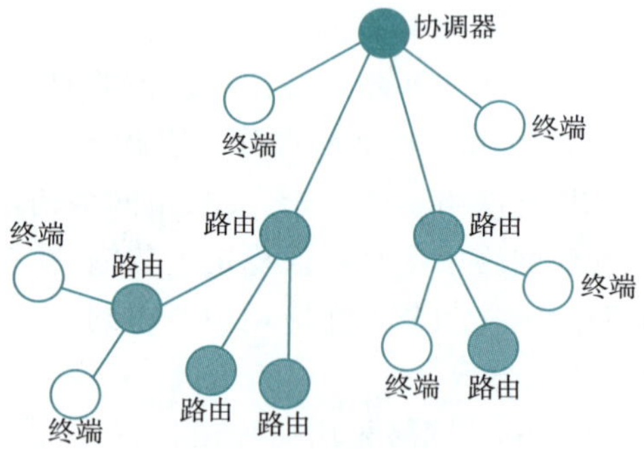

图 2-4　树状拓扑图

需要注意的是:

- 协调器和路由节点可以包含自己的子节点。
- 终端不能有自己的子节点。
- 有同一个父节点的节点之间称为兄弟节点。
- 有同一个祖父节点的节点之间称为堂兄弟节点。

树形拓扑中的通信规则如下:

- 每一个节点都只能和它的父节点和子节点之间进行通信。

• 如果需要从一个节点向另一个节点发送数据，那么信息将沿着树的路径向上传递到最近的祖先节点，然后再向下传递到目标节点。

• 这种拓扑方式的缺点就是信息只有唯一的路由通道。另外信息的路由是由协议栈层处理的，整个的路由过程对于应用层是完全透明的。

(3) 网状拓扑

网状拓扑（见图 2-5）具有灵活的路由选择方式，当某个路由路径出现问题，信息可自动沿其他路由路径进行传输。任意两个节点可相互传输数据，数据可直接传送或在传输过程中经多级路由转发，网络层提供路由探索功能，使得网络层可以找到信息传输的最优化路径，应用层不需要任何参与，网络会自动按照 ZigBee 协议算法选择较好的路由路径作为数据传输通道，以使得网络更稳定，通信更有效率。

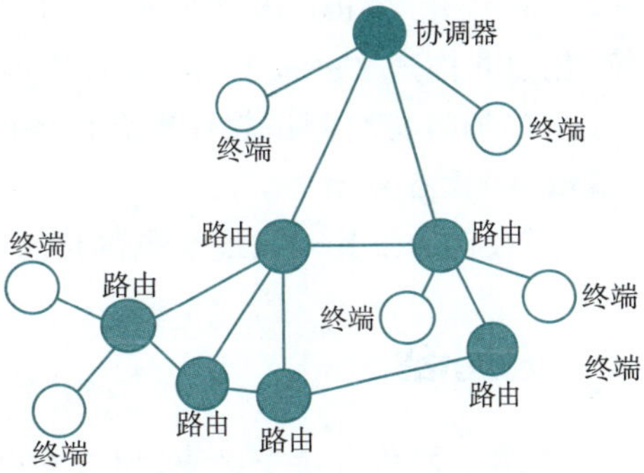

图 2-5 网状拓扑图

通常在支持网状网络的实现上，网络层会提供相应的路由探索功能，这一特性使得网络层可以找到信息传输的最优化的路径。需要注意的是，以上所提到的特性都是由网络层来实现，应用层不需要进行任何的参与。

网状拓扑结构的网络具有强大的功能，网络可以通过“多级跳”的方式来通信；该拓扑结构还可以组成极为复杂的网络；网络还具备自组织、自愈功能。星形拓扑和树型拓扑适合多点、距离相对较近的应用。

任务引导与步骤

三、ZigBee 网络组网

ZigBee 无线网络是物联网的一部分，在物联网系统中扮演传感网络的角色，用于获取传感器数据和控制电器设备。而完整的物联网其中还包含了传输层、服务层和应用层。为了对 ZigBee 网络有一个完整的概念，需要在一个完整的物联网体系下对 ZigBee 网络进行把握。通过远程的应用 App 实现对 ZigBee 网络的组网关系、数据收发与网络监控等功能有一个初步的了解，再使用 PC 端的控制工具对 ZigBee 网络参数，如网络标号 PANID、网络信道 CHANNEL 和节点类型进行修改。通过修改查看节点在网络中的变化，从而加深对 ZigBee 网络的理解。

（一）设备选型

ZigBee 无线网络组网的设备选型主要包括选择智能网关、ZigBee 无线节点、农业传感器。

准备一个 Mini4418 智能网关、一个 ZigBee 协调器节点和三个 ZigBee LiteB 无线节点，选择传感器节点：采集类 Sensor-A 传感器（温湿度、光照度）、控制类 Sensor-B 传感器（电机、风扇、继电器）、安防类 Sensor-C 传感器（燃气、振动、火焰）。

（二）设备配置

(1) 正确连接硬件，通过软件工具给网关、节点固化出厂镜像程序。

通过 Flash Programmer 软件固化网关协调器和无线节点程序。

(2)正确配置 ZigBee 节点网络参数和智能网关服务。

通过软件工具修改网关协调器和无线节点的 ZigBee 网络参数,正确设置智能网关的智云服务配置工具,将 ZigBee 传感网接入到物联网云平台。

(三)设备组网

(1)创建 ZigBee 传感网络,并让传感器节点正确接入网络。启动智能网关和无线节点系统,创建并构建 ZigBee 网络,观察节点正确入网。

(2)通过综合测试软件查看设备网络拓扑图。

(四)设备演示

通过软件工具对无线节点的传感器进行数据采集和远程控制。

任务小结

ZigBee 网络有诸多优势,如信号中继、低功耗、自动组网等。因为这些性质,使得 ZigBee 在物联网无线通信方面有着广泛的应用,如智能家居、智慧农业、智慧城市等。随着物联网的深入发展,ZigBee 网络必将拥有更广阔的发展舞台。

任务二　ZigBee 无线网络工具

任务描述

本任务主要介绍一款主流的 ZigBee 芯片及学习平台,并掌握开发中各种软件工具的使用,能够通过工具对 ZigBee 技术进行开发、调试、测试、运维。

任务分析

一、ZigBee 与 CC2530 处理器

(一)CC2530 处理器

CC2530 处理器是用于 2.4 GHz IEEE 802.15.4、ZigBee 和 RF4CE 应用的一个真正的片上系统(SoC)解决方案。它能够以非常低的总的材料成本建立强大的网络节点。

CC2530 处理器结合了领先的 RF 收发器的优良性能,业界标准的增强型 8051 CPU,系统内可编程闪存,8 KB RAM 和许多其他强大的功能。CC2530 处理器有四种不同的闪存版本,即 CC2530F32/64/128/256,分别具有 32/64/128/256 KB 的闪存。CC2530 处理器具有不同的运行模式,使得它尤其适应超低功耗要求的系统。运行模式之间的转换时间短,进一步确保了低能源消耗。

CC2530 处理器结合了德州仪器的业界领先的 ZigBee 协议栈 ZStack™,提供了一个强大和完整的 ZigBee 解决方案,如图 2-6 所示。

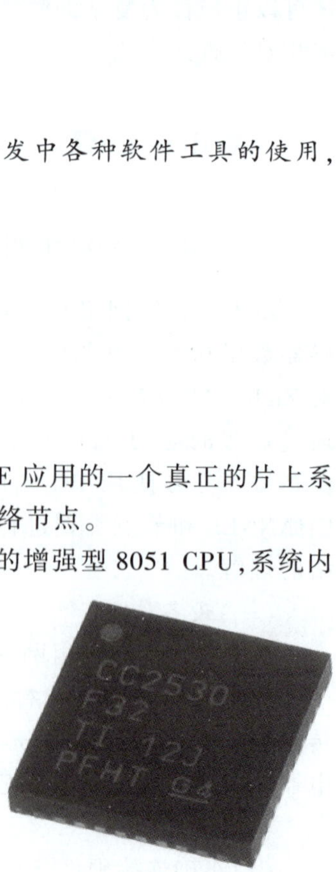

图 2-6　CC2530 ZigBee 芯片

(二)CC2530 处理器各部件功能

1. CPU 和内存

CC2530 芯片系列中使用的 8051 CPU 内核是一个单周期的 8051 兼容内核。它有三种不同的内存访问总线(SFR、DATA 和 CODE/XDATA),单周期访问 SFR、DATA 和主 SRAM。它还包括一个调试接口和一个 18 输入扩展中断单元。

中断控制器总共提供了 18 个中断源,分为六个中断组,每个与四个中断优先级之一相关。当设备从活动模式回到空闲模式,任一中断服务请求就被激发。一些中断还可以从睡眠模式(供电模式 1-3)唤醒设备。

内存仲裁器位于系统中心,因为它通过 SFR 总线把 CPU 和 DMA 控制器和物理存储器及所有外设连接起来。内存仲裁器有四个内存访问点,每次访问可以映射到三个物理存储器之一:一个 8 KB SRAM、闪存存储器和 XREG/SFR 寄存器。它负责执行仲裁,并确定同时访问同一个物理存储器之间的顺序。

8 KB SRAM 映射到 DATA 存储空间和部分 XDATA 存储空间。8 KB SRAM 是一个超低功耗的 SRAM,即使数字部分掉电(供电模式 2 和 3)也能保留其内容。这是对于低功耗应用来说很重要的一个功能。

32/64/128/256 KB 闪存块为设备提供了内电路可编程的非易失性程序存储器,映射到 XDATA 存储空间。除了保存程序代码和常量以外,非易失性存储器允许应用程序保存必须保留的数据,这样,设备重启之后可以使用这些数据。使用这个功能,例如,可以利用已经保存的网络具体数据,就不需要经过完全启动、网络寻找和加入过程。CC2530 处理器结构框图如图 2-7 所示。

2. 时钟和电源管理

数字内核和外设由一个 1.8 V 低差稳压器供电。它提供了电源管理功能,可以实现使用不同供电模式的长电池寿命的低功耗运行。有五种不同的复位源来复位设备。CC2530 处理器电源模式如图 2-8 所示。

3. 外设

CC2530 处理器包括许多不同的外设,允许应用程序设计者开发先进的应用。

调试接口执行一个专有的两线串行接口,用于内电路调试。通过这个调试接口,可以执行整个闪存存储器的擦除、控制使能哪个振荡器、停止和开始执行用户程序、执行 8051 内核提供的指令、设置代码断点,以及内核中全部指令的单步调试。使用这些技术,可以很好地执行内电路的调试和外部闪存的编程。

设备含有闪存存储器,以存储程序代码。闪存存储器可通过用户软件和调试接口编程。闪存控制器处理写入和擦除嵌入式闪存存储器。闪存控制器允许页面擦除和 4 字节编程。CC2530 外设列表如图 2-9 所示。

4. I/O 控制器

I/O 控制器负责所有通用 I/O 引脚。CPU 可以配置外设模块是否控制某个引脚或它们是否受软件控制,如果是的话,每个引脚配置为一个输入还是输出,是否连接衬垫里的一个上拉或下拉电阻。CPU 中断可以分别在每个引脚上使能。每个连接到 I/O 引脚的外设可以在两个不同的 I/O 引脚位置之间选择,以确保在不同应用程序中的灵活性。

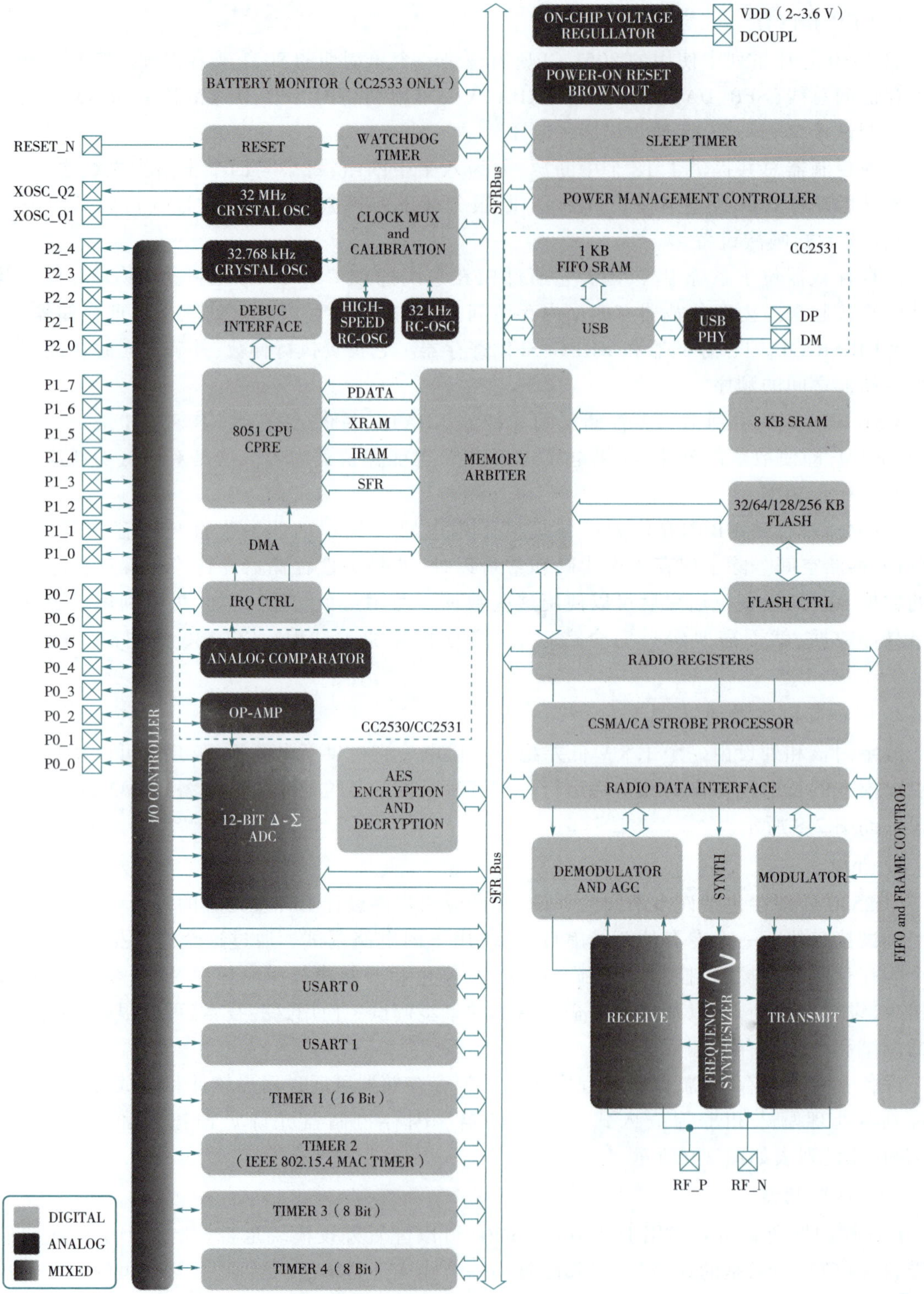

图 2-7　CC2530 处理器结构框图

Power Mode	High-Frequency Oscillator	Low-Frequency Oscillator	Voltage Regulator (Digital)
Configuration	A 32 MHz XOSC B 16 MHz RCOSC	C 32 kHz XOSC D 32 kHz RCOSC	
Active/idle mode	A or B	C or D	ON
PM1	None	C or D	ON
PM2	None	C or D	OFF
PM3	None	None	OFF

图 2-8 CC2530 处理器电源模式

Periphery/ Function	P0								P1								P2				
	7	6	5	4	3	2	1	0	7	6	5	4	3	2	1	0	4	3	2	1	0
ADC	A7	A6	A5	A4	A3	A2	A1	A0													T
Operational Amplifier						O	–	+													
Analog Comparator			+	–																	
USART 0 SPI			C	SS	MO	MI															
Alt. 2											M0	MI	C	SS							
USART 0 UART			RT	CT	TX	RX															
Alt. 2											TX	RX	RT	CT							
USART 1 SPI			MI	M0	C	SS															
Alt. 2									MI	M0	C	SS									
USART 1 UART			RX	TX	RT	CT															
Alt. 2									RX	TX	RT	CT									
TIMER 1		4	3	2	1	0															
Alt. 2	3	4												0	1	2					
TIMER 3												1	0								
Alt. 2									1	0											
TIMER 4															1	0					
Alt. 2																		1			0
32-kHz XOSC																	Q1	Q2			
DEBUG																			DC	DD	
OBSSEL											5	4	3	2	1	0					

图 2-9 CC2530 处理器外设

系统可以使用一个多功能的五通道 DMA 控制器，使用 XDATA 存储空间访问存储器，因此能够访问所有物理存储器。每个通道（触发器、优先级、传输模式、寻址模式、源和目标指针和传输计数）用 DMA 描述符在存储器任何地方配置。许多硬件外设（AES 内核、闪存控制器、USART、定时器、ADC 接口）通过使用 DMA 控制器在 SFR 或 XREG 地址和闪存/SRAM 之间进行数据传输，获得高效率操作。定时器 1 是一个 16 位定时器，具有定时器/PWM 功能。它有一个可编程的分频器，一个 16 位周期值，和五个各自可编程的计数器/捕获通道，每个都有一个 16 位比较值。每个计数器/捕获通道可以用作一个 PWM 输出或捕获输入信号边沿的时序。它还可以配置在 IR 产生模式，计算定时器 3 周期，输出是 ANDed，定时器 3 的输出是用最小的 CPU 互动产生调制的消费型 IR 信号。CC2530 处理器芯片的 I/O 管脚分布如图 2-10 所示。

5. MAC（定时器）

MAC 定时器（定时器 2）是专门为支持 IEEE 802. 15. 4 MAC 或软件中其他时槽的协议设计。定时器有一个可配置的定时器周期和一个 8 位溢出计数器，可以用于保持跟踪已经经过的周期数。一个 16 位捕获寄存器也用于记录收到/发送一个帧开始界定符的精确时间，或传输结束的精确时间，还有一个 16 位输出比较寄存器可以在具体时间产生不同的选通命令到无线模块。定时器 3 和定时器 4 是 8 位定时器，具有定时器/计数器/PWM 功能。它们有一个可编程的分频器，一个 8 位的周期值，一个可编程的计数器通道，具有一个 8 位的比较值。每个计数器通道可以用作一个 PWM 输出。

6. 睡眠定时器

睡眠定时器是一个超低功耗的定时器，计算 32 kHz 晶振或 32 kHz RC 振荡器的周期。睡眠定时器在除了供电模式 3 的所有工作模式下不断运行。这一定时器的典型应用是作为实时计数器，或作为一个唤醒定时器跳出供电模式 1 或 2。

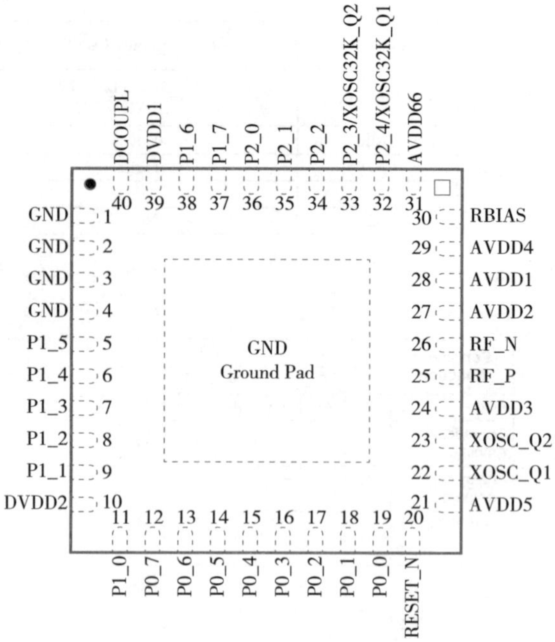

图 2-10 CC2530 处理器芯片 I/O 管脚分布

7. ADC

ADC 支持 7 到 12 位的分辨率，分别在 30 kHz 或 4 kHz 的带宽。DC 和音频转换可以使用高达八个输入通道(端口 0)。输入可以选择作为单端或差分。参考电压可以是内部电压、AVDD 或是一个单端或差分外部信号。ADC 还有一个温度传感输入通道。ADC 可以自动执行定期抽样或转换通道序列的程序。

8. 随机数发生器

随机数发生器使用一个 16 位 LFSR 来产生伪随机数，这可以被 CPU 读取或由选通命令处理器直接使用。例如随机数可以用作产生随机密钥，用于安全。

AES 加密/解密内核允许用户使用带有 128 位密钥的 AES 算法加密和解密数据。这一内核能够支持 IEEE 802. 15. 4 MAC 安全、ZigBee 网络层和应用层要求的 AES 操作。

9. 看门狗定时器

一个内置的看门狗定时器允许 CC2530 处理器在固件挂起的情况下复位自身。当看门狗定时器由软件使能，它必须定期清除；否则，当看门狗定时器复位超时，它就会将设备进行复位操作。或者它可以配置用作一个通用 32 kHz 定时器。

10. 调试串口

USART 0 和 USART 1 均被配置一个 SPI 主/从或一个 UART。它们为 RX 和 TX 提供了双缓冲，以及硬件流控制，因此非常适合于高吞吐量的全双工应用。每个都有自己的高精度波特率发生器，因此可以使普通定时器空闲出来用作其他用途。

11. 无线设备

CC2530 处理器具有一个 IEEE 802. 15. 4 兼容无线收发器。RF 内核控制模拟无线模块。另外，它提供了 MCU 和无线设备之间的一个接口，这使得可以发出命令，读取状态，自动操作和确定无线设备事件的顺序。无线设备还包括一个数据包过滤和地址识别模块。

(三)CC2530 硬件系统

CC2530 芯片系列中使用的 CPU 内核是一个单周期的 8051 兼容内核，有 CC2530F32/64/

128/256(32/64/128/256 KB 闪存)四种不同闪存版本,CC2530 处理器模块大致可以分为 CPU 和内存相关模块、时钟和电源管理相关模块以及无线信号收发相关模块三类,最小系统电路如图 2-11 所示。

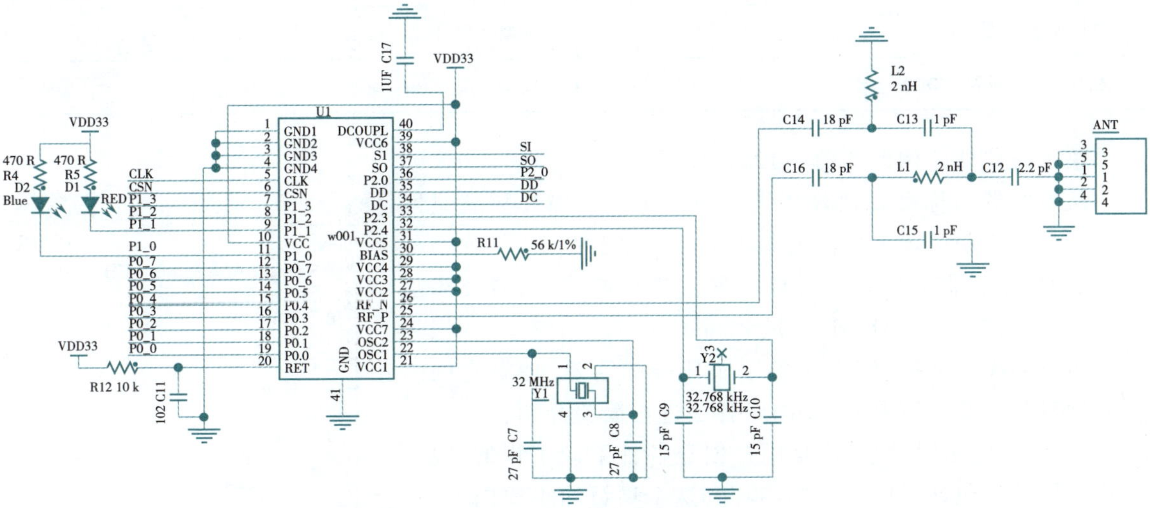

图 2-11 CC2530 处理器硬件最小系统

二、ZigBee 协议栈

(一)ZigBee 协议栈

ZigBee 协议是在 IEEE 802.15.4 标准基础上建立的,ZigBee 设备应该包括 IEEE 802.15.4(该标准定义了 RF 射频以及与相邻设备之间的通信)的 PHY 和 MAC 层,以及 ZigBee 协议栈:网络层(NWK)、应用层和安全服务提供层。

ZigBee 协议分为两部分,IEEE 802.15.4 定义了 PHY(物理层)和 MAC(介质访问层)技术规范;ZigBee 联盟定义了 NWK(网络层)、APS(应用程序支持层)、APL(应用层)技术规范。ZigBee 协议栈就是将各个层定义的协议都集合在一起,以函数的形式实现,并给用户提供 API(应用层),用户可以直接调用。

ZStack 协议栈由 TI 公司出品,符合最新的 ZigBee2007 规范。ZStack 协议栈是一个用于实现 ZigBee 网络功能的完整系统。ZStack 协议栈可以理解为就是一个基于轮转查询式的操作系统。整个 ZigBee 的任务调度,都是在这个轮询操作系统上完成的。它支持多平台,其中就包括 CC2530 芯片。

ZStack 协议栈体系分层架构与协议栈代码文件夹对应表见表 2-1。

表 2-1 协议栈体系分层架构与协议栈代码文件夹对应表

协议栈体系分层架构	协议栈代码文件夹
物理层(PHY)	硬件层目录(HAL)
介质接入控制层(MAC)	链路层目录(MAC 和 Zmac)
网络层(NWK)	网络层目录(NWK)

续上表

协议栈体系分层架构	协议栈代码文件夹
应用支持层(APS)	网络层目录(NWK)
应用程序框架(AF)	配置文件目录(Profile)和应用程序(sapi)
ZigBee 设备对象(ZDO)	设备对象目录(ZDO)

整个协议栈的构架如图 2-12 所示。

从层次的名称可以理解其代表的含义,如 NWK 层就是网络层。一般应用中较多关注的是 HAL 层(硬件抽象层)和 App 层(用户应用),前者要针对具体的硬件进行修改,后者要添加具体的应用程序。而 OSAL 层是 ZStack 特有的系统层,相当于一个简单的操作系统,便于对各层次任务的管理,理解它的工作原理对开发是很重要的,下面对各层进行简要介绍:

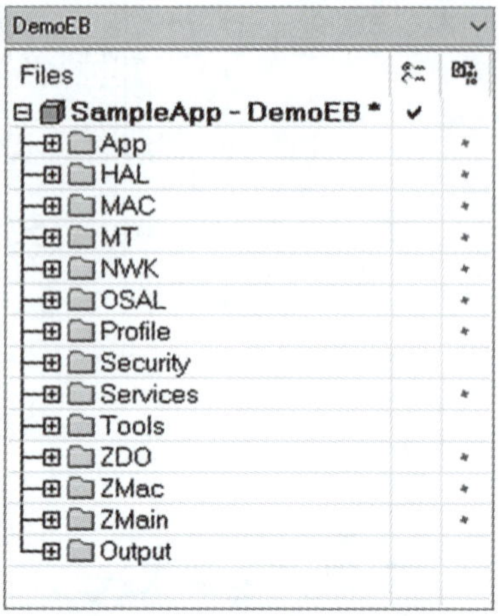

图 2-12　ZigBee 协议栈架构

- App:应用层目录,这是用户创建各种不同工程的区域,在这个目录中包含了应用层的内容和这个项目的主要内容,在协议栈里面一般是以操作系统的任务实现的。
- HAL:硬件层目录,包含有与硬件相关的配置、驱动及操作函数。
- MAC:MAC 层目录,包含了 MAC 层的参数配置文件及其 MAC 的 LIB 库的函数接口文件。
- MT:监控调试层,主要用于调试目的,即实现通过串口调试各层,与各层进行直接交互。
- NWK:网络层目录,含网络层配置参数文件及网络层库的函数接口文件,APS 层库的函数接口。
- OSAL:协议栈的操作系统。
- Profile:AF 层目录,包含 AF 层处理函数文件。
- Security:安全层目录,安全层处理函数接口文件,如加密函数等。
- Services:地址处理函数目录,包括地址模式的定义及地址处理函数。
- Tools:工程配置目录,包括空间划分及 ZStack 相关配置信息。
- ZDO:ZigBee 设备操作文件。
- ZMac:MAC 层目录,包括 MAC 层参数配置及 MAC 层 LIB 库函数回调处理函数。
- ZMain:主函数目录,包括入口函数 main()及硬件配置文件。
- Output:输出文件目录,这个 EW8051IDE 自动生成的。

(二)ZStack 网络参数配置

依照 ZigBee 网络的性质,ZigBee 节点如果需要连接到网络,就需要配置其节点的网络参数,而网络参数是在 ZStack 协议栈中进行修改的,需要配置的网络信息有 ZigBee 信道、ZigBee 的 PANID(网络识别 ID)和 ZigBee 网络拓扑图,下面将对 ZigBee 网络的 ZStack 协议栈网络参数的配置进行讲解。

1. ZigBee 信道

在设置网络信道时可以通过协议栈文件目录中 Tools 文件组下面的 f8wConfig. cfg 文件进行

修改。在 f8wConfig. cfg 文件中有 16 个物理信道可选，亚洲区分配的信道号为 11 到 27。f8wConfig. cfg 中修改信道号的相关代码段如图 2-13 所示。

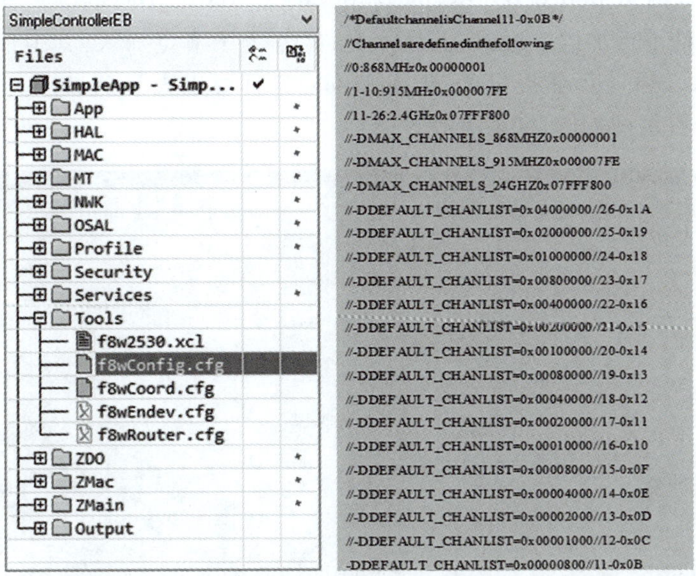

图 2-13 f8wConfig. cfg 文件

代码中修改通道的方法是将通道前面的“//”注释符去掉即可，无效的信道号前面要添加注释符。这里默认使用的是编号为 11 的信道。

2. 网络识别标号 PANID

PANID 是可选配置项，用来控制 ZigBee 路由器和终端节点要加入哪个网络。PANID 是一个 32 位标识，范围为 0x0000～0xFFFF。ZigBee 网络的 PANID 同样是在前文提到的 f8wConfig. cfg 文件中修改。f8wConfig. cfg 中修改网络 ID 号的相关代码段如下：

```
/*Define the default PAN ID.
 *
 *Setting this to a value other than 0xFFFF causes
 *ZDO_COORD to use this value as its PAN ID and
 *Routers and end devices to join PAN with this ID
 */
-DZDAPP_CONFIG_PAN_ID=0x2100
```

修改网络 ID 的方式是修改“DZDAPP_CONFIG_PAN_ID=”之后的编号参数，可以使用十六进制和十进制表示。此处设置网络编号为 0x2100，转换为十进制为 8448。

3. ZigBee 组网拓扑

在 ZStack 中，ZIGBEEPRO 协议采用 MESH 网络，通过工程 Tools→f8wConfig. cfg 文件可以开启/关闭宏定义开关。

```
/*MESH 网开启 PRO 协议，星型网/树状网需要将该宏定义注释掉*/
-DZIGBEEPRO
```

在工程 NWK→nwk_globals. c/nwk_globals. h 中跟踪代码，可以了解 ZIGBEEPRO 宏定义对 ZigBee 网络类型 NWK_MODE 的设置。此外，可以设定数组 CskipRtrs 和 CskipChldrn 的值进一

步控制网络的形式,CskipChldrn 数组的值代表每一级可以加入的子节点的最大数目,CskipRtrs 数组的值代表每一级可以加入的路由节点的最大数目,如在星形网络中,定义 CskipRtrs[MAX_NODE_DEPTH+1]={5,0,0,0,0,0},CskipChldrn[MAX_NODE_DEPTH+1]={10,0,0,0,0,0},代表只有协调器允许节点加入,且协调器最多允许 10 个子节点加入,其中最多 5 个路由节点,剩余的为终端节点。通过企业提供的 ZCloudTools 工具可以查看到 ZigBee 网络的组网关系。ZCloudTools 工具查看组网如图 2-14 所示。

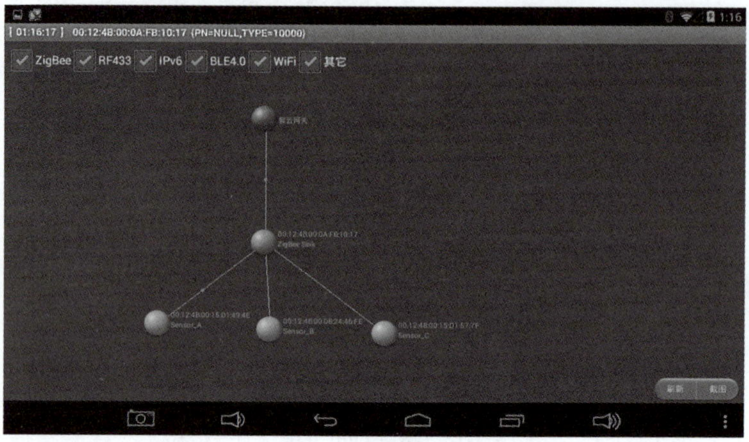

图 2-14　ZCloudTools 工具查看组网

4. ZigBee 设备地址

ZigBee 设备有物理地址和网络地址两种类型的地址。通过德州仪器官方提供的 Flash Programmer 工具可以获取到 ZigBee 节点的 IEEE 地址。Flash Programmer 工具获取 IEEE 地址如图 2-15 所示。

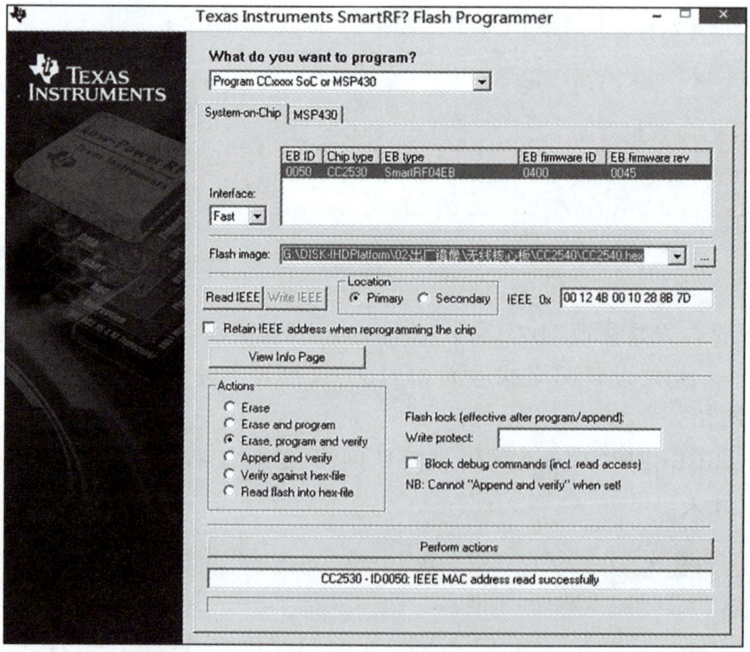

图 2-15　Flash Programmer 工具获取 IEEE 地址

16 位网络地址是设备加入网络后分配的，通常也称为短地址。它在网络中是唯一的，用来在网络中鉴别设备和发送数据，当然，不同的网络 16 位短地址可能是相同的。每个 ZigBee 节点的 16 位短地址都是在加入以后的 ZigBee 网络后被协调器随机分配的。同一个节点接入网络时间不同，被分配的短地址不一定相同。协调器默认的 16 位短地址为 0000。可以通过程序读取 ZigBee 芯片中相关函数，可以获取节点短地址。通过企业提供的 xLabTools 工具将节点的短地址信息和父节点短地址信息打印出来。同样 xLabTools 工具同样可以获取到节点的 MAC 长地址，如图 2-16 所示。

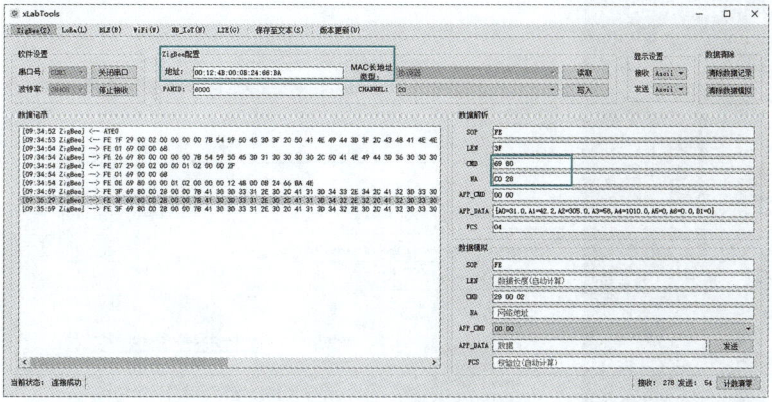

图 2-16　xLabTools 工具显示数据包信息

三、ZigBee 开发工具

（一）IAR 开发工具

CC2530 处理器内置增强型 8051 内核，Ti 官方推荐采用 IAR Embedded Workbench for 8051 开发环境进行软件开发，针对 CC2530 的 ZigBee 协议栈 ZStack 示例工程均采用 IAR 工具开发。IAR 提供 CC2530 系统的设计、开发和测试的每一个阶段，包括：带有 C/C++编译器和调试器的集成开发环境（IDE）、ZStack 协议栈、开发套件、硬件仿真器等，如图 2-17 所示。

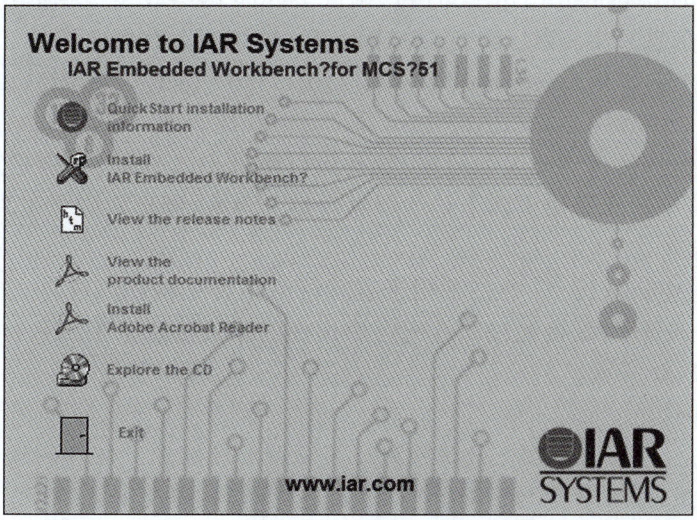

图 2-17　IAR 开发环境

(二)Flash Programmer 工具

Flash Programmer 工具是 TI 提供的为 CC2530 烧录代码的工具,通过该工具可以实现芯片的擦除和代码程序的固化,通过此工具可以实现 CC2530 设备代码的批量烧录。另外该工具还提供了读取 CC2530 的 MAC 地址的功能,当需要获取某个 CC2530 芯片的 MAC 地址时可以使用此工具读取。Flash Programmer 工具如图 2-18 所示。

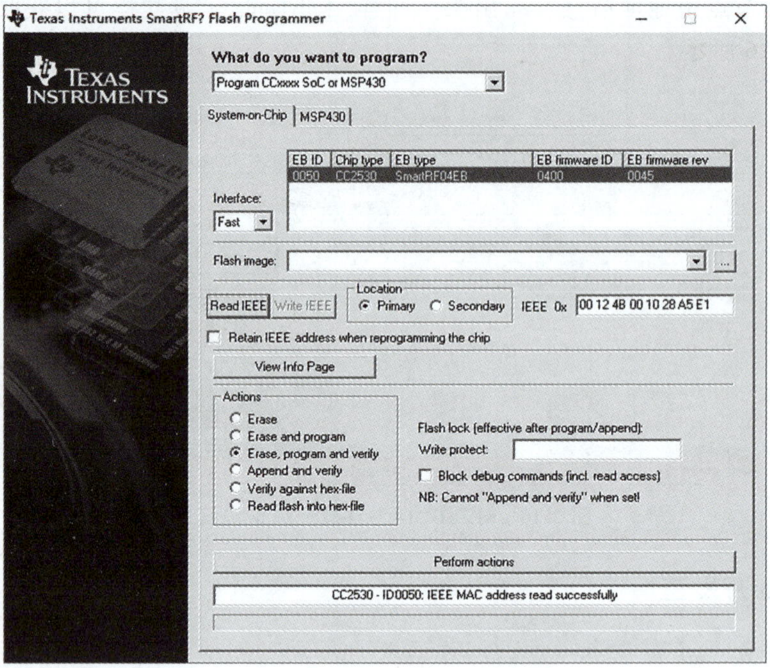

图 2-18　Flash Programmer 工具

(三)TI ZigBee 网络分析工具

TI 官方为 ZigBee 开发提供配套的分析工具,包括 Z-Tool、Sensor Monitor、Packet_Sniffer。

1. Z-Tool

Z-Tool 工具是 TI 提供的专门用于为用户调试 ZigBee 网络收发数据监视的软件,通过软件配合协议栈的相关信息采集函数,可以实现对 ZigBee 网络节点数据监控的目的。Z-Tool 工具默认集成在 ZStack 协议栈内(ZStack-CC2530-2.4.0-1.4.0\Tools\Z-Tool),Z-Tool 工具界面如图 2-19 所示。

窗口可以用来监控协调器收发的数据,数据将以两种形式表示,分别是字符串形式和十六进制标识形式,字符串形式是协调器上传的数据内容,十六进制形式则是工具自动转换的。

2. Sensor Monitor

ZigBee_Sensor_Monitor 是 TI 的一款用于查看网络拓扑结构图的软件,支持星形拓扑网络、树型拓扑网络的动态显示,配合通过软件配合协议栈的相关信息采集函数,可以实现 ZigBee 网络图的展示,如图 2-20 所示。

3. Packet Sniffer

Packet Sniffer 是一款帮助维护、故障检测以及微调局域网和广域网的软件工具。这种工具观察网络端的通信量,学习掌握网络配置,对协议进行译码,提交统计数字,自动识别许多网络常见问题,并能够生成管理报告。Packet Sniffer 工具界面如图 2-21 所示。

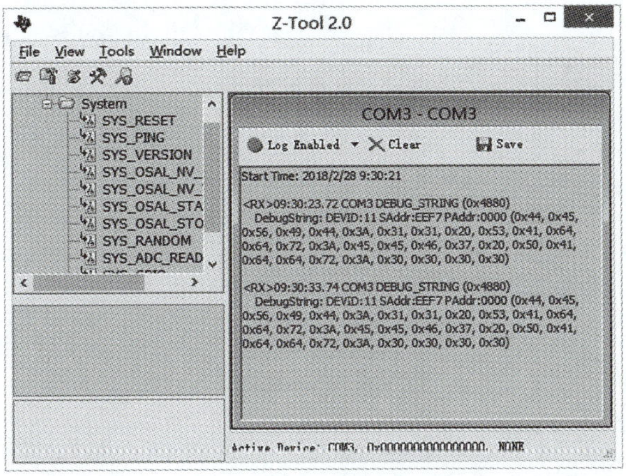

图 2-19　获取调试数据

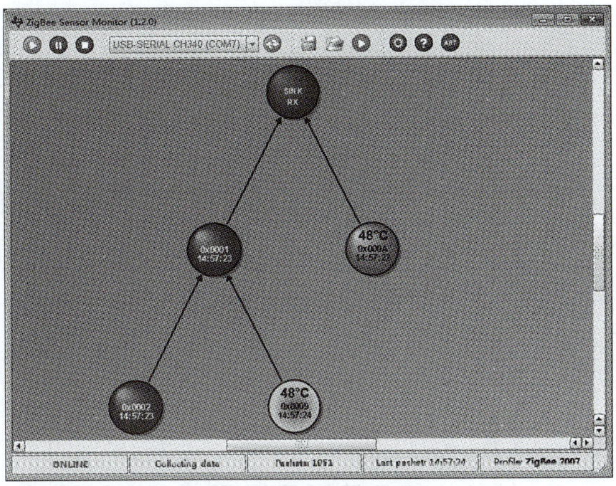

图 2-20　Monitor 网络拓扑图

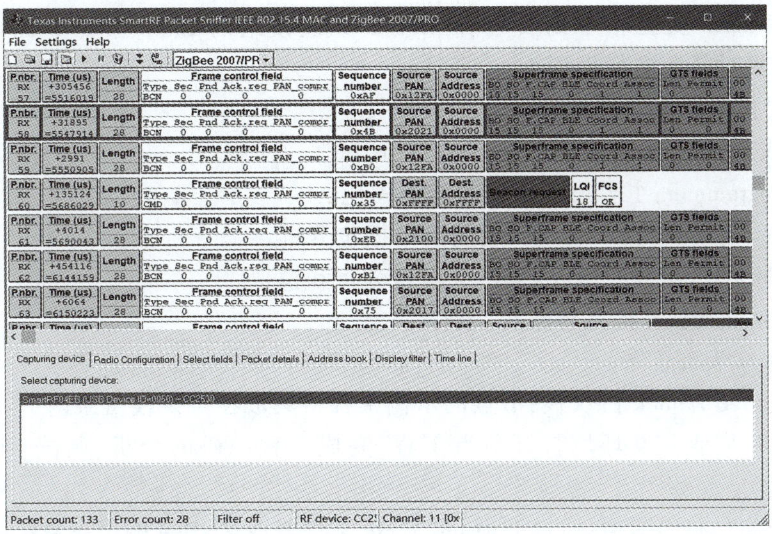

图 2-21　Packet Sniffer 工具界面

（四）xLabTools 调试工具

为了方便 ZigBee 项目的学习和开发，企业根据 ZigBee 网络特性开发了一款专门用于数据收发调试的辅助开发工具 xLabTools。当协调器连接到 xLabTools 工具上时可以查看网络信息和该协调器所组建的网络下的节点反馈的信息，并能够通过调试窗口向网络内各节点发送数据；将终端节点或路由节点连接到 xLabTools 工具上时可以实现对终端节点数据的监测，并能够通过工具向协调器发送指令。xLabTools 综合调试工具如图 2-22 所示。

任务引导与步骤

通过 Ti CC2530 ZigBee 实验开发平台，掌握 ZigBee 无线传感网络的学习。TI 官方为了方便开发人员加快代码的开发速度，方便开发人员对程序调整测试，提供了较多的可供开发者使用的 ZigBee 调试工具，包括开发环境、网络调试、协议分析等。同时也有一些比较优秀的企业工具，能够辅助 ZigBee 的开发、调试和运维。

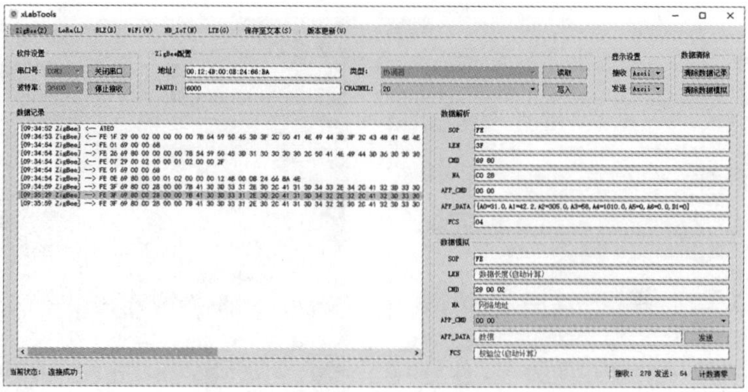

图 2-22　xLabTools 综合调试工具

本任务的任务目标是使用 ZigBee 网络组建智慧农业系统，通过各种开发工具进行程序开发、网络调试和系统运维。

本任务使用 xLab 实验箱中的安装有 ZigBee 无线模组的 LiteB 节点 sensor-A、sensor-B 和 sensor-C 传感器板对任务进行模拟。

本任务主要包括以下工具的学习：

- IAR 集成开发环境：主要用于程序开发、调试。
- Flash Programmer：主要用于程序的烧写固化。
- ZCloudTools：网络拓扑图分析、应用层数据包分析。
- xLabTools：网络参数的修改、节点数据包分析和模拟。

接下来，将介绍本任务的具体实现步骤。

（一）IAR 集成开发环境

（1）安装 ZigBee ZStack 协议栈，节点的示例工程将集成在协议栈目录内。

（2）通过 IAR 集成开发环境打开节点工程，完成工程源码的分析、调试、运行和下载。如图 2-23 所示。

（3）了解 ZStack 源码结构，通过 f8wConfig. cfg 文件修改 ZigBee 网络参数。

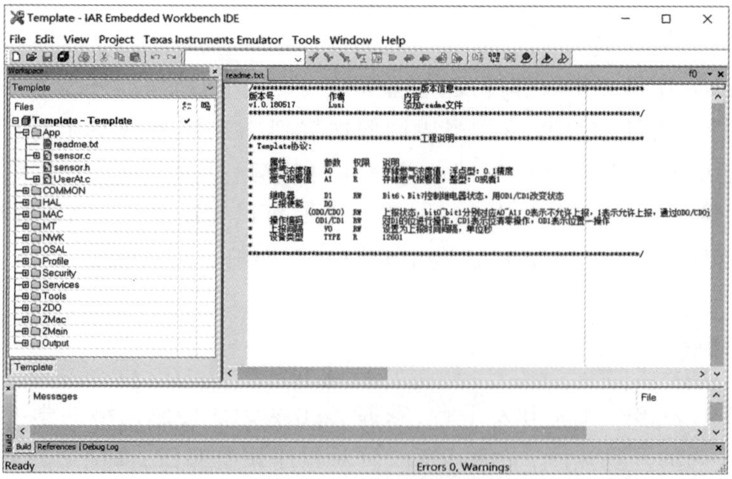

图 2-23　IAR 开发环境

(二)Flash Programmer 工具使用

(1)通过 Flash Programmer 工具对节点程序进行固化烧写。

(2)通过 Flash Programmer 工具读取节点 IEEE 地址(MAC 地址)和修改扩展 IEEE 地址。如图 2-24 所示。

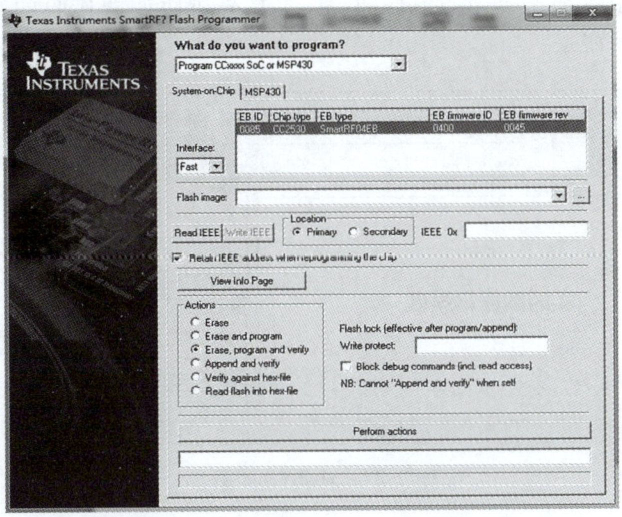

图 2-24 Flash Programmer 工具

(三)ZCloudTools 工具使用

(1)ZCloudTools 完成 ZigBee 网络拓扑图的监测。通过修改 ZStack 协议栈工程配合和源码可完成星形网、树形网、MESH 网的组网,如图 2-25 所示。

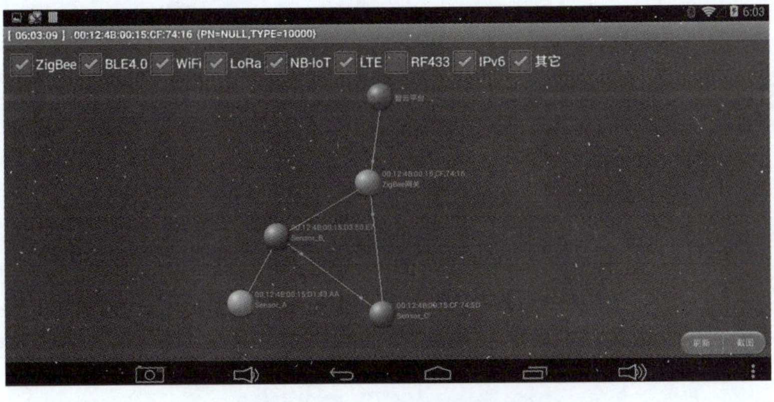

图 2-25 查看网络拓扑图

(2)ZCloudTools 完成节点应用层数据包的监测,如图 2-26 所示。

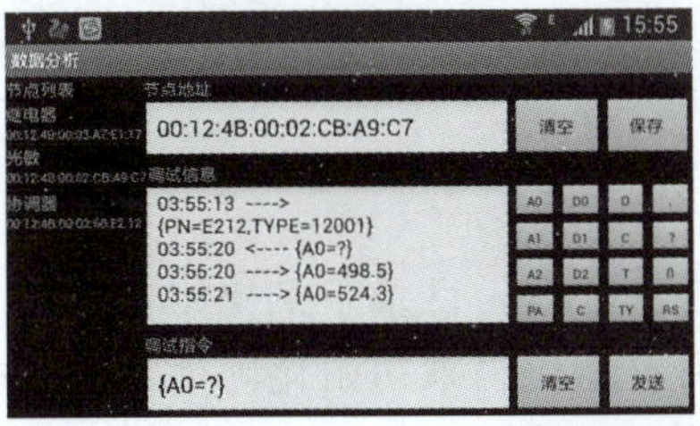

图 2-26 查看节点应用数据

(四)xLabTools 工具使用

(1)xLabTools 工具读取和修改 ZigBee 节点网络参数和节点类型。

(2)xLabTools 工具读取节点收到的数据包,并解析数据包。

(3)xLabTools 工具通过连接的节点发送自定义的数据包到应用层。

(4)通过连接 ZigBee 协调器节点,xLabTools 工具分析协调器接收的数据,并可下行发送数据进行调试,如图 2-27 所示。

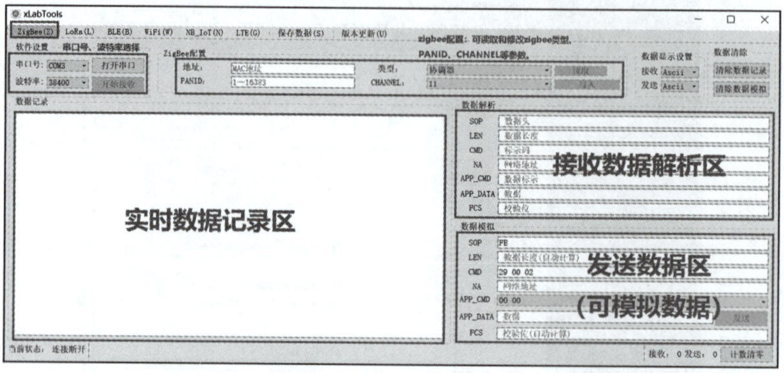

图 2-27 xLabTools 工具

任务小结

ZigBee 实验开发平台提供了丰富的开发环境和调试工具,能够很好地对 ZigBee 无线传感网络的学习提供方便。通过学习,可以实现对 ZigBee 网络的深入了解、数据的处理,以及故障的排查等。

任务三 ZigBee 协议栈程序分析

任务描述

本任务主要基于 CC2530 ZigBee 套件来学习 ZigBee 协议栈 ZStack 程序开发,重点学习 sapi 框架下 ZigBee 组网、无线收发、数据处理等应用,并通过智慧农业项目场景掌握无线节点程序的开发。

任务分析

一、ZStack 协议栈

(一)ZStack 基本原理

ZStack 协议栈的 main()函数在 ZMain 目录下的 ZMain. c 中。该协议栈总体上来说做了两项工作,一个是系统初始化,即由启动代码来初始化硬件系统和软件构架需要的各个模块,另外一个就是开始启动操作系统实体,如图 2-28 所示。

图 2-28　协议栈简要步骤

ZStack 协议栈启动代码需要完成初始化硬件平台和软件架构所需要的各个模块，为操作系统的运行做好准备工作，主要分为初始化系统时钟、检测芯片工作电压、初始化堆栈、初始化各个硬件模块、初始化 NV Flash 存储、形成芯片 MAC 地址、初始化非易失变量、初始化 MAC 层协议、初始化应用帧层协议、初始化操作系统等十余部分，其具体流程图和对应的函数如图 2-29 所示。

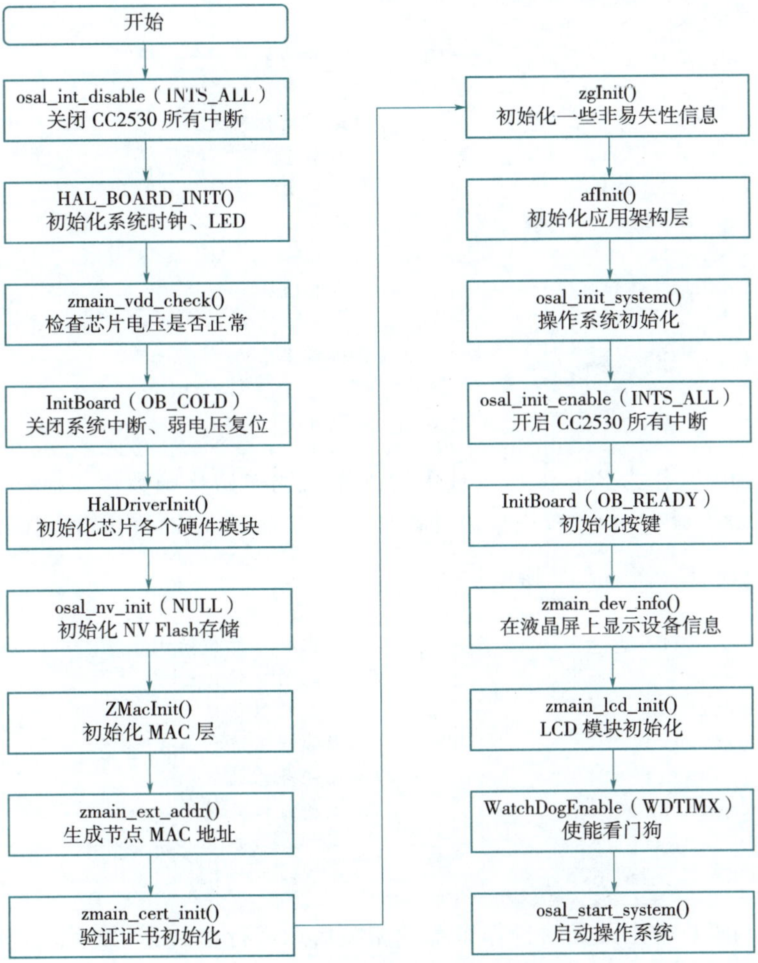

图 2-29　具体流程图和对应的函数

其中，初始化操作系统和执行操作系统这两步最为关键。这两步都是在位于 ZMain 文件夹下的 ZMain. c 文件里的 main()函数里进行的，其对应的具体函数代码如下：

```
int main(void)
{
  osal_int_disable(INTS_ALL);          //关闭所有中断
  HAL_BOARD_INIT();                    //初始化硬件(系统时钟、LED 灯等)
  zmain_vdd_check();                   //系统电源检测
```

```
  InitBoard(OB_COLD);                //板载 I/O 初始化(关中断、系统弱电压复位处理)
  HalDriverInit();                   //板载硬件设备初始化(ADC、DMA、LED、UART 等驱动)
  osal_nv_init(NULL);                //非易失性随机存储系统初始化
  ZMacInit();                        //MAC 层初始化
  zmain_ext_addr();                  //写入节点拓展地址

#if defined ZCL_KEY_ESTABLISH
  zmain_cert_init();                 //初始化验证信息
#endif
  zgInit();                          //初始化基本 NV 条目
#ifndef NONWK
  afInit();                          //应用层初始化
#endif
  osal_init_system();                //初始化操作系统
  osal_int_enable(INTS_ALL);         //开启中断
  InitBoard(OB_READY);               //最后一次板载设备初始化
  zmain_dev_info();                  //显示设备信息
#ifdef WDT_IN_PM1
  WatchDogEnable(WDTIMX);            //使能看门狗
#endif
  osal_start_system();               //启动操作系统
  return 0;                          //Shouldn't get here.
}                                    //main()
```

osalInitTasks()函数作为 ZStack 协议栈中的操作系统初始化函数用于启动操作系统所需的相关配置。osal_start_system()函数用于启动操作系统。osalInitTasks()函数代码段内容如下：

```
uint8 osal_init_system(void)
{
  osal_mem_init();                   //系统内存分配初始化
  osal_qHead=NULL;                   //消息队列初始化
  osalTimerInit();                   //系统定时器初始化
  osal_pwrmgr_init();                //电源管理系统初始化
  osalInitTasks();                   //系统任务初始化
  osal_mem_kick();                   //设置高效搜索堆的第一个空闲块。
  return(SUCCESS);
}
```

osalInitTasks()函数中主要是对操作系统的相关信息进行初始化，如系统时钟、内存管理、任务管理等。

(二)启动操作系统

通过一系列的系统初始化为操作系统的运行做好准备工作以后，就开始执行操作系统入口程序，并由此彻底将控制权交给操作系统。其实，启动操作系统实体只有一行代码：osal_start_system()。

系统启动函数对应的具体函数代码如下：

```
void osal_start_system(void)
{
```

```
#if !defined(ZBIT)&& !defined(UBIT)
  for(;;)                                           //Forever Loop
#endif
  {
    osal_run_system();                              //系统运行
  }
}
```

osal_start_system()函数是轮转查询式操作系统的主体部分,它所做的就是不断地查询每个任务是否有事件发生,如果发生,执行相应的函数,如果没有发生,就查询下一个任务。

osal_run_system()函数相关代码段如下:

```
void osal_run_system(void)
{
  uint8 idx=0;
  osalTimeUpdate();                               //更新系统时钟
  Hal_ProcessPoll();                              //函数中处理串口检测和定时器查询
  do {
    if(tasksEvents[idx])                          //当前最高优先级的任务准备
    {
      break;
    }
  }while(++idx<tasksCnt);                         //轮询任务标号
  if(idx<tasksCnt)                                //任务标号小于总任务数
  {
    uint16 events;
    halIntState_t intState;
    HAL_ENTER_CRITICAL_SECTION(intState);         //进入系统临界区
    events=tasksEvents[idx];                      //获取事件号
    tasksEvents[idx]=0;                           //清空当前事件
    HAL_EXIT_CRITICAL_SECTION(intState);          //退出系统临界区
    events=(tasksArr[idx])(idx,events);           //调用任务处理事件

    HAL_ENTER_CRITICAL_SECTION(intState);         //进入系统临界区
    tasksEvents[idx] |=events;                    //将未处理事件添加到当前任务
    HAL_EXIT_CRITICAL_SECTION(intState);          //退出系统临界区
  }
#if defined(POWER_SAVING)                         //如果预处理有 POWER_SAVING
else                                              //完成任务事件后停止活动
  {
    osal_pwrmgr_powerconserve();                  //使系统进入休眠状态
  }
#endif

  /*Yield in case cooperative scheduling is being used. */
#if defined(configUSE_PREEMPTION)&&(configUSE_PREEMPTION==0)
  {
    osal_task_yield();
```

```
  }
#endif
}
```

上面代码段为系统执行逻辑任务轮询的过程，程序首先在 do...while 循环语句中轮询 taskEvents[ ]，如果有最高优先级的需要执行的任务出现，则程序跳出循环，可以获得要执行的任务编号(idx)。接下来在系统的临界区从 tasksEvents[ ]获得 idx 任务中要执行的事件编号(events)。然后使用(tasksArr[idx])(idx,events)函数指针处理相关的任务事件，并返回还未完成的事件号。然后将任务事件号重新加载到任务事件列表中。通过上述过程就完成了一次系统任务循环。

(三)系统任务调度

为了方便任务管理，ZStack 协议栈定义了 OSAL 层(operation system abstraction layer，操作系统抽象层)。OSAL 完全构建在应用层上，采用轮询方式，并且引入了优先级。它的主要作用是隔离 ZStack 协议栈和特定硬件系统，用户无须过多了解具体平台的底层，就可以利用操作系统抽象层提供的丰富工具实现各种功能，包括任务注册、初始化和启动，同步任务，多任务间的消息传递，中断处理，定时器控制，内存定位等。

在 OSAL 初始化的时候，tasksEvents[ ]数组被初始化为零，而协议栈任务会根据先后排列顺序依次给出优先级，一旦系统中有事件发生，就用 osal_set_event 函数把 tasksEvents[taskID]赋值为对应的事件。系统任务初始化代码如下：

```
void osalInitTasks(void)
{
  uint8 taskID=0;

  tasksEvents=(uint16*)osal_mem_alloc(sizeof(uint16)*tasksCnt);
  osal_memset(tasksEvents,0,(sizeof(uint16)*tasksCnt));
                                                        //任务栈清空

  macTaskInit(taskID++);                                //MAC 初始化并编号0
  nwk_init(taskID++);                                   //网络任务初始化并编号1
  Hal_Init(taskID++);                                   //硬件层初始化并编号2
#if defined(MT_TASK)
  MT_TaskInit(taskID++);                                //调试任务初始化并编号3
#endif
  APS_Init(taskID++);                                   //软件事件循环并编号4
  ZDApp_Init(taskID++);                                 //ZigBee 设备处理循环5
  SAPI_Init(taskID);                                    //用户事件处理任务6
}
```

由于任务的初始化，ZStack 协议栈的不同任务就被赋予了不同的 taskID，这样，任务事件数组 tasksEvents 中就表示了系统中哪些任务存在没有处理的事件。然后就会调用各任务处理对应的事件。任务通过函数指针来调用，参数有任务标识符(taskID)和对应的事件(events)两个。ZStack 中的七种默认的任务存储在 tasksArr[ ]这个函数指针数组中，与初始化顺序列表一致，定义如下：

```
const pTaskEventHandlerFn tasksArr[]={
macEventLoop,                                    //MAC 任务循环
nwk_event_loop,                                  //网络任务循环
Hal_ProcessEvent,                                //硬件层处理循环
#if defined(MT_TASK)
MT_ProcessEvent,                                 //调试信息处理循环
#endif
APS_event_loop,                                  //软件事件循环
ZDApp_event_loop,                                //zigbee 设备处理循环
SAPI_ProcessEvent                                //用户事件处理任务
};
```

从七个事件的名字就可以看出,每个默认的任务对应着协议的层次。而且根据 ZStack 协议栈的特点,这些任务从上到下的顺序反映出了任务的优先级,如 MAC 事件处理 macEventLoop 的优先级高于网络层事件处理 nwk_event_loop 的优先级。

要深入理解 ZStack 协议栈中 OSAL 的调度管理,关键是要理解任务的初始化 osalInitTasks()、任务标识符 taskID、任务事件数组 tasksEvents[]、任务事件处理函数 tasksArr[]数组之间的关系,如图 2-30 所示。

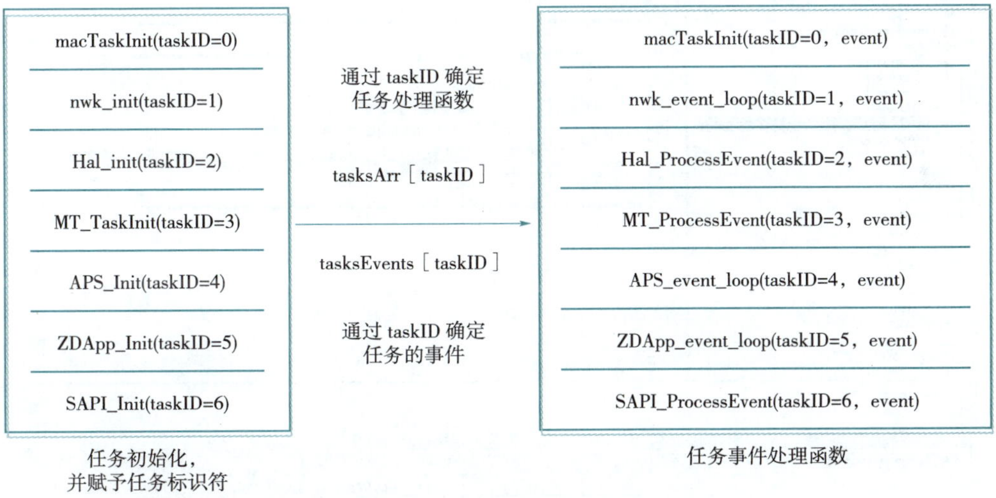

图 2-30 任务事件之间的关系

图 2-30 所示是系统任务、任务标识符和任务事件处理函数之间的关系。其中 tasksArr[]数组中存储了任务的处理函数,tasksEvents[]数组中则存储了各任务对应的事件,由此便可得知任务与事件之间是多对多的关系,即多个任务对应着多个事件。系统调用 osalInitTasks()函数进行任务初始化时,首先将 taskEvents[]数组的各任务对应的事件置 0,也就是各任务没有事件。当调用了各层的任务初始化函数之后,系统就会调用 osal_set_event(taskID,event)函数将各层任务的事件存储到 tasksEvent[]数组中。系统任务初始化结束之后就会轮询调用 osal_run_system()函数,开始运行系统中所有的任务,运行过程中,任务标识符值越低的任务优先运行。在执行任务的过程中,系统会判断各任务对应的事件是否发生,若发生了则执行相应的事件处理函数。

二、SAPI 函数接口

(一)SAPI 任务事件处理

TI 公司在提供 ZStack 协议栈的同时还提供了多个 ZigBee 网络协议栈的案例,通过 TI 提供的各种案例可以对 ZStack 协议栈的使用有个初步的了解,通过 TI 官方提供的项目案例可以实现快速的 ZigBee 项目开发。

在 ZigBee 协议栈中提供了通用软件模版实例(GenericApp)、样品软件模版实例(SampleApp)、简易软件模版实例(SimpleApp)和协议栈工程样板(Template)。其中最为常用的是 SimpleApp 简易软件模版实例,该工程实例基于 sapi 架构开发,实例中提供了控制节点(SimpleControllerED)、汇集节点(SimpleCollectorED)、传感器采集节点(SimpleSensorED)和开关节点(SimpleSwitchED)的通用实例。协议栈工程样板(Template)是基于 SimpleApp 示例工程开发的企业级工程示例,实现了传感器驱动层和 SAPI 应用层分离,让程序结构更加清晰易懂,如图 2-31 所示。

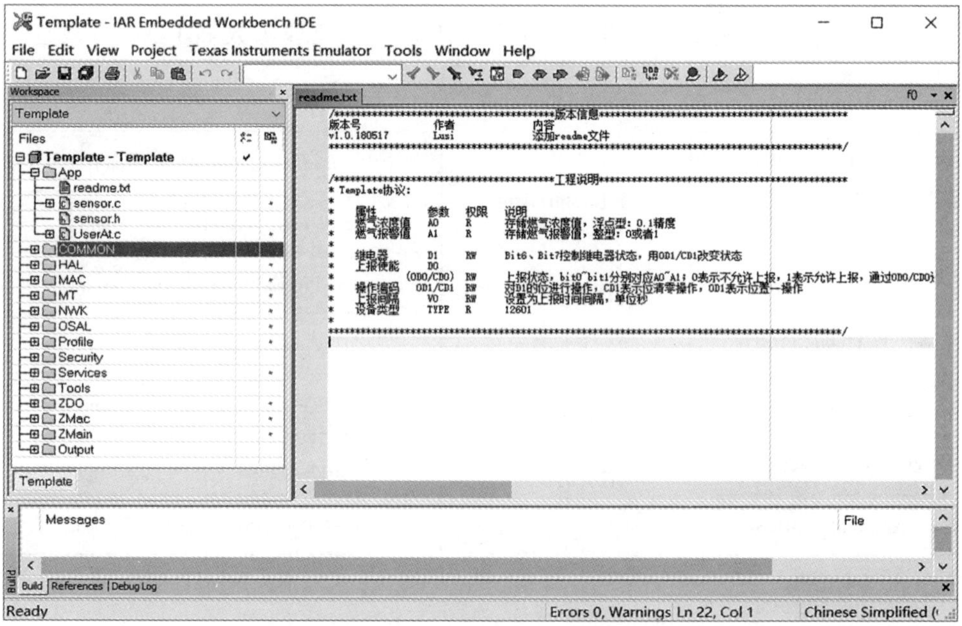

图 2-31 Template 项目例程

在 Template 项目案例中,基于 SAPI 框架下的主要实现为函数 sapi. c 和 sapi. h,应用层的 API 对应文件 AppCommon. c。对用户而言了解,sapi. c 和 sapi. h 下的关键函数及 AppCommon. c 函数中 API 的使用方法是学习 ZStakc 协议栈 SAPI 框架的重点。

下面对 SAPI 框架下程序执行流程的关键代码和函数进行说明。

在 SAPI 框架下 SAPI 的任务处理事件是在 SAPI_ProcessEvent 中完成的,在该函数中完成了消息队列处理事件、绑定处理事件、组网处理事件、重启事件等,这些都是用于配置和处理系统信息的事件,均由系统自主完成,开发和使用中不需要过多关注,该函数中需要关注的是用户任务初始化的进入事件和系统循环处理用户任务的用户任务处理事件,SAPI_ProcessEvent 相关关键代码段如下:

```
UINT16 SAPI_ProcessEvent(byte task_id,UINT16 events)
{
  osal_event_hdr_t*pMsg;                       //定义消息队列指针
  afIncomingMSGPacket_t*pMSGpkt;               //定义一个指向接收消息结构体的指针
  afDataConfirm_t*pDataConfirm;                //定义一个指针指向外部数据发送的消息包

  if(events & SYS_EVENT_MSG)                   //处理系统事件消息
  {
    pMsg=(osal_event_hdr_t*)osal_msg_receive(task_id);
                                               //获取消息队列
    ......                                     //此处处理系统消息
    return(events ^ SYS_EVENT_MSG);            //返回未完成的任务事件
  }

  if(events & ZB_ALLOW_BIND_TIMER)             //处理系统允许定时绑定事件
  {
    ......                                     //处理允许绑定内容
    return(events ^ ZB_ALLOW_BIND_TIMER);      //返回未完成的任务事件
  }

  if(events & ZB_BIND_TIMER)                   //处理系统定时绑定
  {
    ......                                     //此处处理绑定内容
    return(events ^ ZB_BIND_TIMER);
  }

  if(events & ZB_ENTRY_EVENT)                  //处理 ZigBee 进入事件
  {
    uint8 startOptions;

    //指示设备启动的应用
#if(SAPI_CB_FUNC)
    zb_HandleOsalEvent(ZB_ENTRY_EVENT);        //ZigBee 初始化处理事件
#endif
  HalLedSet(HAL_LED_4,HAL_LED_MODE_OFF);       //熄灭指示灯

    ......                                     //此处处理系统配置更新
    return(events ^ ZB_ENTRY_EVENT);
  }

  if(events &(ZB_USER_EVENTS))                 //循环处理事件(通常优先级最低)
  {
  //用户事件被传递给系统应用程序
#if(SAPI_CB_FUNC)
    zb_HandleOsalEvent(events);                //ZigBee 初始化处理事件
#endif
  }
  return 0;                                    //丢弃未知事件
}
```

上述代码中虽然事件较多，但只需要重点了解 ZigBee 进入事件（ZB_ENTRY_EVENT）和 ZigBee 的用户事件（ZB_USER_EVENTS）即可。ZB_ENTRY_EVENT 事件通常只有当系统配置参数发生改变时才会进入，当系统配置信息稳定后该事件将不再触发，因此用户的传感器设备的初始化，以及用户设定事件的初始化均在该事件下处理。ZB_USER_EVENTS 事件则是用来处理用户自己设定事件的处理事件，只要用户事件中重新定义了事件的系统触发时间，那么只要系统时间到达，ZigBee 的用户事件就会被触发，进而执行用户设定的事件。

在 ZB_ENTRY_EVENT 和 ZB_USER_EVENTS 事件处理过程中最终都调用 zb_HandleOsalEvent()函数，在 SAPI 应用接口实现。

（二）SAPI 关键函数解析

SAPI 接口中提供了多个函数，函数涵盖系统重启、入网、设备查询、绑定、事件处理和数据收发等。在众多的函数中只用关注关键的几个函数即可。

1. ZStack SAPI 事件处理函数（见表 2-2）

表 2-2 ZStack SAPI 事件处理函数

函数名称	void zb_HandleOsalEvent(uint16 event)
函数参数	event：需要被执行事件的掩码
返回参数	无返回值
说　　明	当有一个任务事件被设置时，系统调用此函数处理

ZigBee ZStack 协议栈初始化并启动事件循环后，最终 SAPI 事件处理会 zb_HandleOsalEvent()函数被处理，其中主要包含：ZB_ENTRY_EVENT 和 ZB_USER_EVENTS（0x0001～0x000F）事件。ZB_ENTRY_EVENT 事件主要完成节点类型初始化及调用传感器初始化（传感器应用层 sensor. c->sensorInit()）。ZB_USER_EVENTS 事件会调用传感器应用层 sensor. c->MyEventProcess()进行用户事件处理，比如触发传感器数值的循环上报。函数定义如下：

```
void zb_HandleOsalEvent(uint16 event)
{
  if(event & ZB_ENTRY_EVENT){
……
//节点类型初始化
    //传感器初始化
    sensorInit();
  }
//触发用户自定义事件
  if(event & 0x000F){
    //处理用户传感器事件
    MyEventProcess(event);
  }
}
```

2. ZigBee 入网处理函数(见表 2-3)

表 2-3 ZigBee 入网处理函数

函数名称	void zb_StartConfirm(uint8 status)
函数参数	status:启动完成后的状态
返回参数	无返回值
说　　明	当 ZStack 协议栈启动完成后,执行这个函数

ZigBee ZStack 协议栈节点入网成功后会调用 zb_StartConfirm()函数进行入网状态确认,当入网成功后,程序会调用 sensor. c->sensorLinkOn()函数进行入网成功通知。函数定义如下:

```
void zb_StartConfirm(uint8 status)
{
  //If the device sucessfully started,change state to running
  if(status==ZB_SUCCESS)                                    //入网成功
  {
    printf("AppCommon->zb_StartConfirm():Join ZigBee Net Success!\r\n");
    HalLedSet(HAL_LED_2,HAL_LED_MODE_ON);
    mLinkStatus=1;
    //入网成功后调用
    sensorLinkOn();
  }
  else
  {
  }
}
```

3. ZigBee 数据发送请求函数(见表 2-4)

表 2-4 ZigBee 数据发送请求函数

函数名称	void zb_SendDataRequest(uint16 destination, uint16 commandId, uint8 len,uint8 * pData uint8 handle,uint8 ack,uint8 radius)
函数参数	Destination:数据发送的目的地址,可用的目的地址如下: -设备的 16 位短地址 -广播地址 -绑定的设备地址 commandId:与消息一起发送的命令 ID,如果使用绑定设备作为目标,则此参数还指示要使用的绑定类型 Len:要发送的数据长度 * pData:要发送的数据内容 Handle:用于识别发送数据请求的句柄 ack:如果要对发送的数据进行应答确认则要设置为 TRUE radius:在数据丢失之前数据可以通过的最大路由器数量

续上表

返回参数	无返回值
说　　明	向目的地址发送数据

ZigBee ZStack 协议栈 SAPI 框架通过 zb_SendDataRequest()函数实现无线数据的上行发送，在 sensor. c->sensorUpdate()函数程序会把传感器的数据打包发送给协调器。函数定义如下：

```
void sensorUpdate(void)
{
  char pData[32];
  char*p=pData;

  //光强度采集数据集(0~1000随机数)
  lightIntensity=(uint16)(osal_rand()% 1000);

  //更新 gas 的值
  sprintf(p,"lightIntensity=% .1f",lightIntensity);
  zb_SendDataRequest(0,0,strlen(p),(uint8*)p,0,0,AF_DEFAULT_RADIUS);
  HalLedSet(HAL_LED_1,HAL_LED_MODE_OFF);
  HalLedSet(HAL_LED_1,HAL_LED_MODE_BLINK);

  printf("sensor->sensorUpdate():lightIntensity=% .1f\r\n",lightIntensity);
}
```

4. 数据接收处理函数(见表 2-5)

表 2-5　数据接收处理函数

函数名称	void zb_ReceiveDataIndication(uint16 source, uint16 command, uint16 len, uint8 * pData)
函数参数	source:数据发送源的短地址 command:与数据相关联的指令 ID len:数据长度 * pData:存放接收数据的数据指针
返回参数	无返回值
说　　明	当接收到网络中其他节点传来的数据时，系统调用这个函数对数据内容进行处理

当 ZigBee 节点接收到下行的无线数据包后，ZigBee ZStack 协议栈 SAPI 框架会调用 zb_ReceiveDataIndication()函数进行数据处理。函数定义如下：

```
  void zb_ReceiveDataIndication(uint16 source,uint16 command,uint16 len,uint8*
pData)
  {
   uint16 pAddr=NLME_GetCoordShortAddr();
```

```
  /*接收到数据处理*/
  HalLedSet(HAL_LED_1,HAL_LED_MODE_OFF);
  HalLedSet(HAL_LED_1,HAL_LED_MODE_BLINK);
  printf("AppCommon->zb_ReceiveDataIndication():Receive ZigBee Data!\r\n");

  //处理接收到的无线数据包 APP_DATA
  if(command==0){//如果 command==0说明是 zxbee 数据
    ZXBeeInfRecv((char*)pData,len);              //交给 ZXBee 接口处理接收数据
  }
}
```

三、传感器应用接口

(一)智云传感器框架

智云框架是在应用接口和 SAPI 接口上搭建起来的,通过合理调用这些接口,使 ZigBee 项目的开发形成一套系统的开发逻辑。具体应用接口在 sensor. c 文件中实现,包括:传感器初始化、控制设备的操作、传感器数据的采集、报警信息的实时响应、系统参数的配置更新等,函数列表见表 2-6。

表 2-6　传感器应用接口函数

函数名称	函数说明
sensorInit()	传感器硬件初始化
sensorLinkOn()	节点入网成功操作函数
sensorUpdate()	传感器数据定时上报
sensorControl()	传感器/执行器控制函数
sensorCheck()	传感器预警监测及处理函数
ZXBeeInfRecv()	解析接收到的传感器控制命令函数
MyEventProcess()	自定义事件处理函数,启动定时器触发事件 MY_REPORT_EVT

(二)智云传感器程序

智云框架下,ZigBee 无线节点示例程序基于 SAPI 框架开发,详细程序流程图如图 2-32 所示。

以工程 ZigBeeApiTest 为例,智云框架为 ZigBee ZStack 协议栈上层应用提供分层的软件设计结构,将传感器的私有操作部分封装到 sensor. c 文件中,用户任务中的处理事件和节点类型选择则在 sensor. h 文件中设置。sensor. h 文件中事件宏定义如下:

```
/*********************************************************************************************
*文件:sensor.h
*作者:Xuzhy 2018.5.16
*说明:sensor 头文件
*修改:
*注释:
*********************************************************************************************/
#ifndef SENSOR_H
```

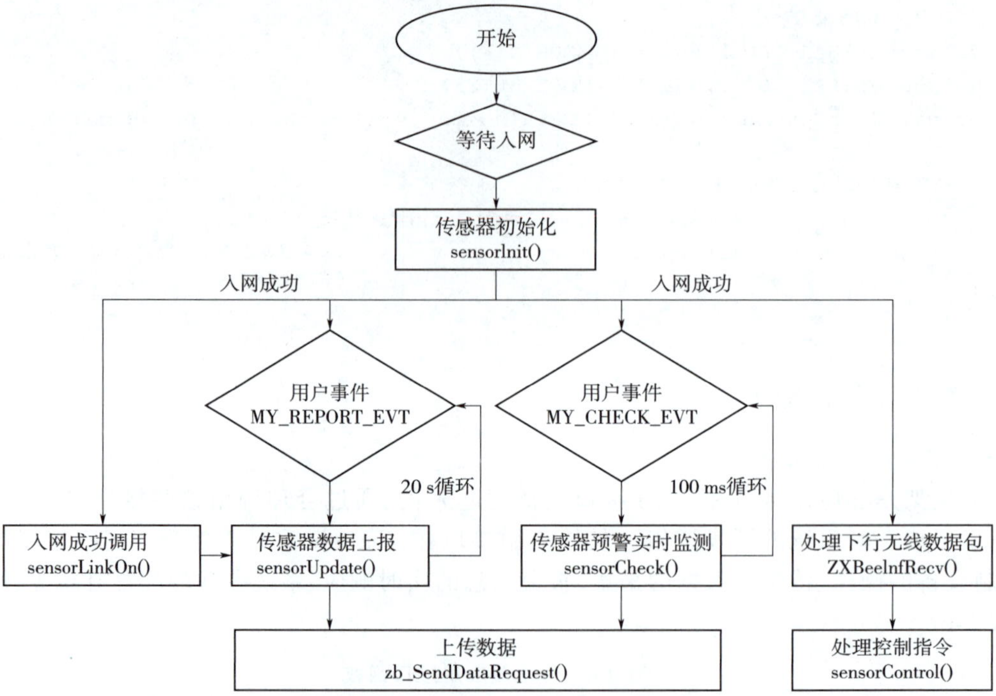

图 2-32　智云传感器程序执行流程

```
    #define SENSOR_H
    /*************************************************************************
    *宏定义
    *************************************************************************/
    #define MY_REPORT_EVT           0x0001
    #define MY_CHECK_EVT            0x0002
    #define NODE_NAME               "601"                    //节点类型
    #define NODE_CATEGORY           1                        //节点类别
    #define NODE_TYPE    NODE_ENDDEVICE                      //路由节点:NODE_ROUTER
终端节点:NODE_ENDDEVICE
    /*************************************************************************
    *函数原型
    *************************************************************************/
    extern void sensorInit(void);                            //传感器硬件初始化
    extern void sensorLinkOn(void);                          //节点入网成功后调用处理
    extern void sensorUpdate(void);                          //传感器数据上报
    extern void sensorControl(uint8 cmd);                    /对传感器进行控制
    extern void MyEventProcess(uint16event);                 //处理用户事件
    extern void ZXBeeInfRecv(char*pkg,int len);              //处理接收到的无线数据包
    #endif //SENSOR_H
```

sensor 头文件中定义了用户事件，定义的用户事件中定义的内容分别是上报事件（MY_REPORT_EVT）和报警事件（MY_CHECK_EVT），上报事件用于对传感器采集的数据进行上报，报警事件用于对安防类传感器检测到的危险性息进行响应。其次还定义了节点类型，可以选择将节点设置为路由节点（NODE_ROUTER）或者终端节点（NODE_ENDDEVICE），同时还声明了

智云框架下的传感器应用文件 sensor.c 中的函数。

sensorInit()函数下实现用户对传感器设备的初始化和启动 MY_REPORT_EVT 用户数据上报事件,相关代码段如下:

```
/*********************************************************************************
*名称:sensorInit()
*功能:传感器硬件初始化
*参数:无
*返回:无
*修改:
*注释:
*********************************************************************************/
void sensorInit(void)
{
  printf("sensor->sensorInit():Sensor init!\r\n");
  //传感器硬件初始化

  //启动定时器,触发传感器上报数据事件:MY_REPORT_EVT,传感器数据监测事件 MY_CHECK_EVT
  osal_start_timerEx(sapi_TaskID,MY_REPORT_EVT,(uint16)((osal_rand()% 10)*
1000));
  osal_start_timerEx(sapi_TaskID,MY_CHECK_EVT,100));
}
```

sensorLinkOn()函数在 ZigBee 节点入网成功后可以进行相关的操作,相关代码段如下:

```
/*********************************************************************************
*名称:sensorLinkOn()
*功能:传感器节点入网成功调用函数
*参数:无
*返回:无
*修改:
*注释:
*********************************************************************************/
void sensorLinkOn(void)
{
  printf("sensor->sensorLinkOn():Sensor Link on!\r\n");
  sensorUpdate();                                   //入网成功后上报一次传感器数据
}
```

sensorUpdate()函数下实现对传感器数据的更新和更新数据的打包上报,相关代码段如下:

```
/*********************************************************************************
*名称:sensorUpdate()
*功能:处理主动上报的数据
*参数:无
*返回:无
*修改:
*注释:
*********************************************************************************/
void sensorUpdate(void)
```

```
{
  char pData[32];
  char*p=pData;

  //光强度采集数据集(0~1000随机数)
  lightIntensity=(uint16)(osal_rand()% 1000);

  //更新的值
  sprintf(p,"lightIntensity=% .1f",lightIntensity);
  zb_SendDataRequest(0,0,strlen(p),(uint8*)p,0,0,AF_DEFAULT_RADIUS);
  HalLedSet(HAL_LED_1,HAL_LED_MODE_OFF);
  HalLedSet(HAL_LED_1,HAL_LED_MODE_BLINK);

  printf("sensor->sensorUpdate():lightIntensity=% .1f\r\n",lightIntensity);
}
```

MyEventProcess()函数下实现对用户定义事件的启动和处理,相关代码段如下:

```
/*********************************************************************************
*名称:MyEventProcess()
*功能:自定义事件处理
*参数:event--事件编号
*返回:无
*修改:
*注释:
*********************************************************************************/
void MyEventProcess(uint16 event)
{
  if(event & MY_REPORT_EVT){
    sensorUpdate();                                          //传感器数据定时上报
    //启动定时器,触发事件:MY_REPORT_EVT
    osal_start_timerEx(sapi_TaskID,MY_REPORT_EVT,20*1000);
  }
  if(event & MY_CHECK_EVT){
    sensorCheck();                                           //传感器状态实时监测
    //启动定时器,触发事件:MY_CHECK_EVT
    osal_start_timerEx(sapi_TaskID,MY_CHECK_EVT,100);
  }
}
```

ZXBeeInfRecv()函数实现对节点接收到有效数据的处理,相关代码段如下:

```
/*********************************************************************************
*名称:ZXBeeInfRecv()
*功能:节点收到无线数据包
*参数:*pkg--收到的无线数据包
*返回:
*修改:
*注释:
```

```
*********************************************************************************/
void ZXBeeInfRecv(char*pkg,int len)
{
  uint8 val;
  char pData[16];
  char*p=pData;
  char*ptag=NULL;
  char*pval=NULL;

  printf("sensor->ZXBeeInfRecv():Receive ZigBee Data!\r\n");

  ptag=pkg;
  p=strchr(pkg,'=');
  if(p!=NULL){
    *p++=0;
    pval=p;
  }
  val=atoi(pval);

  //控制命令解析
  if(0==strcmp("cmd",ptag)){                    //对 D0的位进行操作,CD0表示位清零操作
    sensorControl(val);
  }
}
```

sensorControl()函数下实现对控制设备的操作,相关代码段如下:

```
/*********************************************************************************
*名称:sensorControl()
*功能:传感器控制
*参数:cmd-控制命令
*返回:无
*修改:
*注释:
*********************************************************************************/
void sensorControl(uint8 cmd)
{
  //根据 cmd 参数处理对应的控制程序
  if(cmd==1){
    RELAY=ON;                                  //开启继电器1,模拟遮阳电机开
    printf("sensor->sensorControl():Motor ON\r\n");
  }
  else if(cmd==0){
    RELAY=OFF;                                 //关闭继电器1,模拟遮阳电机关
    printf("sensor->sensorControl():Motor OFF\r\n");
  }
}
```

通过对 sensor. c 文件中具体函数的实现即可快速地完成 ZigBee 项目开发。

任务引导与步骤

四、智慧农业系统

(一)任务协议栈

本任务的目标是通过基于ZigBee无线传感网的智慧农业系统实例,了解ZigBee的网络协议栈的工作原理和协议栈的关键接口,学习和掌握SAPI接口的使用,掌握应用接口的使用,通过使用应用接口能够实现快速的ZigBee无线传感网络开发。

为了满足对ZigBee应用接口的充分使用,基于ZigBee无线传感网的智慧农业系统实例的ZigBee节点携带了两种传感器,一种为光强传感器,另一种为继电器。其中光强传感器可以采集大棚内的光照强度,继电器可作为受控设备配置农业中的环境参数。

整个农业光强采集和调节项目实例的实现分为两个部分,分别为硬件功能设计和软件逻辑设计。下面对这两个部分分别进行讲解。

1. 硬件功能设计

根据前面的分析,农业光强采集和调节项目拥有两种设备,分别为光强传感器用于采集光照强度信息,由于本节重点讲解SPAI接口及ZStack应用接口的使用,因此光照度信息数据是通过CC2530单片机的随机数发生器产生的,而继电器作为受控设备,可以对农业环境状态进行调节。农业光强采集和调节硬件框图设计如图2-33所示。

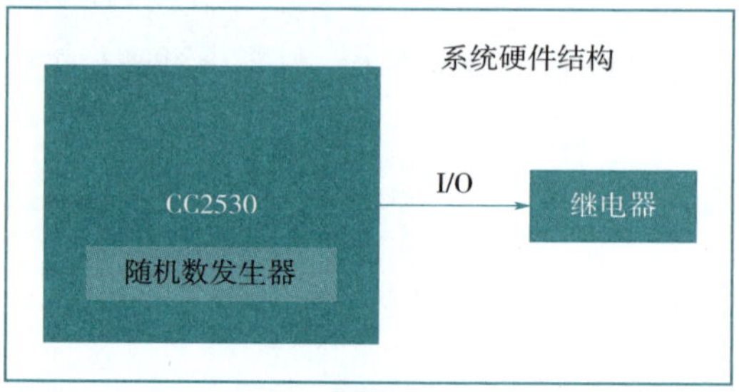

图2-33 硬件框图

图2-33所示可知光照检测传感器使用内部随机数发生器产生虚拟数据,而继电器使用I/O进行控制。继电器控制电路如图2-34所示。

继电器控制电路的控制口由CC2530处理器的P0_6控制,根据电路分析,低电平继电器闭合,高电平继电器断开。

2. 软件逻辑设计

软件设计符合ZStack协议栈应用接口的执行流程设计,ZigBee节点首先进行入网操作,当入网完成后,通过传感器初始化实现节点上各个传感器设备的初始化和用户任务的初始化。当用户任务触发时,更新传感器数据并上报。当节点接收到传感器数据时,如果接收数据为继电器控制指令,那么执行继电器控制操作。

ZigBee无线节点示例程序ZigBeeApiTest基于SAPI框架开发的详细程序流程如图2-35所示。

为了使ZigBee节点的数据能够实现远程与本地的识别,需要设计一套约定的通信协议,约定的通信协议可以被远程设备和本地节点识别。根据项目特性设计通信协议,见表2-7。

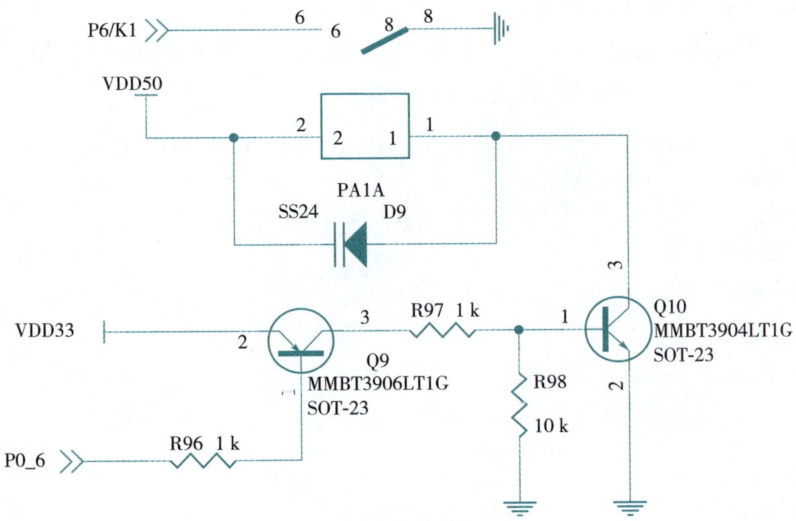

图 2-34 继电器控制电路

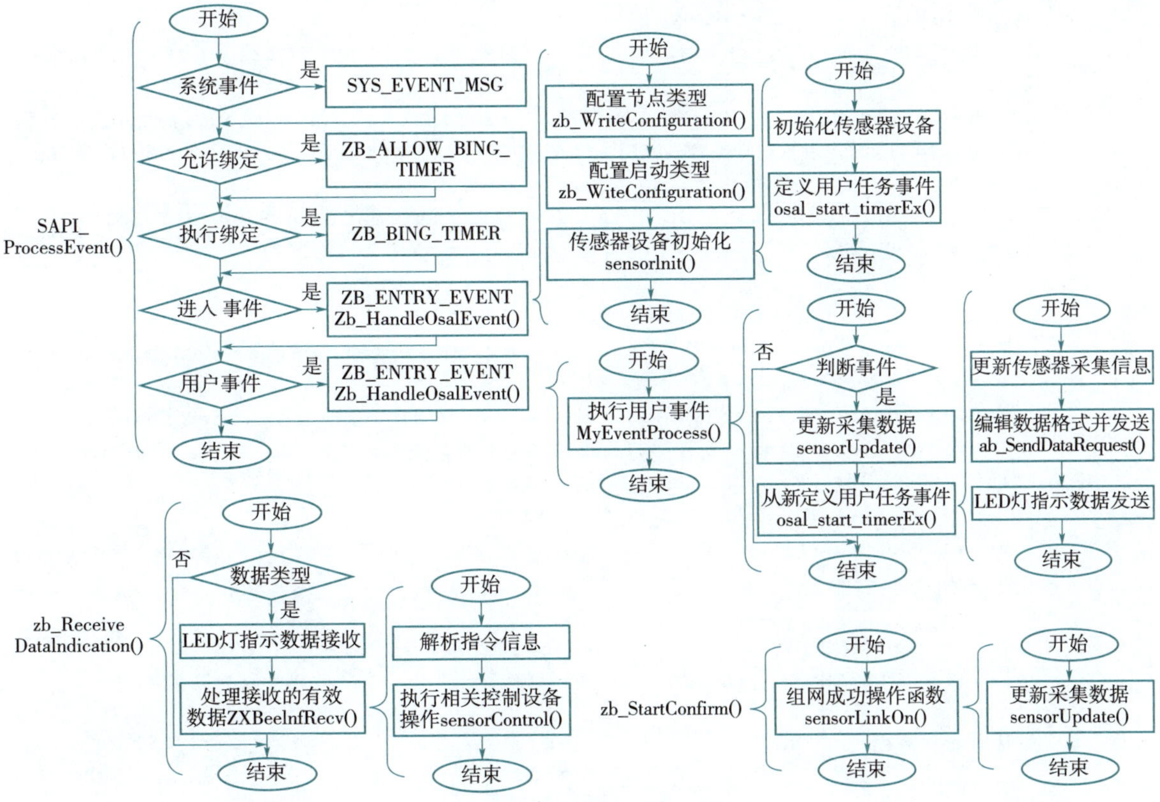

图 2-35 智云框架执行流程

表 2-7 程序通信协议

数 据 方 向	协 议 格 式	说　　明
上行(节点往应用发送数据)	lightIntensity = X	X 表示采集的光强值
下行(应用往节点发送指令)	cmd = X	X 为 0 表示关闭继电器,1 表示开启继电器

(二)ZStack SAPI 框架关键函数

理解节点工程 ZigBeeApiTest 内源码文件 AppCommon.c 和 SAPI 程序框架。

(1)ZStack 系统事件处理函数,相关代码段如下:

```
/*********************************************************************************
*名称:zb_HandleOsalEvent()
*功能:SAPI 事件处理函数,当一个任务事件发生了之后,调用这个函数
*参数:event-产生的任务事件
*返回:
*修改:
*注释:
*********************************************************************************/
void zb_HandleOsalEvent(uint16 event)
{
  if(event & ZB_ENTRY_EVENT){
    uint8 startOptions;
    uint8 selType=NODE_TYPE;

    at_init();
    printf("AppCommon->zb_HandleOsalEvent():ZB_ENTRY_EVENT trigger!\r\n");

    zb_ReadConfiguration(ZCD_NV_LOGICAL_TYPE,sizeof(uint8),&logicalType);
    if(logicalType !=ZG_DEVICETYPE_ENDDEVICE && logicalType !=ZG_DEVICETYPE_
ROUTER){
      zb_WriteConfiguration(ZCD_NV_LOGICAL_TYPE,sizeof(uint8),&selType);
      zb_SystemReset();
    }

    //Do more configuration if necessary and then restart device with auto-start
bit set
    //write endpoint to simple desc...dont pass it in start req..then reset
    zb_ReadConfiguration(ZCD_NV_STARTUP_OPTION,sizeof(uint8),&startOptions);
    if(startOptions !=ZCD_STARTOPT_AUTO_START){
      startOptions=ZCD_STARTOPT_AUTO_START;
      zb_WriteConfiguration(ZCD_NV_STARTUP_OPTION,sizeof(uint8),&startOptions);
      zb_SystemReset();
    }
    osal_nv_read(ZCD_NV_PANID,0,sizeof(panid),&panid);
    HalLedSet(HAL_LED_2,HAL_LED_MODE_FLASH);                 //网络灯开始闪烁

    //传感器初始化
    sensorInit();
  }

  if(event & __AT_EVT){                                      //触发 AT 指令事件
    at_proc();
  }
  if(event & 0x000F){                                        //触发用户自定义事件
```

```
    printf("AppCommon->zb_HandleOsalEvent():MyEvent trigger!\r\n");
    MyEventProcess(event);
  }
}
```

(2)ZStack 系统启动及入网,相关实现代码段如下:

```
/***************************************************************************
*名称:zb_StartConfirm()
*功能:当 Zstack 协议栈启动完成后,执行这个函数
*参数:status:启动完成后的状态
*返回:
*修改:
*注释:
***************************************************************************/
void zb_StartConfirm(uint8 status)
{
  //If the device sucessfully started,change state to running
  if(status==ZB_SUCCESS)                                //入网成功
  {
    printf("AppCommon->zb_StartConfirm():Join ZigBee Net Success!\r\n");
    HalLedSet(HAL_LED_2,HAL_LED_MODE_ON);
    mLinkStatus=1;
    //入网成功后调用
    sensorLinkOn();
  }
  else
  {
  }
}
```

(3)处理节点收到的无线数据包,实现代码如下:

```
/***************************************************************************
*名称:zb_ReceiveDataIndication()
*功能:当 ZigBee 接收到节点发送的数据后,调用这个函数
*参数:source:源地址;commandID:命令 ID;len:收到数据的长度;pData:收到的数据
*返回:
*修改:
*注释:
***************************************************************************/
void zb_ReceiveDataIndication(uint16 source,uint16 command,uint16 len,uint8*
pData)
{
  uint16 pAddr=NLME_GetCoordShortAddr();

  /*接收到数据处理*/
  HalLedSet(HAL_LED_1,HAL_LED_MODE_OFF);
  HalLedSet(HAL_LED_1,HAL_LED_MODE_BLINK);
  printf("AppCommon->zb_ReceiveDataIndication():Receive ZigBee Data!\r\n");
```

```
    //处理接收到的无线数据包 APP_DATA
    if(command==0){ //如果 command==0 说明是 zxbee 数据
      if(logicalType !=ZG_DEVICETYPE_COORDINATOR){   //通过 at 指令发送到串口
        at_notify_data((char*)pData,len);
      }
      ZXBeeInfRecv((char*)pData,len);                //交给 ZXBee 接口处理接收数据
    }
  }
```

(4)节点发送无线数据包的函数应用,实现代码如下:

```
    char pData[32];
    char*p=pData;

    //光强度采集数据集(0~1000随机数)
    lightIntensity=(uint16)(osal_rand()% 1000);

    //更新 gas 的值
    sprintf(p,"lightIntensity=% .1f",lightIntensity);
    zb_SendDataRequest(0,0,strlen(pData),(uint8*)pData,0,0,AF_DEFAULT_RADIUS);
```

(5)ZStack 协议栈定时器的函数应用,实现代码如下:

```
  //启动定时器,触发传感器上报数据事件:MY_REPORT_EVT
    osal_start_timerEx(sapi_TaskID,MY_REPORT_EVT,(uint16)((osal_rand()% 10)*
1000));
```

(三)传感器应用层关键函数

理解节点工程 ZigBeeApiTest 内源码文件 sensor. c 和传感器应用的设计。

(1)传感器初始化,实现代码如下:

```
  /*********************************************************************************
  *名称:sensorInit()
  *功能:传感器硬件初始化
  *参数:无
  *返回:无
  *修改:
  *注释:
  *********************************************************************************/
  void sensorInit(void)
  {
    printf("sensor->sensorInit():Sensor init! \r \n");
    //光强传感器初始化
    //初始化遮阳电机代码
    //初始化继电器代码
    P0SEL &=~0xC0;                                   //配置管脚为通用 IO 模式
    P0DIR |=0xC0;                                    //配置控制管脚为输入模式

    //启动定时器,触发传感器上报数据事件:MY_REPORT_EVT
    osal_start_timerEx(sapi_TaskID,MY_REPORT_EVT,(uint16)((osal_rand()% 10)*
```

```
1000));
    }
```

(2)传感器入网成功后调用,实现代码如下:

```
/*********************************************************************************
*名称:sensorLinkOn()
*功能:传感器节点入网成功调用函数
*参数:无
*返回:无
*修改:
*注释:
*********************************************************************************/
void sensorLinkOn(void)
{
  printf("sensor->sensorLinkOn():Sensor Link on!\r\n");
  sensorUpdate();
}
```

(3)传感器主动上报传感器数据,实现代码如下:

```
/*********************************************************************************
*名称:sensorUpdate()
*功能:处理主动上报的数据
*参数:无
*返回:无
*修改:
*注释:
*********************************************************************************/
void sensorUpdate(void)
{
  char pData[32];
  char*p=pData;

  //光强度采集数据集(0~1000随机数)
  lightIntensity=(uint16)(osal_rand()% 1000);

  //更新 gas 的值
  sprintf(p,"lightIntensity=% .1f",lightIntensity);
  zb_SendDataRequest(0,0,strlen(p),(uint8*)p,0,0,AF_DEFAULT_RADIUS);
  HalLedSet(HAL_LED_1,HAL_LED_MODE_OFF);
  HalLedSet(HAL_LED_1,HAL_LED_MODE_BLINK);

  printf("sensor->sensorUpdate():lightIntensity=% .1f\r\n",lightIntensity);
}
```

(4)处理收到的无线数据包,实现代码如下:

```
void ZXBeeInfRecv(char*pkg,int len)
{
```

```
  uint8 val;
  char pData[16];
  char*p=pData;
  char*ptag=NULL;
  char*pval=NULL;

  printf("sensor->ZXBeeInfRecv():Receive ZigBee Data!\r\n");

  ptag=pkg;
  p=strchr(pkg,'=');
  if(p !=NULL){
    *p++=0;
    pval=p;
  }
  val=atoi(pval);

  //控制命令解析
  if(0==strcmp("cmd",ptag)){                  //对 D0的位进行操作,CD0表示位清零操作
    sensorControl(val);
  }
}
```

(5)处理收到的无线控制命令,实现代码如下:

```
/*********************************************************************************
*名称:sensorControl()
*功能:传感器控制
*参数:cmd-控制命令
*返回:无
*修改:
*注释:
*********************************************************************************/
void sensorControl(uint8 cmd)
{
  //根据 cmd 参数处理对应的控制程序
  if(cmd==1){
    RELAY=ON;                                  //开启继电器1,模拟遮阳电机开
    printf("sensor->sensorControl():Motor ON\r\n");
  }
  else if(cmd==0){
    RELAY=OFF;                                 //关闭继电器1,模拟遮阳电机关
    printf("sensor->sensorControl():Motor OFF\r\n");
  }
}
```

(6)用户的定时器函数调用,实现代码如下:

```
/*********************************************************************************
*名称:MyEventProcess()
*功能:自定义事件处理
```

```
*参数:event--事件编号
*返回:无
*修改:
*注释:
******************************************************************************/
void MyEventProcess(uint16 event)
{
  if(event & MY_REPORT_EVT){
    printf("sensor->MyEventProcess():MY_REPORT_EVT trigger!\r\n");
    sensorUpdate();                                    //传感器数据定时上报
    //启动定时器,触发事件:MY_REPORT_EVT
    osal_start_timerEx(sapi_TaskID,MY_REPORT_EVT,20*1000);
  }
}
```

(四)协调器工程数据处理

(1)协调器接收到上位机发送过来的串口数据,使用 MT 串口处理函数 zb_HanderMsg()处理收到上位机到协调器的串口数据。协调器收到上位机的数据有两种,一种是上位机发给路由/终端节点的消息,一种是上位机发给协调器的消息。地址非 0 表示的是上位机通过协调器发往路由/终端节点的消息,协调器直接转发给路由/终端节点;地址 0 或 0xFFFF 表示的是上位机发给协调器的消息,前往 ZigBee 命令处理函数进行处理。具体处理过程如下:

```
voidzb_HanderMsg(osal_event_hdr_t*msg)
{  mtSysAppMsg_t*pMsg=(mtSysAppMsg_t*)msg;
  uint16 dAddr;
  uint16 cmd;
  uint16 addr=NLME_GetShortAddr();
  HalLedSet(HAL_LED_1,HAL_LED_MODE_OFF);
  HalLedSet(HAL_LED_1,HAL_LED_MODE_BLINK);
  if(pMsg->hdr.event==MT_SYS_APP_MSG){
    //if(pMsg->appDataLen<4)return;
    dAddr=pMsg->appData[0]<<8 |pMsg->appData[1];          //提取地址
    cmd=pMsg->appData[2]<<8 |pMsg->appData[3];            //提取命令
    if(dAddr !=0){
      zb_SendDataRequest(dAddr,cmd,pMsg->appDataLen-4,pMsg->appData+4,0,AF_
ACK_REQUEST,AF_DEFAULT_RADIUS);
      //地址非0表示的是上位机通过协调器发往路由/终端节点的消息,协调器直接转发给路由/终
端节点
    }
    if(dAddr==0 ||dAddr==0xffff){
      processCommand(cmd,pMsg->appData+4,pMsg->appDataLen-4);
      //地址0或0xFFFF表示的是上位机发给协调器的消息,前往processCommand()命令处理函
数进行处理
    }
  }
}
```

（2）协调器接收到节点发送过来的无线数据，使用函数 zb_ReceiveDataIndication()处理收到节点发送的无线数据。协调器将打包好的数据通过串口发送给上位机，具体实现代码如下：

```
void zb_ReceiveDataIndication(uint16 source,uint16 command,uint16 len,uint8*
pData)
{
    HalLedSet(HAL_LED_1,HAL_LED_MODE_OFF);
    HalLedSet(HAL_LED_1,HAL_LED_MODE_BLINK);
    mtOSALSerialData_t *msg = (mtOSALSerialData_t *)osal_msg_allocate(sizeof
(mtOSALSerialData_t)+len+4);
    if(msg){
      msg->hdr.event=MT_SYS_APP_RSP_MSG;
      msg->hdr.status=len+4;
      msg->msg=(byte*)(msg+1);
      msg->msg[0]=(source>>8)&0xff;
      msg->msg[1]=source&0xff;
      msg->msg[2]=(command>>8)&0xff;
      msg->msg[3]=command&0xff;
      osal_memcpy(msg->msg+4,pData,len);
      osal_msg_send(MT_TaskID,(uint8*)msg);
    }
}
```

任务小结

ZigBee 是一种多点自组织网络，结合 ZStack 协议栈能够构建稳定可靠的 MESH 无线传感网络。ZStack 为应用开发者提供 SAPI 应用框架，能够快速开发 ZigBee 节点程序。通过对 ZStack 协议栈和 SAPI 框架的程序分析和 API 跟踪，掌握 ZigBee 传感器节点的程序开发。

思考与练习

1. ZigBee 技术区别于 BLE、Wi-Fi 技术的特点是________。
2. ZigBee 使用的频段是________。
3. ZigBee 协调器的网络地址是________。
4. ZigBee 网络中负责建立网络的是________。
5. ZigBee 物理地址是________位。
6. 设计一个 ZigBee 网络，要求协调器最多有 10 个子节点，其中最多有 5 个路由节点，其余的为终端节点。

CskipChldrn[MAX_NODE_DEPTH+1]={________,________,________,________,________,________}

CskipRtrs[MAX_NODE_DEPTH+1]={________,________,________,________,________,________}

7. 画图表示 ZigBee 的网络拓扑类型。

项目三

BLE 网络认知与工具调试

学习目标

- 了解 BLE 网络的使用场景。
- 了解 BLE 协议栈工作原理。
- 掌握 BLE 协议栈执行原理。
- 掌握 BLE 协议栈关键接口函数的使用。

任务一 BLE 无线网络认知

任务描述

本任务主要讲述 BLE 技术概念、BLE 传感网架构、BLE 传感网组网过程、BLE 传感网应用场景。

任务分析

一、BLE 传感网概述

(一) BLE 网络架构与工作模式

蓝牙低能耗(BLE)技术是低成本、短距离、可互操作的鲁棒性无线技术,工作在免许可的 2.4 GHz ISM 射频频段。它从一开始就设计为超低功耗(ultra low power,ULP)无线技术。它利用许多智能手段尽可能地降低功耗。蓝牙低能耗技术采用可变连接时间间隔,这个间隔根据具体应用可以设置为几毫秒到几秒不等。另外,因为 BLE 技术采用非常快速的连接方式,因此平时可以处于"非连接"状态(节省能源),此时链路两端相互间只是知晓对方,只有在必要时才开启链路,然后在尽可能短的时间内关闭链路。图 3-1 所示为 BLE 无线传感网络结构。

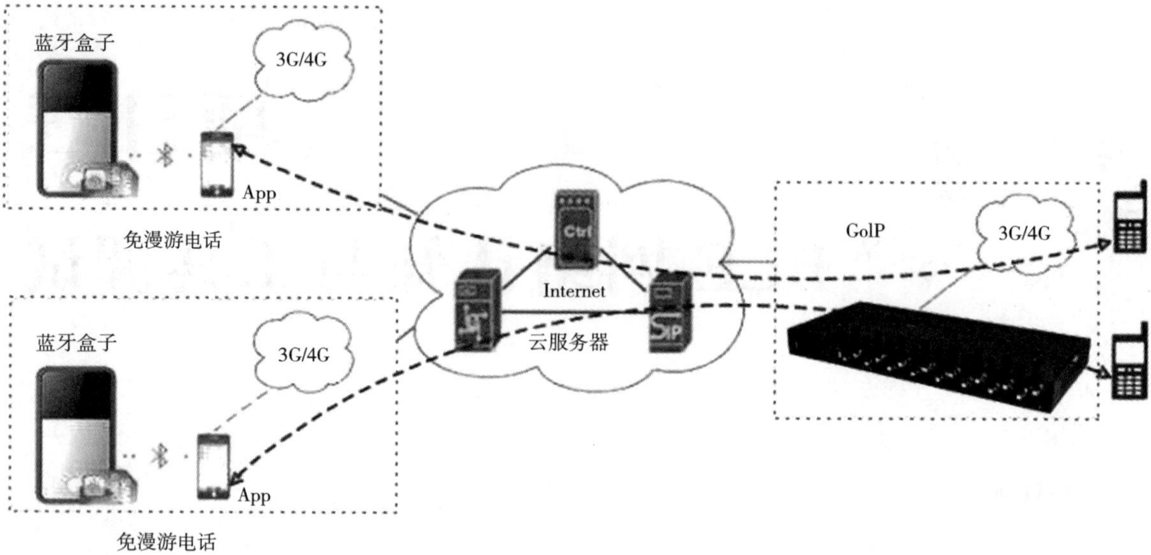

图 3-1　BLE 无线传感网络

BLE 技术的工作模式非常适合用于从微型无线传感器(每半秒交换一次数据)或使用完全异步通信的遥控器等其他外设传送数据。这些设备发送的数据量非常少(通常几个字节),而且发送次数也很少(如每秒几次到每分钟一次,甚至更少)。

BLE 传感网的特点有以下几点:

(1)高可靠性

对于无线通信而言,由于电磁波在传输过程中容易受到很多因素的干扰,例如,障碍物的阻挡、天气状况等,因此,针对无线通信系统在数据传输过程中的内在不确定性,在射频、基带协议、链路管理协议中采用可靠性措施,包括:差错检测和矫正、进行数据编解码、数据加噪等,提高了蓝牙无线数据传输的可靠性,另外,使用自适应调频技术,能够最大程度地减少和其他 2.4 G 无线电波的串扰。

(2)低成本、低功耗

BLE 技术可以应用于 8 bit MCU,目前 TI 公司推出的兼容 BluetoothLE 协议的 SoC 芯片 CC254X 每片价格在 9 元左右,外接几个阻容器件构成的滤波电路和 PCB 天线即可实现网络节点的构建。

蓝牙 4.0 版本强化了蓝牙在数据传输上的低功耗性能,功耗较传统蓝牙降低了 90%。

(3)快速启动、瞬间连接

此前蓝牙版本的启动速度非常缓慢,2.1 版本的蓝牙启动连接需要 6 s 的时间,而蓝牙 4.0 版本仅需要 3 ms 即可完成,几乎是瞬间连接。

(4)高安全性

为了保证数据传输的安全性,可以使用 AES-128 加密技术,但是在初学阶段,安全性问题可以不予考虑。

(5)低数据速率

无线控制系统对数据传输的可靠性和安全性、系统功耗和成本等方面有着特殊的要求,因此,目前的无线网络协议没有很好地解决这些特殊的要求。

(6)自适应频率

BLE 工作在 2.4 GHz 频段,仅适用三个广播通道,适用所有蓝牙规范版本通用的自适应调频技术。自适应调频技术是建立在自动信道质量分析基础上的一种频率自适应和功率自适应控制相结合的技术,它能在调频通信过程中自动避开被干扰的调频频点,并以最小的发射功率、最低的被截获概率,达到在无干扰的调频信道上长时间保持优质通信的目的。

BLE 网络可以点对点或者点对多点,一个 BLE 主机可以连接多个 BLE 从机,组成星型网络,另外还有一种由广播设备和多个扫描设备组成的广播组结构,不同的网络拓扑对应不同的应用领域。

(二)BLE 网络架构

蓝牙的波段为 2 400~2 483.5 MHz(包括防护频带)。这是全球范围内无须取得执照(但并非无管制的)的工业、科学和医疗用(ISM)波段的 2.4 GHz 短距离无线电频段。

蓝牙使用跳频技术,将传输的数据分割成数据包,蓝牙 4.0 以前版本通过 79 个指定的蓝牙频道分别传输数据包。每个频道的频宽为 1 MHz。蓝牙 4.0 使用 2 MHz 间距,可容纳 40 个频道。第一个频道始于 2 402 MHz,每 2 MHz 一个频道,至 2 480 MHz。所有 40 个通道职能不同,分为 3 个广播通道和 37 个数据通道。BLE 适配跳频(adaptive frequency-hopping,AFH)功能,通常每秒跳 1 600 次。BLE 信道分配如图 3-2 所示。

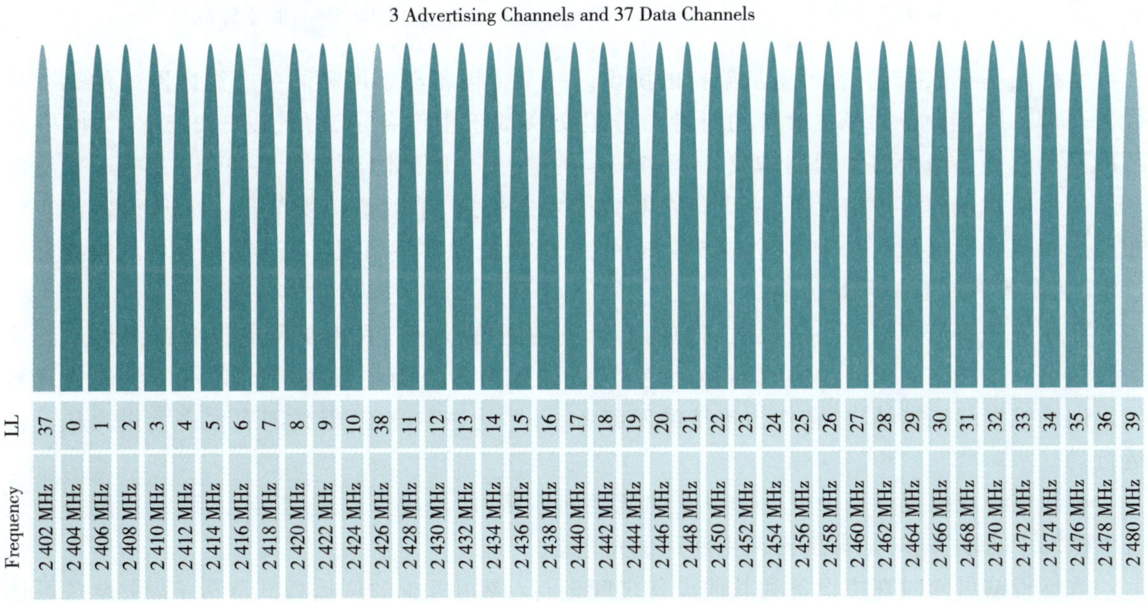

图 3-2　BLE 信道分配

最初,高斯频移键控(Gaussian frequency-shift keying,GFSK)调制是唯一可用的调制方案。然而蓝牙 2.0+EDR 使得 π/4-DQPSK 和 8DPSK 调制在兼容设备中的使用变为可能。运行 GFSK 的设备据说可以基础速率(basic rate,BR)运行,瞬时速率可达 1 Mbit/s。增强数据率(enhanced data rate,EDR)一词用于描述 π/4-DPSK 和 8DPSK 方案,分别可达 2 Mbit/s 和 3 Mbit/s。在蓝牙无线电技术中,两种模式(BR 和 EDR)的结合统称为“BR/EDR 射频”。

蓝牙设备之间可以建立两种网络拓扑结构,一种是微微网(piconet),如图 3-3 所示;另一种是分散网(scatternet),如图 3-4 所示。这两种网络都属于微微网技术。

在微微网中,蓝牙设备要么是主设备,要么是从设备,同一个微微网只存在一个主设备,别的都是从设备。微微网使用三个比特位给网内从设备进行编号,每个设备编号不同,每个微微网最多连接 7 个从设备。此外,在微微网中,从设备只能与主设备进行通信,从设备之间不能通信。

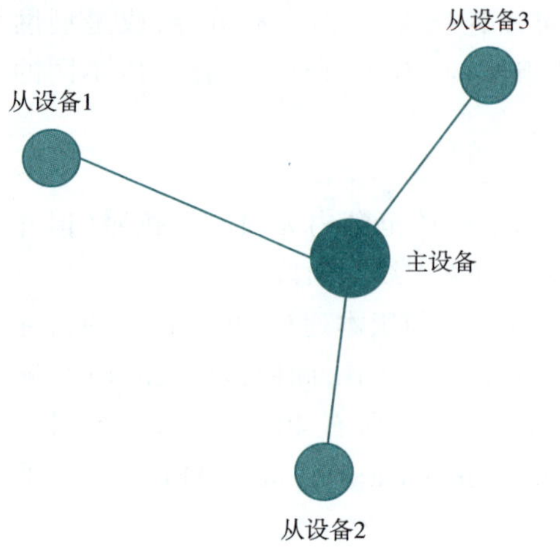

图 3-3　蓝牙微微网

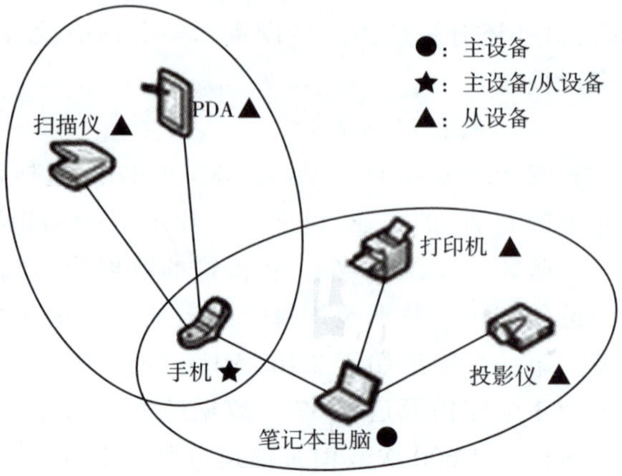

图 3-4　蓝牙分散网

蓝牙是基于数据包、有着主从架构的协议。一个主设备至多可和同一个微微网中的七个从设备通信。所有设备共享主设备的时钟。分组交换基于主设备定义的、以 312.5 μs 为间隔运行的基础时钟。两个时钟周期构成一个 625 μs 的槽,两个时间隙就构成了一个 1 250 μs 的缝隙对。在单槽封包的简单情况下,主设备在双数槽发送信息、单数槽接受信息。而从设备则正好相反。封包容量可长达 1 个、3 个或 5 个时间隙,但无论是哪种情况,主设备都会从双数槽开始传输,从设备从单数槽开始传输。

蓝牙主设备最多可与一个微微网中的七个设备通信,当然,并不是所有设备都能够达到这一最大量。设备之间可通过协议转换角色,从设备也可转换为主设备(比如,一个头戴式耳机如果向手机发起连接请求,它作为连接的发起者,自然就是主设备,但是随后也许会作为从设备运行。)

蓝牙核心规格提供两个或两个以上的微微网连接,以形成分布式网络,让特定的设备在这些微微网中自动、同时地分别扮演主和从的角色。

数据传输可随时在主设备和其他设备之间进行(应用极少的广播模式除外)。主设备可选择要访问的从设备;典型的情况是,它可以在设备之间以轮替的方式快速转换。因为是主设备来选择要访问的从设备,理论上从设备就要在接收槽内待命,主设备的负担要比从设备少一些。主设备可以与七个从设备相连接,但是从设备却很难与一个以上的主设备相连。规格对于散射网中的行为要求是模糊的。

蓝牙 4.0BLE 网络拓扑结构分为星型拓扑和广播组拓扑。不同的网络拓扑对应不同的应用领域,在蓝牙 4.0BLE 的无线网络中,不同的网络拓扑结构对网络节点的配置有不同的要求(蓝牙网络节点的类型可以分为主机、从机,也可以分为服务器、客户端,具体配置需要根据配置文件决定)。蓝牙组从连接如图 3-5 所示。

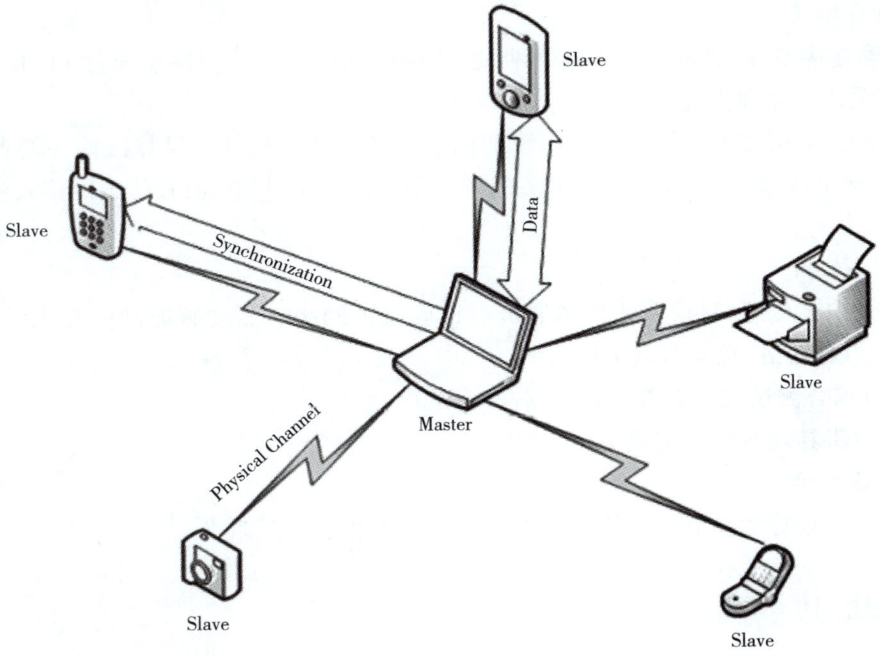

图 3-5 蓝牙主从连接

任务引导与步骤

二、创意产品系统

BLE 无线网络是物联网的一部分，在物联网系统中扮演传感网络的角色，用于获取传感器数据和控制电器设备。而完整的物联网其中还包含了传输层、服务层和应用层。为了对 BLE 网络有一个完整的概念，需要在一个完整的物联网体系下对 BLE 网络进行把握。通过远程的应用 App 实现对 BLE 网络的组网关系、数据收发与网络监控等功能有初步的了解。

(一)任务引导

本任务的目标是：使用 BLE 网络组建智能燃气监控系统，在燃气监控系统中将 BLE 节点采集的传感器数据发送到网关服务器，通过网关测试工具 App 实现对燃气监控系统数据的实时获取，并能实时获取燃气泄漏报警，如图 3-6 所示。

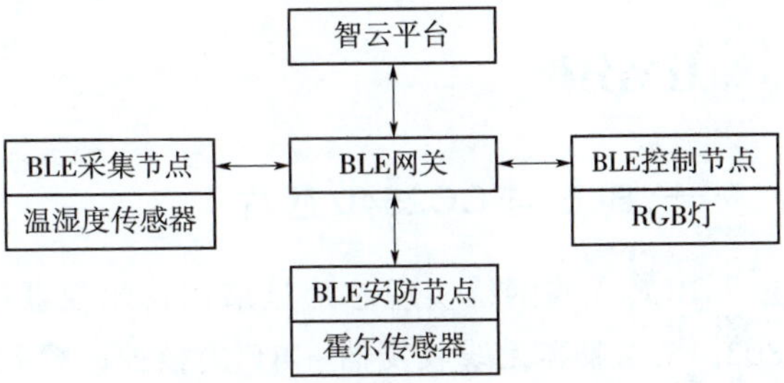

图 3-6 智慧家庭系统图

(二)设备选型

将 BLE 无线模组安装在 Lite 节点上，并安装好天线。

准备一个 Mini4418 智能网关，三个 BLE LiteB 无线节点，选择传感器：采集类 Sensor-A 传感器(温湿度、光照度)、控制类 Sensor-B 传感器(电机、风扇、继电器)、安防类 Sensor-C 传感器(燃气、振动、火焰)。

（三）设备配置

(1)正确连接硬件,通过软件工具给网关、节点固化出厂镜像程序。通过 Flash Programmer 软件固化网关协调器和无线节点程序。

(2)正确配置 BLE 节点网络参数和智能网关服务。通过软件工具修改网关协调器和无线节点的 BLE 网络参数,正确设置智能网关的智云服务配置工具,将 BLE 传感网接入到物联网云平台。

（四）设备组网

(1)创建 BLE 传感网络,并让传感器节点正确接入网络。启动智能网关和无线节点系统,创建并构建 BLE 网络,观察节点正确入网。

(2)通过综合测试软件查看设备网络拓扑图。

通过软件工具观察无线节点组网状况。

（五）设备演示

通过软件工具对无线节点的传感器进行数据采集和远程控制。

任务小结

BLE 网络拥有自己的特点,如低功耗、连接速度快、数据收发速度快等。因为这些性质使得 BLE 在物联网无线通信的低功耗移动设备领域广泛应用,如运动手环、智能手表等可穿戴设备。随着物联网的深入发展,BLE 网络必将拥有更广阔的发展舞台。

任务二　BLE 无线网络工具

任务描述

本任务主要介绍一款主流的 BLE 芯片及学习平台,并掌握开发中各种软件工具的使用,能够通过工具对 BLE 技术进行开发、调试、测试、运维。

任务分析

一、BLE 与 CC2540 芯片

BLE 无线网络实现芯片是采用德州仪器生产的 CC2540 BLE 芯片。CC2540 具有一个 IEEE 802.15.4 兼容无线收发器。RF 内核控制模拟无线模块。另外,它提供了微控制单元和无线设备之间的一个接口,这使得可以发出命令、读取状态、自动操作和确定无线设备事件的顺序。无线设备还包括一个数据包过滤和地址识别模块。

CC254x 芯片系列中使用的 8051 CPU 内核是一个单周期的 8051 兼容内核。它有三种不同的内存访问总线(SFR、DATA 和 CODE/XDATA),单周期访问 SFR,DATA 和主 SRAM。它还包括一个调试接口和一个 18 输入扩展中断单元。中断控制器共提供了 18 个中断源,分为六个中断组,每个与四个中断优先级之一相关。当设备从活动模式回到空闲模式,任一中断服务请求

就被激发。一些中断请求还可以从睡眠模式唤醒设备。

CC2540 芯片可让强固的主控或从属式节点以很低的成本建立起来，它具有很低的睡眠模式功率消耗及不同工作模式间短暂的转换时间，适用于需要超低消耗功率的系统。

CC2540 芯片有两个版本：CC2540F128/F256，各含有 128 KB 及 256 KB 快闪存储器，为 40 pin 6 mm×6 mm 的 QFN 包装。整合低功率蓝牙协议栈，使得 CC2540F128/F256 成为市场上最具弹性及成本效益的单模式低功率蓝牙解决方案。CC2540 芯片模块如图 3-7 所示。

图 3-7　CC2540 芯片（蓝牙模块）

二、BLE 协议栈

BLE 协议栈是 TI 推出的支持 BLE 技术的协议栈，其协议是一系列的通信标准，通信双方需要共同按照这一标准进行正常的数据发射和接收。协议栈是协议的具体实现形式，通俗来讲，协议栈是协议和用户之间的一个接口，开发人员通过使用协议栈来使用这个协议，进而实现无线数据收发。BLE 协议栈的结构框图如图 3-8 所示。

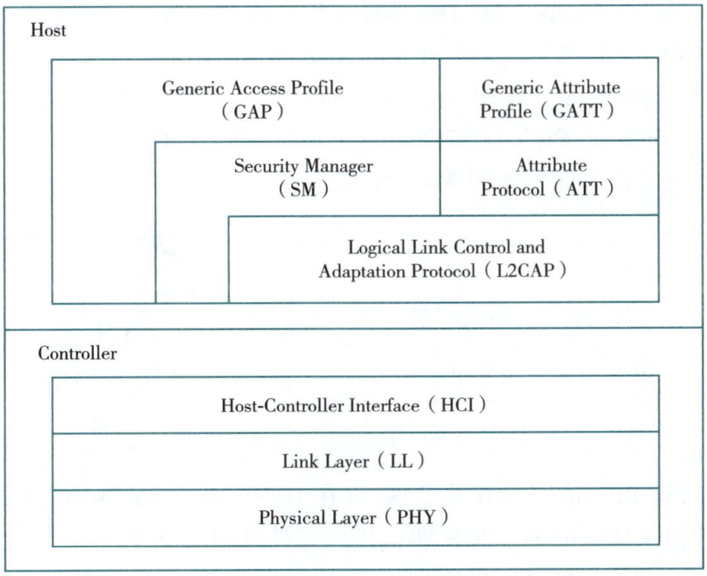

图 3-8　BLE 协议栈架构

协议栈包括控制器和主机两个部分。控制器和主机在标准蓝牙 BR/EDR 设备这两个部分通常是单独实现的。任何配置文件和应用程序都是建立在 GAP 和 GATT 协议层上。

- PHY 层：1 Mbit/s 自适应跳频 GFSK（Gauss frequency-shift keying，高斯频移键控），运行在免证的 2.4 GHz 频段。
- LL 层：RF 控制器，控制设备处于准备（standby）、广播（advertising）、监听/扫描（scanning）、初始化（initiating）、连接（connected）这五种状态中的一种。
- HCI 层：为接口层，向上为主机提供软件应用程序接口（API），对外为外部硬件控制接口，可以通过串口、SPI、USB 来实现设备控制。

• L2CAP 层：为上层提供数据封装服务，允许逻辑上的端到端数据通信。

• SM 层：提供配对和密匙分发服务，实现安全连接和数据交换。

• GAP 层：直接与应用程序或配置文件（profiles）通信的接口，处理设备发现和连接相关服务。另外还处理安全特性的初始化。

• ATT 层：导出特定的数据（称为属性）到其他设备。

• GATT 层：定义了使用 ATT 的服务框架和配置文件（profiles）的结构。BLE 中所有的数据通信都需要经过 GATT。

TI 的 CC2540 器件可以单芯片实现 BLE 蓝牙协议栈结构图的所有组件，包括应用程序。通过上面的介绍，可以基本了解 BLE 协议栈的各层功能，其中需要人们直接接触的主要是 GAP 和 GATT 这两个层。

1. BLE 协议栈的安装与工程结构

BLE 协议栈的安装包名为 BLE-CC254x-140-IAR. exe（见图 3-9），这个安装包是由 TI 官方为了能够更方便 CC2540 的芯片开发 BLE 而设计的。

图 3-9　BLE 协议栈安装包

双击此安装包直接安装，安装完成后，协议栈会被安装到 C:\Texas Instruments\BLE-CC254x-140-IAR 路径下。进入此文件夹后，其内有四个文件夹，分别是 Accessories、Components、Documents 和 Projects。Accessories 文件夹内放的是 Btool 工具安装包、USB 驱动和一些 hex 文件；Components 放了工程所需要的一些组件；Documents 中是关于此协议栈的说明及各种 API 的注解等；Projects 文件中放了 BLE 协议栈的工程文件，还包含了一些库等。相关文件如图 3-10 所示。

图 3-10　Projects 文件内容

本任务打开的所有 BLE 协议栈有关工程，都在 C:\Texas Instruments\BLE-CC254x-140-IAR 路径下，下文所说的协议栈中的某个文件即指代此文件夹中的某文件。

在 BLE 协议栈中，设备类型有主机（central）、从机（peripheral）、广播者（broadcaster），观察者（observer）等，通常主机和从机配合使用，广播者和观察者配合使用。

打开从机模板工程可看到图 3-11 所示的工程目录结构。

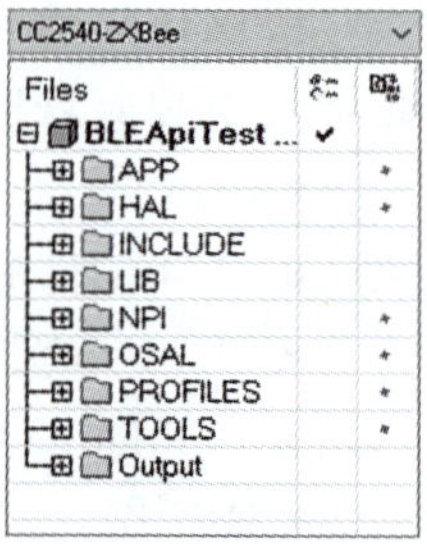

图 3-11　目录结构

该工程的工程目录中包含了以下几个文件：

• APP（application programming）：应用层目录。这是用户创建各种不同工程的区域，在这个目录中包含了应用层的内容和这个项目的主要内容，在协议栈里面一般是以操作系统的任务实现的。传感器驱动开发主要是在 APP 目录下 src 文件内的 sensor. c 文件。

• HAL（hardware（H/W）abstraction layer）：硬件抽象层目录。包含有与硬件相关的配置和驱动，以及操作函数，如 LED、LCD、DMA、串口等相关函数。

- INCLUDE:包含了一些协议栈的头文件。
- LIB:库文件。包含了一些协议栈中对用户不可见的函数的定义,用户不能打开。
- NPI(network processor interface):提供了串口驱动。
- OSAL(operating system(OS) abstraction layer):操作系统抽象层。
- PROFILES:包含了一些联网和发送数据相关的文件,如 GATT profile。
- TOOLS:包含了协议栈的一些配置等。
- Output:IAR 自动生成的输出文件。

2. BLE 网络模式

一般情况,蓝牙通信是指两个设备之间进行通信,就跟打电话一样,一人一个手机进行通信;而通信建立的过程需要确定蓝牙设备的主从机身份。主机是指能够搜索别人并主动建立连接的一方,正如人们主动拨打了对方的电话;从机则不能主动建立连接,只能主机连接自己,一直处于监听(等别人打入电话);一个模块的当前状态只能处于其中的一种,要么处于主机,要么处于从机。BLE 之间要建立连接有三个过程,分别是主从关系确认、呼叫过程和数据传输过程。

(1)主从关系确认

蓝牙技术规定每一对设备之间进行蓝牙通信时,必须一个为主角色,另一为从角色,才能进行通信,通信时,必须由主端进行查找,发起配对,建链成功后,双方即可收发数据。理论上,一个蓝牙主端设备,可同时与七个蓝牙从端设备进行通信。一个具备蓝牙通信功能的设备,可以在两个角色间切换,平时工作在从模式,等待其他主设备来连接,需要时,转换为主模式,向其他设备发起呼叫。一个蓝牙设备以主模式发起呼叫时,需要知道对方的蓝牙地址,配对密码等信息,配对完成后,可直接发起呼叫。

(2)呼叫过程

蓝牙主端设备发起呼叫,首先是查找,找出周围处于可被查找的蓝牙设备。主端设备找到从端蓝牙设备后,与从端蓝牙设备进行配对,此时需要输入从端设备的 PIN 码,也有设备不需要输入 PIN 码。配对完成后,从端蓝牙设备会记录主端设备的信任信息,此时主端即可向从端设备发起呼叫,已配对的设备在下次呼叫时,不再需要重新配对。已配对的设备,作为从端的蓝牙耳机也可以发起建链请求,但做数据通信的蓝牙模块一般不发起呼叫。链路建立成功后,主从两端之间即可进行双向的数据或语音通信。在通信状态下,主端和从端设备都可以发起断链,断开蓝牙链路。

(3)数据传输过程

蓝牙数据传输应用中,一对一串口数据通信是最常见的应用之一,蓝牙设备在出厂前即提前设好两个蓝牙设备之间的配对信息,主端预存有从端设备的 PIN 码、地址等,两端设备加电即自动建链,透明串口传输,无须外围电路干预。在一对一应用中,从端设备可以设为两种类型,一是静默状态,即只能与指定的主端通信,不被别的蓝牙设备查找;二是开发状态,既可被指定主端查找,也可以被别的蓝牙设备查找建链。

从机是通过周期性地调用周期性任务函数 performPeriodicTask()来实现周期性的采集和上

传数据。打开从机模板工程，选择工程目录 APP 下的 ZXBeeBLEPeripheral. c 源文件，找到用户事件处理函数，进入调用周期性任务函数的代码，对周期性任务函数 performPeriodicTask()使用 Goto 功能，其代码如下：

```
Static void performPeriodicTask(void){
Static uint16 tick=0;
tick++;
void sensorUpdate(uint16tick);
sensorUpdate(tick);
}
```

以上代码每一秒钟调用一次，即 tick 每秒钟自加一次，并作为参数执行 sensorUpdate 函数，此函数是用户开发从机程序要编写的一个重要的函数，其在工程目录 APP/src 下的 sensor. c 函数中定义。进入 sensor. c 文件，找到 sensorUpdate()函数的代码，如下：

```
voidsensorUpdate(uint16tick){
A0=tick;
if(tick% 10==0){                    //10秒钟取一次 A1值,并将 A0,A1上传
A1=osal_rand()/3.0f;                //osal_rand()函数是随机数产生函数
ZXBeeNotify();                      //上传数据通知
}
}
```

上述代码的功能很明显，即每秒钟(sensorUpdate()函数每秒钟调用一次)将 tick 值取到 A0 中，并每 10 秒钟取一次赋给 A1 一个随机值，最终将 A0、A1 通过蓝牙网络发送给蓝牙主机。给 A0、A1 赋值的过程就类似于将传感器的数据采集到 A0、A1 中，因此，此函数就可以周期性地完成数据的采集和上传功能了。

三、BLE 开发工具

BLE 的开发工具与 ZigBee 一样采用了 IAR 集成开发环境和 Flash Programmer 工具，同时，为了方便 BLE 产品的开发，为了加强相关产品市场的占有率，TI 官方为 BLE 产品提供了较多的开发和调试工具。其中，用得比较多的数据调试工具有四个，分别是 BLE 设备管理工具 BLE Device Moniter、数据收发分析工具 BTool、PackSniffer 抓包工具和设备商提供的 Android 端的数据调试工具 TruthBlue。

任务引导与步骤

四、创意产品实验平台

通过 TI CC2540 BLE 实验开发平台，掌握 BLE 无线传感网络的学习。TI 官方为了方便开发人员加快代码的开发速度，方便开发人员对程序调整测试，提供了较多的可供开发者使用的 BLE 调试工具，包括开发环境、网络调试、协议分析等。同时也有一些比较优秀的企业工具，能够辅助 BLE 的开发、调试和运维。

（一）任务引导

本任务的目标是：使用 BLE 网络组，通过各种开发工具进行程序开发、网络调试和系统运维。

本任务使用 xLab 实验箱中的安装有 BLE 无线模组的 LiteB 节点 sensor-A、sensor-B 和 sensor-C 传感器板对任务进行模拟。

本任务主要包括以下工具的学习：

（1）IAR 集成开发环境：主要用于程序开发、调试。

（2）Flash Programmer：主要用于程序的烧写固化。

（3）xLabTools：网络参数的修改、节点数据包分析和模拟。

（二）BLE 协议栈安装

（1）安装 BLE 协议栈，节点的示例工程将集成在协议栈目录内。

（2）通过 IAR 集成开发环境打开节点工程，可完成工程源码的分析、调试、运行和下载，如图 3-12 所示。

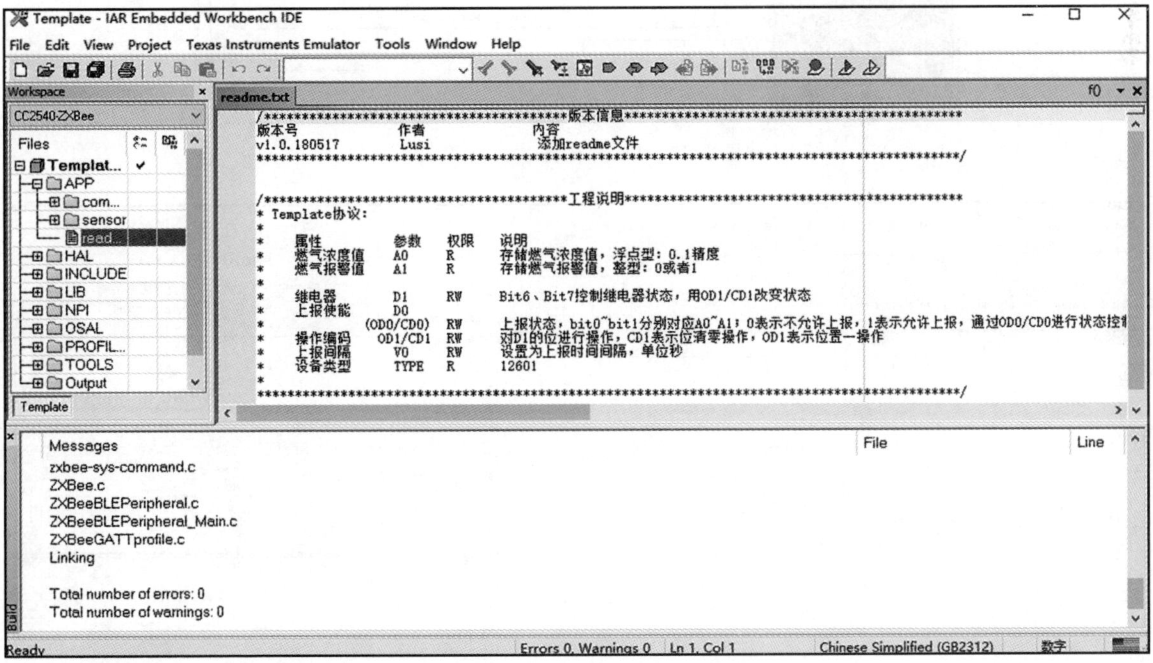

图 3-12 IAR 开发环境

（三）节点程序固化

（1）通过 Flash Programmer 工具可以对节点程序进行固化烧写。

（2）通过 Flash Programmer 工具可以读取节点 IEEE 地址（MAC 地址），如图 3-13 所示。

（四）xLabTools 工具使用

（1）xLabTools 工具可以读取和修改 BLE 节点网络参数和节点类型。

（2）xLabTools 工具可以读取节点收到的数据包，并解析数据包。

（3）xLabTools 工具可以通过连接的节点发送自定义的数据包到应用层。

（4）通过连接 BLE 节点，xLabTools 工具可以分析协调器接收的数据，并可下行发送数据进行调试，如图 3-14 所示。

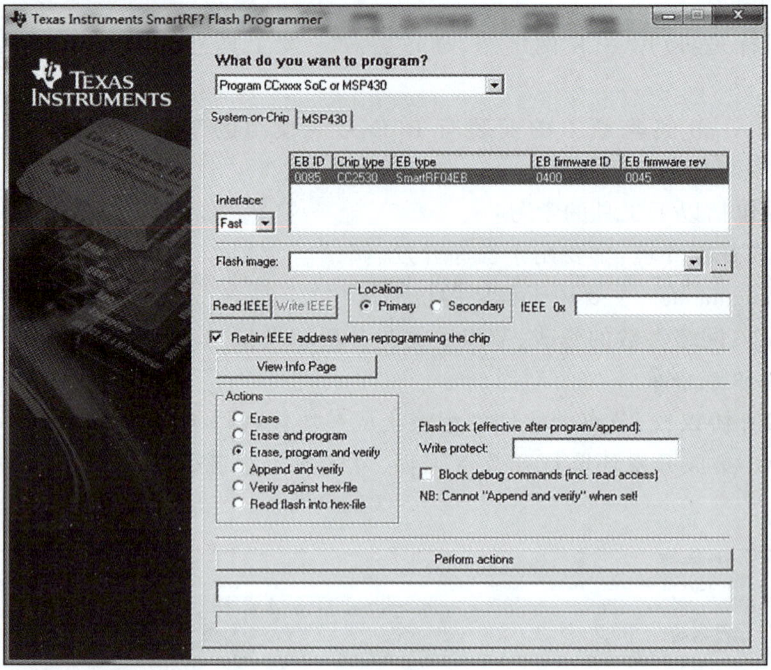

图 3-13 Flash Programmer 工具

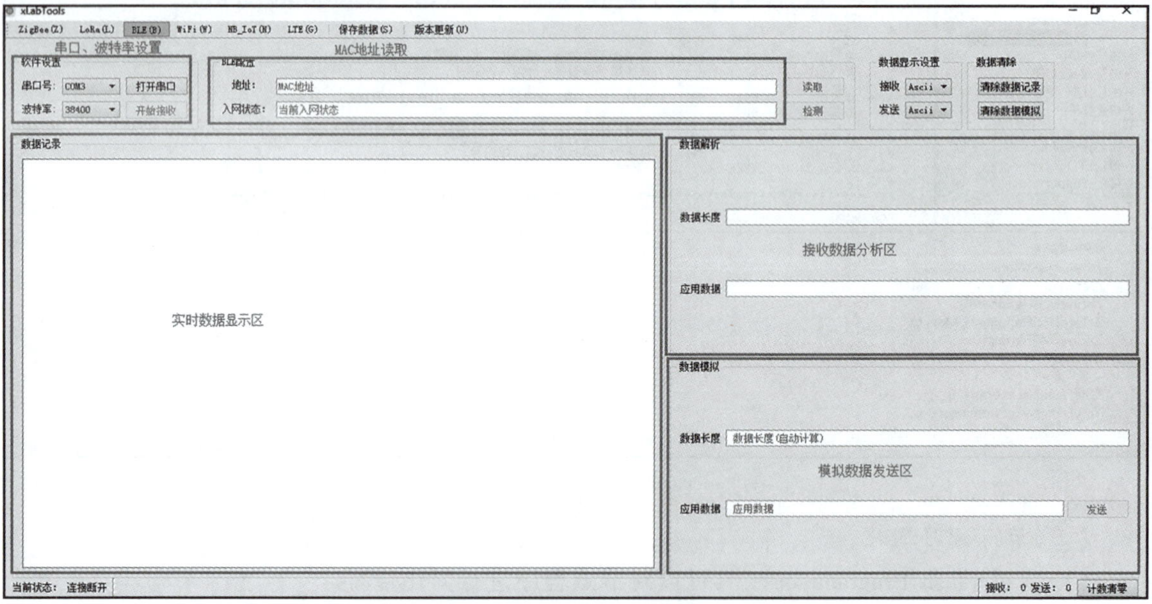

图 3-14 xLabTools 工具

任务小结

BLE 实验开发平台提供了丰富的开发环境和调试工具，能够很好地为 BLE 无线传感网络的学习提供方便。通过学习，可以实现对 BLE 网络有深入的了解，以及进行数据的处理和故障的排查等。

任务三　BLE 协议栈程序分析

任务描述

本任务主要基于 CC2540 BLE 套件来学习 BLE 协议栈程序开发，重点学习 BLE 组网、无线收发、数据处理等，并通过智慧家庭项目场景掌握无线节点程序的开发。

任务分析

一、BLE 协议栈分析

（一）BLE 协议栈工程目录

德州仪器公司为了方便开发人员使用 BLE 协议栈，实现代码的开发，提供了很多的 BLE 项目案例，其中最为实用的项目案例是 SimpleBLEPeripheral，这个项目涵盖了 BLE 的主从连接与数据收发。后文中讲述的代码均属于这个工程下的代码段。SimpleBLEPeripheral 的工程目录如图 3-15 所示。

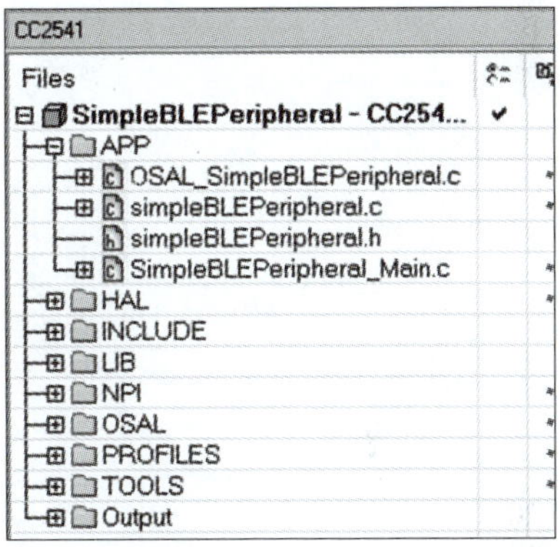

图 3-15　工程目录

其中 OSAL_SimpleBLEPeripheral. c 中是系统和用户的任务初始化和任务处理函数。SimpleBLEPeripheral 为用户事件文件，SimpleBLEPeripheral_Main 文件中用于 BLE 协议栈的相关初始化和启动函数。

（二）BLE 协议栈初始化

BLE 协议栈是一个用于实现 BLE 网络功能的完整系统。为了实现 BLE 网络协议的组建与任务调度，BLE 协议栈也有自己的操作系统。BLE 协议栈可以理解为就是一个基于轮转查询式的操作系统。整个 BLE 协议栈的任务调度都是在操作系统上完成的。它的 main()函数在 SimpleBLEPeripheral_Main. c 中。该协议栈总体上来说一共做了两件工作，一个是功能初始化，即由启动代码来初始化硬件系统和软件构架需要的各个模块，另外一个就是开始启动操作系统实体。

打开从机模板工程后，选中工程目录 APP 文件下的 ZXBeeBLEPeripheral. c 文件，找到协议栈入口函数 main()函数，其代码如下：

```
int main(void)
{
HAL_BOARD_INIT();                    //初始化硬件
InitBoard(OB_COLD);                  //初始化板载 I/O
HalDriverInit();                     //初始化硬件驱动
osal_snv_init();                     //初始化非易失性系统
osal_init_system();                  //初始化操作系统
HAL_ENABLE_INTERRUPTS();             //使能中断
```

```
InitBoard(OB_READY);                                //板载最终初始化
#ifdefined(POWER_SAVING)
osal_pwrmgr_device(PWRMGR_BATTERY);                 //电源管理选项:电池
#endif
osal_start_system();                                //启动操作系统(进入后不再返回)
return0;
}
```

上述代码对操作系统运行的一些必要的配置进行了初始化,相关软硬件的初始化完成后启动操作系统,并不再返回,整个协议栈就开始运行起来,如图 3-16 所示。

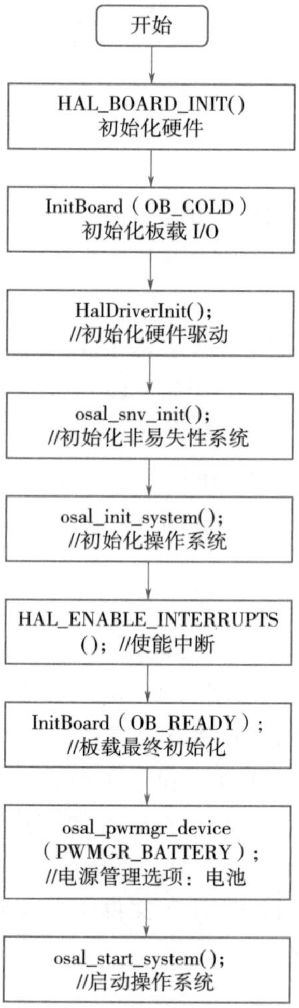

图 3-16　协议栈初始化

其中,osal_init_system()函数用于初始化操作系统,osal_init_system()函数代码段内容如下:

```
/*******************************************************************
*@ fn      osal_init_system
*@ brief
*  This function initializes the "task" system by creating the
*  tasks defined in the task table(OSAL_Tasks.h).
```

```
*@ param  void
*@ return  SUCCESS
*/
uint8 osal_init_system(void)
{
  //系统内存分配初始化
  osal_mem_init();
  //消息队列初始化
  osal_qHead=NULL;
  //系统定时器初始化
  osalTimerInit();
  //电源管理系统初始化
  osal_pwrmgr_init();
  //系统任务初始化
  osalInitTasks();
  //设置高效搜索堆的第一个空闲块。
  osal_mem_kick();
  return(SUCCESS);
}
```

osalInitTasks()函数中主要是对操作系统的相关信息进行初始化,如系统时钟、内存管理、任务管理等。

osal_start_system()函数其实也是 BLE 协议栈的执行函数。在该函数下是一个循环体,循环体下 osal_run_system()函数会被不断地执行,通过 osal_run_system()函数执行对 BLE 协议栈中的任务进行处理。osal_run_system()函数内容如下:

```
void osal_start_system(void)
{
#if !defined(ZBIT)&& !defined(UBIT)
for(;;)                                                    //无线循环
#endif
  {
    osal_run_system();                                     //系统执行函数
  }
}
```

进入 osal_start_system()函数时,BLE 协议栈就被运行了起来,在循环体中,osal_run_system()函数每执行一次,协议栈就会处理一次任务。通过此种方式完成 BLE 协议栈的任务事件调度。osal_run_system()函数下是 BLE 协议栈任务调度的基本逻辑,该内容将会在协议栈任务调度中进行讲解。

(三)BLE 协议栈任务注册

BLE 协议栈的任务注册都是在 osalInitTasks()函数中完成,该函数中会初始化协议栈中所有的任务,包括系统任务和用户任务。BLE 协议栈对应的用户任务其代码如下:

```
Void osalInitTasks(void)
{
uint8 taskID=0;
```

```
tasksEvents=(uint16*)osal_mem_alloc(sizeof(uint16)*tasksCnt);
osal_memset(tasksEvents,0,(sizeof(uint16)*tasksCnt));

LL_Init(taskID++);                                  //LL任务初始化
Hal_Init(taskID++);                                 //Hal任务初始化
HCI_Init(taskID++);                                 //HCI任务初始化
#ifdefined(OSAL_CBTIMER_NUM_TASKS)
osal_CbTimerInit(taskID);
taskID+=OSAL_CBTIMER_NUM_TASKS;
#endif
L2CAP_Init(taskID++);                               //L2CAP任务初始化
GAP_Init(taskID++);                                 //GAP初始化
GATT_Init(taskID++);                                //GATT初始化
SM_Init(taskID++);                                  //SM任务初始化
GAPRole_Init(taskID++);                             //GZPRole初始化
GAPBondMgr_Init(taskID++);                          //GAPBondMgr初始化
GATTServApp_Init(taskID++);                         //GATTServApp初始化
SimpleBLEPeripheral_Init(taskID);                   //用户任务初始化
}
```

在上面的任务初始化函数中，定义了一个变量 taskID，每初始化一个任务，taskID 就自加，由此可见，每个任务对应的 taskID 是独一无二的。实际上 taskID 就是任务在操作系统中的标识，taskID 值越小，任务优先级越高；taskID 值越大，任务优先级越低，用户任务的优先级最低。用户任务事件的注册是在这些初始化函数下完成的，用于任务事件注册的函数为 osal_set_event()函数，osal_set_event()函数注册用户任务事件的代码内容如下：

```
osal_set_event(simpleBLEPeripheral_TaskID,SBP_START_DEVICE_EVT);
```

这行代码的作用是设置 SBP_START_DEVICE_EVT 事件，并将之传递给 simpleBLEPeripheral_TaskID 对应的任务，即用户任务。

osalInitTasks()函数中的系统任务可以被理解为 BLE 的初始化列表，这些被初始化的系统或用户任务都会被相对应的任务执行函数所执行。这些将被执行的系统或用户任务是在函数指针 pTaskEventHandlerFn 中定义的，其定义的系统和用户任务处理函数代码如下：

```
const pTaskEventHandlerFn tasksArr[]=
{
LL_ProcessEvent,//task0
Hal_ProcessEvent,//task1
HCI_ProcessEvent,//task2
#ifdefined(OSAL_CBTIMER_NUM_TASKS)
OSAL_CBTIMER_PROCESS_EVENT(osal_CbTimerProcessEvent),//task3
#endif
L2CAP_ProcessEvent,//task4
GAP_ProcessEvent,//task5
GATT_ProcessEvent,//task6
SM_ProcessEvent,//task7
GAPRole_ProcessEvent,//task8
```

```
    GAPBondMgr_ProcessEvent,//task9
    GATTServApp_ProcessEvent,//task10
    SimpleBLEPeripheral_ProcessEvent//task11
    }
```

阅读以上代码可以发现其与大家在任务初始化函数中初始化的任务是一一对应的，且顺序相同，这样就可以根据当前发生的任务准确地调用所需要的事件处理函数了。

（四）协议栈任务调度原理

BLE 协议栈的运行流程是一种轮询式的任务调度流程。轮询式的任务调度流程中，正在执行的任务不能被其他任务抢占。同时当一个任务执行结束后，下一次执行的任务是当前任务列表中优先级最高的。任务事件的调度是在 osal_run_system()函数完成的。进入到函数中可查看其定义，其代码内容如下：

```
void osal_run_system(void)
{
  uint8 idx=0;
#ifndef HAL_BOARD_CC2538
  osalTimeUpdate();                              //更新系统时间
#endif
  Hal_ProcessPoll();                             //硬件轮询
do {
    if(tasksEvents[idx])                         //如果有事件发生跳出事件轮询
    {
      break;
    }
  }while(++idx < tasksCnt);
  if(idx < tasksCnt)
  {
    uint16 events;
    halIntState_t intState;
    HAL_ENTER_CRITICAL_SECTION(intState);
    events=tasksEvents[idx];                     //从事件列表中提取出事件
    tasksEvents[idx]=0;                          //清空当前事件
    HAL_EXIT_CRITICAL_SECTION(intState);
activeTaskID=idx;
//根据世家在事件处理函数列表中调用相应的事件处理函数
    events=(tasksArr[idx])(idx,events);
    activeTaskID=TASK_NO_TASK;
    HAL_ENTER_CRITICAL_SECTION(intState);
    tasksEvents[idx] |=events;                   //将未被处理的事件重新加入列表
    HAL_EXIT_CRITICAL_SECTION(intState);
  }
#if defined(POWER_SAVING)
  else  //Complete pass through all task events with no activity?
  {
    osal_pwrmgr_powerconserve();  //Put the processor/system into sleep
  }
```

```
#endif
  /* Yield in case cooperative scheduling is being used. */
#if defined(configUSE_PREEMPTION)&&(configUSE_PREEMPTION==0)
  {
    osal_task_yield();
  }
#endif
}
```

启动操作系统后,系统不停地在事件列表中查找当前是否有事件发生,当有事件发生时,跳出事件轮询,并根据当前查找的事件,在事件处理函数列表中调用相应的事件处理函数。

用户的任务事件是在 SimpleBLEPeripheral_ProcessEvent()函数下进行的。进入函数中可以可查看其函数定义,现在查看用户任务事件处理函数。其代码如下:

```
uint16 SimpleBLEPeripheral_ProcessEvent(uint8 task_id,uint16 events)
{
  VOID task_id; //OSAL required parameter that isn't used in this function
  //如果 SYS_EVENT_MSG 事件发生
  if(events & SYS_EVENT_MSG)
  {
    uint8*pMsg;
    //如果接收到的是数据
    if((pMsg=osal_msg_receive(simpleBLEPeripheral_TaskID))!=NULL)
{
    //调用此函数处理接收到的数据
      simpleBLEPeripheral_ProcessOSALMsg((osal_event_hdr_t*)pMsg);
    //Release the OSAL message
      VOID osal_msg_deallocate(pMsg);                    //清空数据接收缓存
    }
    //return unprocessed events
    return(events ^ SYS_EVENT_MSG);                      //返回未处理的事件
  }
  //如果 SBP_START_DEVICE_EVT 事件发生
  if(events & SBP_START_DEVICE_EVT)
  {
     //启动设备
    VOID GAPRole_StartDevice(&simpleBLEPeripheral_PeripheralCBs);
    //启动绑定管理
    VOID GAPBondMgr_Register(&simpleBLEPeripheral_BondMgrCBs);
    //SBP_PERIODIC_EVT_PERIOD 毫秒后设置一次周期性事件并传递给用户任务
osal_start_timerEx(simpleBLEPeripheral_TaskID,
SBP_PERIODIC_EVT,
SBP_PERIODIC_EVT_PERIOD);
    return(events ^ SBP_START_DEVICE_EVT);               //返回未处理事件
  }
  //如果是周期事件
  if(events & SBP_PERIODIC_EVT)
```

```
    {
      //如果周期不为零
      if(SBP_PERIODIC_EVT_PERIOD)
    {
      //设置周期事件并传递给用户事件处理函数
        osal_start_timerEx(simpleBLEPeripheral_TaskID,
   SBP_PERIODIC_EVT,
   SBP_PERIODIC_EVT_PERIOD);
      }
      //执行周期性任务
      performPeriodicTask();
      return(events ^ SBP_PERIODIC_EVT);              //返回未处理任务
    }
    //Discard unknown events
    return 0;
   }
```

上述代码即为用户事件处理和函数，主要对三个事件进行了处理：SYS_EVENT_MSG、SBP_START_DEVICE_EVT、SBP_PERIODIC_EVT。

(1)SYS_EVENT_MSG 为系统消息事件，当有系统消息事件发生时，系统会调用 simpleBLEPeripheral_ProcessOSALMsg ((osal_event_hdr_t *)pMsg)函数对系统信息进行处理。

(2)SBP_START_DEVICE_EVT 为启动设备事件。在前面了解到，在用户任务初始化函数 SimpleBLEPeripheral_Init(taskID)代码的倒数第二行设置了 SBP_START_DEVICE_EVT 事件。当用户任务初始化完成后，启动设备事件就被设置了，当操作系统轮询到此事件后，就会调用用户事件处理函数，最终执行 if (events&SBP_START_DEVICE_EVT)下的内容，代码如下：

```
   if(events&SBP_START_DEVICE_EVT)
   {
   //启动设备
   VOID GAPRole_StartDevice(&simpleBLEPeripheral_PeripheralCBs);
   //启动绑定管理
   VOID GAPBondMgr_Register(&simpleBLEPeripheral_BondMgrCBs);
   osal_start_timerEx(simpleBLEPeripheral_TaskID,
   SBP_PERIODIC_EVT,
   SBP_PERIODIC_EVT_PERIOD);
   //SBP_PERIODIC_EVT_PERIO 毫秒(即1s)后设置 SBP_PERIODIC_EVT 事件,并传递给用户事件处
理函数
   return(events^SBP_START_DEVICE_EVT);
   }
```

上述代码启动设备后，接着设置了一个一秒钟后触发的事件 SBP_PERIODIC_EVT(周期性事件)。

(3)SBP_PERIODIC_EVT 就是上述的周期性事件。一秒钟后，周期性事件被设置，系统检测到此事件后，会调用用户事件处理函数，最终执行以下代码：

```
if(events&SBP_PERIODIC_EVT){
//Restart timer
if(SBP_PERIODIC_EVT_PERIOD)
{
osal_start_timerEx(simpleBLEPeripheral_TaskID,
SBP_PERIODIC_EVT,
SBP_PERIODIC_EVT_PERIOD);
}
performPeriodicTask();                    //执行周期性的任务
return(events^SBP_PERIODIC_EVT);
}
```

上述代码的意思是当周期性事件发生后，首先设置一个周期性的事件一秒钟后触发，然后运行“执行周期性任务”函数，下一个一秒钟后，又会执行同样的操作。这样，每一秒钟，都会产生一个周期性的事件，并调用“执行周期性任务”，就可以在“执行周期性任务”函数performPeriodicTask()中，周期性地处理用户任务。

经过以上分析，BLE 协议栈的工作流程及原理可以理解为在 main()函数中，先进行了一些必要的初始化，如硬件初始化、操作系统初始化等。其中，在操作系统初始化中，有一个叫作任务初始化的函数 osalInitTasks()；在此函数中，初始化了一系列的任务，包括一些系统任务和一个用户任务 SimpleBLEPeripheral_Init()，先初始化的任务优先级比后初始化的任务的优先级要高，因此在这些任务中，用户任务的优先级最低；在用户任务初始化的过程中，设置了一个启动设备事件 SBP_START_DEVICE_EVT，并将之传递给了用户任务。任务初始化函数完成后，系统最终进入操作系统。操作系统不断地检测当前有无事件发生，如果检测到事件，则调用相应的事件处理函数进行处理。由于在初始化的时候设置了启动设备事件 SBP_START_DEVICE_EVT，并将之传递给了用户任务，因此，当操作系统检查到设备启动事件后，将调用用户事件处理函数，在用户事件处理函数中，进行了启动设备的一些操作，并设置了一个周期性事件 SBP_PERIODIC_EVT 在 SBP_PERIODIC_EVT_PERIOD 毫秒后触发，并将之传递给用户任务。SBP_PERIODIC_EVT_PERIOD 是个宏定义，值为 1 000，即一秒，用户可根据自己需求进行更改。由于设置了周期性事件在一秒钟后触发。因此一秒钟后，周期性事件被触发，操作系统检测到周期性事件后，将会调用用户事件处理函数。在用户事件处理函数中，首先设置了一个一秒钟后出触发并传递给用户任务的事件，即周期性事件 SBP_PERIODIC_EVT，然后运行执行周期性任务函数 performPeriodicTask()。下一个一秒钟后，周期性事件又会发生，并再次设置一秒钟触发。这样就能够周期性地运行“执行周期性任务”函数了。

二、BLE 协议栈与智云框架

通过对 BLE 协议栈的执行原理和功能结构细致的分析，可以大致理解协议栈的工作逻辑和工作原理。但是要将 BLE 协议栈完整地使用起来对于初学者来说还是具有一定的困难，为了能够让初学者对 BLE 网络的使用快速上手，企业在原有的 BLE 协议栈上通过官方提供的 SimpleBLEPeripheral 历程开发了一套智云框架，智云框架省去了组建 BLE 网络和建立用户任务并定义用户事件的工作，让 BLE 网络的开发更方便简单。任意打开一个智云框架工程文件结构如图 3-17 所示。

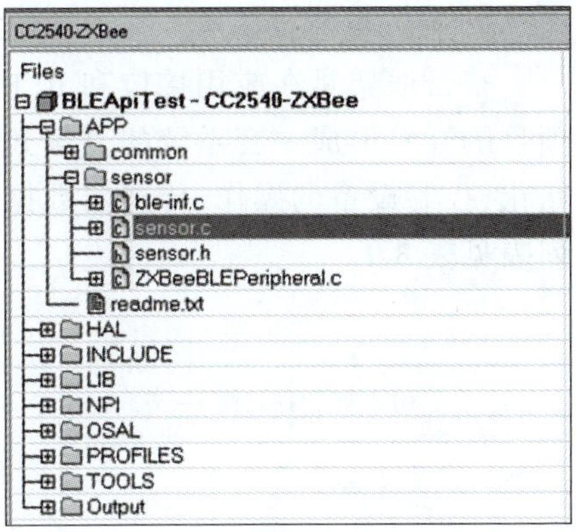

图 3-17　BLE 协议栈下智云框架文件结构

智云框架对 BLE 的代码改动较小，文件中将 SimpleBLEPeripheral，更改为了 ZXBeeBLEPeripheral，用于完成用户任务事件处理，其文件的职能与源文件基本相同。SimpleBLEPeripheral_Main 更改为了 ZXBeeBLEPeripheral_Main，其改动只是对文件的名称进行了修改。同样，OSAL_SimpleBLEPeripheral 的名称被修改为了 OSAL_ZXBeeBLEPeripheral，内容上没有发生变动。最后在文件目录中添加了 ZXBee.c 文件，该文件主要是对 ZXBee 文件格式下的数据进行解包的一些操作函数，程序开发过程中并不需要关注此函数。智云框架下的 BLE 开发主要针对从机，主机可以直接使用 Android 移动设备即可。

BLE 协议栈同样具有操作系统抽象层（OSAL），能够进行任务调度。程序初始化用户任务的时候，调用了 sensorInit()函数对传感器进行了初始化，并且设置了 SBP_START_DEVICE_EVT 事件，即启动设备事件；且将此事件传递给用户任务。操作系统检测到此事件后，便会调用用户事件处理函数，来处理此事件。处理此事件的步骤是先启动设备，紧接着又设置了 SBP_PERIODIC_EVT_PERIOD 事件，这个事件是周期性的事件。周期性事件仍然会促使操作系统调用用户事件处理函数来处理。用户事件处理函数处理周期性事件的过程中，先是定时（1 000 ms 后发生周期性事件）设置了下一个周期性的事件，然后调用 performPeriodicTask，并最终调用 sensorLoop()函数来执行定时采集、上报传感器数据的操作，程序执行流程如图 3-18 所示。

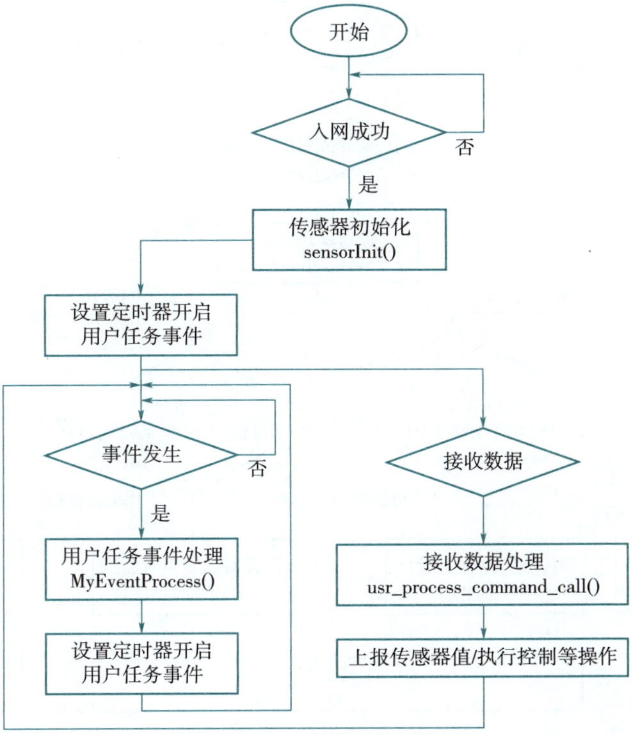

图 3-18　智云框架执行流程

1. 智云传感器框架

智云框架是在应用接口和 BLE 协议栈接口上搭建起来的，通过合理调用这些接口，使 BLE 项目的开发形成一套系统的开发逻辑。具体应用接口在 sensor. c 文件中实现，包括：传感器初始化、控制设备的操作、传感器数据的采集、报警信息的实时响应、系统参数的配置更新等，函数列表见表 3-1。

表 3-1　传感器应用接口函数

函　数　名　称	函　数　说　明
sensorInit()	传感器硬件初始化
sensorLinkOn()	节点入网成功操作函数
sensorUpdate()	传感器数据定时上报
sensorControl()	传感器/执行器控制函数
sensorCheck()	传感器预警监测及处理函数
ZXBeeInfRecv()	解析接收到的传感器控制命令函数
MyEventProcess()	自定义事件处理函数，启动定时器触发事件 MY_REPORT_EVT

2. 智云传感器程序解析

智云框架下 BLE 无线节点示例程序基于 BLE 协议栈框架开发，详细程序流程图如图 3-19 所示。

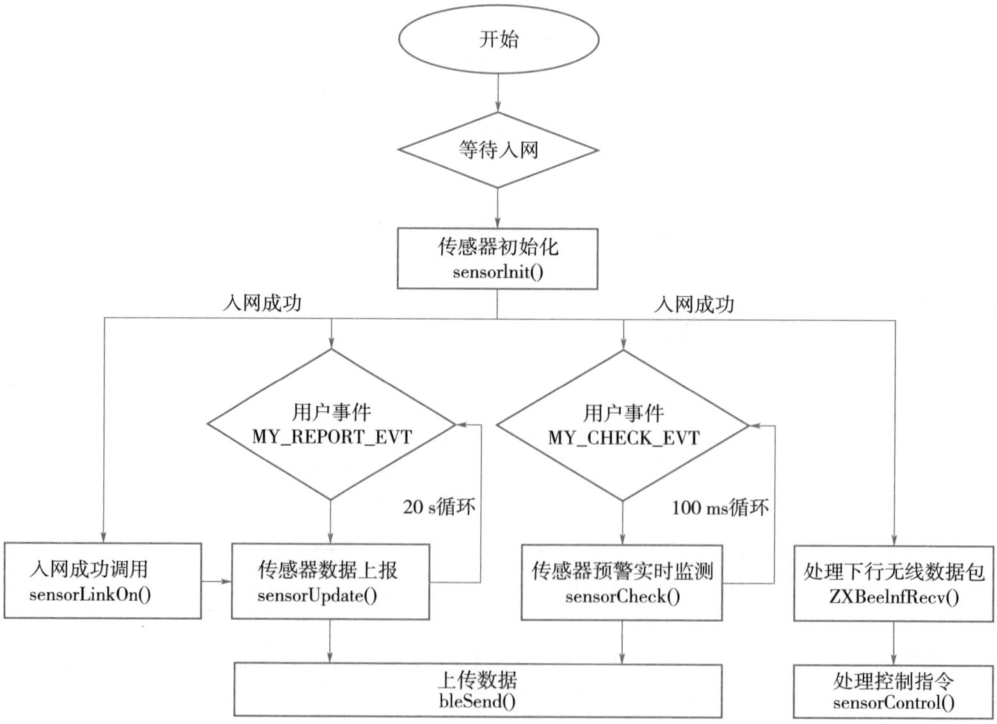

图 3-19　智云传感器程序执行流程

以工程 BLEApiTest 为例，智云框架为 BLE 协议栈上层应用提供分层的软件设计结构，将传感器的私有操作部分封装到 sensor. c 文件中，用户任务中的处理事件和节点类型选择则在 sensor. h 文件中设置。sensor. h 文件中事件宏定义如下：

```
*********************************************************************************/
#ifndef SENSOR_H
#define SENSOR_H
/*********************************************************************************
*宏定义
*********************************************************************************/
#define MY_REPORT_EVT   0x0010
#define MY_CHECK_EVT    0x0020
#define NODE_NAME       "601"

extern uint8 simpleBLEPeripheral_TaskID;
/*********************************************************************************
*函数原型
*********************************************************************************/
extern void sensorInit(void);
extern void sensorLinkOn(void);
extern void sensorUpdate(void);
extern void sensorCheck(void);
extern void sensorControl(uint8 cmd);
extern void MyEventProcess(uint16 event);extern void sensorLinkOn(void);
                                                        //节点入网成功后调用处理
extern void sensorUpdate(void);                         //传感器数据上报
extern void sensorControl(uint8 cmd);                   //对传感器进行控制
extern void MyEventProcess(uint16 event);               //处理用户事件
extern void ZXBeeInfRecv(char*pkg,int len);             //处理接收到的无线数据包
#endif //SENSOR_H
```

sensor 头文件中定义了用户事件，定义的用户事件中定义的内容分别是上报事件（MY_REPORT_EVT）和报警事件（MY_CHECK_EVT），上报事件用于对传感器采集的数据进行上报，报警事件用于对安防类传感器检测到的危险信息进行响应。其次还定义了节点类型，可以选择将节点设置为路由节点（NODE_ROUTER）或者终端节点（NODE_ENDDEVICE），同时还声明了智云框架下的传感器应用文件 sensor. c 中的函数。

sensorInit()函数用于帮助用户实现对传感器设备的初始化和启动 MY_REPORT_EVT 用户数据上报事件，相关代码段如下：

```
/*********************************************************************************
*名称:sensorInit()
*功能:传感器硬件初始化
*参数:无
*返回:无
*修改:
*注释:
*********************************************************************************/
void sensorInit(void)
```

```
  {
    printf("sensor->sensorInit():Sensor init!\r\n");
    //传感器硬件初始化
    //启动定时器,触发传感器上报数据事件:MY_REPORT_EVT,传感器数据监测事件 MY_CHECK_EVT
    osal_start_timerEx(sapi_TaskID,MY_REPORT_EVT,(uint16)((osal_rand()% 10)*
1000));
  osal_start_timerEx(sapi_TaskID,MY_CHECK_EVT,100));
  }
```

sensorLinkOn()函数在 ZigBee 节点入网成功后可以进行相关的操作,相关代码段如下:

```
/*********************************************************************************
* 名称:sensorLinkOn()
* 功能:传感器节点入网成功调用函数
* 参数:无
* 返回:无
* 修改:
* 注释:
*********************************************************************************/
void sensorLinkOn(void)
{
  printf("sensor->sensorLinkOn():Sensor Link on!\r\n");
  sensorUpdate();     //入网成功后上报一次传感器数据
}
```

sensorUpdate()函数实现对传感器数据的更新和更新数据的打包上报,相关代码段如下:

```
/*********************************************************************************
* 名称:sensorUpdate()
* 功能:处理主动上报的数据
* 参数:无
* 返回:无
* 修改:
* 注释:
*********************************************************************************/
void sensorUpdate(void)
{
  char pData[32];
  char*p=pData;

//湿度采集数据集(0~100随机数)
  humidity=(uint16)(osal_rand()% 100);
//更新湿度的值
  sprintf(p,"humidity=% .1f",humidity);
  bleSend(p,strlen(p));
  HalLedSet(HAL_LED_1,HAL_LED_MODE_OFF);
  HalLedSet(HAL_LED_1,HAL_LED_MODE_BLINK);
  printf("sensor->sensorUpdate():humidity=% .1f\r\n",humidity);
}
```

MyEventProcess()函数实现对用户定义事件的启动和处理,相关代码段如下:

```
/*********************************************************************************
* 名称:MyEventProcess()
* 功能:自定义事件处理
* 参数:event--事件编号
* 返回:无
* 修改:
* 注释:
*********************************************************************************/
void MyEventProcess(uint16 event)
{
  if(event & MY_REPORT_EVT){
    sensorUpdate();                                          //传感器数据定时上报
    //启动定时器,触发事件:MY_REPORT_EVT
    osal_start_timerEx(simpleBLEPeripheral_TaskID,MY_REPORT_EVT,20*1000);
  }
  if(event & MY_CHECK_EVT){
    sensorCheck();                                           //传感器状态实时监测
    //启动定时器,触发事件:MY_CHECK_EVT
    osal_start_timerEx(simpleBLEPeripheral_TaskID,MY_CHECK_EVT,100);
  }
}
```

ZXBeeInfRecv()函数实现对节点接收到有效数据的处理,相关代码段如下:

```
/*********************************************************************************
* 名称:ZXBeeInfRecv()
* 功能:节点收到无线数据包
* 参数:*pkg--收到的无线数据包
* 返回:
* 修改:
* 注释:
*********************************************************************************/
void ZXBeeInfRecv(char*pkg,int len)
{
  uint8 val;
  char pData[16];
  char*p=pData;
  char*ptag=NULL;
  char*pval=NULL;

printf("sensor->ZXBeeInfRecv():Receive ZigBee Data!\r\n");
  HalLedSet(HAL_LED_1,HAL_LED_MODE_BLINK);
  ptag=pkg;
  p=strchr(pkg,'=');
  if(p !=NULL){
    *p++=0;
    pval=p;
```

```
    }
    val=atoi(pval);
    //控制命令解析
    if(0==strcmp("cmd",ptag)){                    //对 D0的位进行操作,CD0表示位清零操作
      sensorControl(val);
    }
}
```

sensorControl()函数实现对控制设备的操作,相关代码段如下:

```
/*********************************************************************************
* 名称:sensorControl()
* 功能:传感器控制
* 参数:cmd-控制命令
* 返回:无
* 修改:
* 注释:
*********************************************************************************/
void sensorControl(uint8 cmd)
{
  //根据 cmd 参数处理对应的控制程序
  if(cmd==1){
    RELAY=ON;                                         //开启模拟设备
    printf("sensor->sensorControl():LED ON\\r\n");
  }
  else if(cmd==0){
    RELAY=OFF;                                        //关闭模拟设备
    printf("sensor->sensorControl():LED OFF \r\n");
  }
}
```

通过对 sensor. c 文件中具体函数的实现,即可快速地完成 BLE 项目开发。

任务引导与步骤

三、智慧家庭系统开发

本任务的目标是:通过基于 BLE 无线传感网的智慧家庭系统实例了解 BLE 的网络协议栈的工作原理和协议栈的关键接口,能够通过 BLE 主机设备实现对 BLE 设备的参数设置,掌握应用接口的使用,通过使用应用接口能够实现快速的 BLE 无线传感网络开发。

(一)任务协议栈分析

为了满足对 BLE 应用接口的充分使用,基于 BLE 无线传感网的智慧家庭系统实例的 BLE 节点携带了两种传感器,一种为温湿度传感器,另一种为继电器。其中温湿度传感器可以采集房间内的温湿度,继电器可作为受控设备,配置家庭中的环境参数。

整个 BLE 无线传感网的智慧家庭系统实例的实现分为两个部分，分别为硬件功能设计和软件实现设计。下面对各部分分别进行讲解。

1. 硬件功能设计

根据前面的分析，家庭温湿度采集和调节项目拥有两种设备，分别为温湿度传感器与继电器，由于本节重点讲解 BLE 协议栈应用接口的使用，因此温湿度数据是通过 CC2540 单片机的随机数发生器产生的，而继电器作为受控设备可以对家庭环境状态进行调节（比如继电器控制门的开关，温湿度过高打开门窗，过低则关闭门窗）。家庭温湿度采集和调节硬件框图设计如图 3-20 所示。

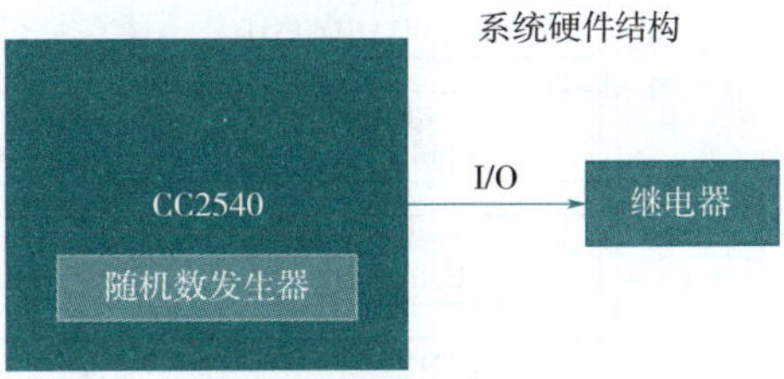

图 3-20　硬件框图

从图 3-20 中可以得知，温湿度传感器使用内部随机数发生器产生虚拟数据，而继电器使用 I/O 进行控制。继电器原理图如图 3-21 所示。

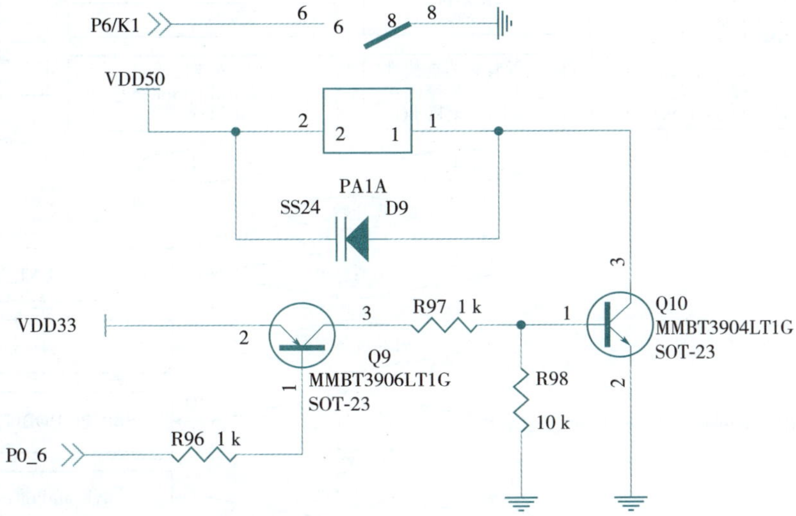

图 3-21　继电器控制电路

继电器控制电路的控制口由 CC2540 的 P0_6 控制，根据电路分析，低电平继电器闭合，高电平继电器断开。

2. 软件逻辑设计

项目软件设计符合 BLEStack 协议栈应用接口的执行流程设计，BLE 节点首先进行入网操作，当入网完成后，通过传感器初始化实现节点上各个传感器设备的初始化和用户任务的初始化。当用户任务触发时，更新传感器数据并上报。当节点接收到传感器数据时，如果接收数据为继电器控制指令，那么执行继电器控制操作。

BLE 无线节点示例程序 BLEApiTest 基于 BLE 框架开发的详细程序流程图如图 3-22 所示。

为了实现 BLE 节点的数据能够实现远程与本地的识别，需要设计一套约定的通信协议，约定的通信协议可以被远程设备和本地节点识别。根据项目特性设计通信协议见表 3-2。

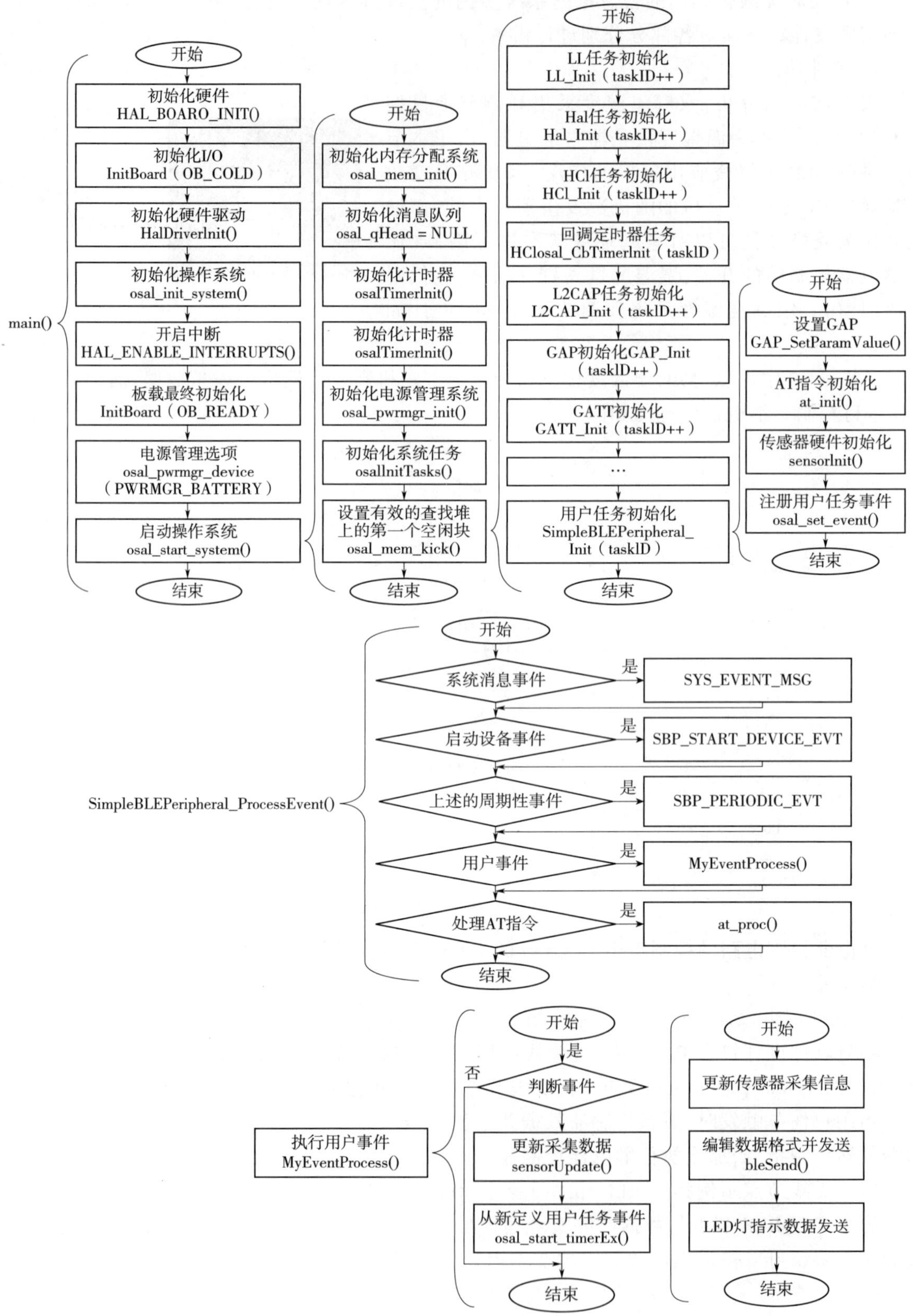
main()
开始
初始化硬件
HAL_BOARO_INIT()
初始化I/O
InitBoard（OB_COLD）
初始化硬件驱动
HalDriverlnit()
初始化操作系统
osal_init_system()
开启中断
HAL_ENABLE_INTERRUPTS()
板载最终初始化
InitBoard（OB_READY）
电源管理选项
osal_pwrmgr_device
（PWRMGR_BATTERY）
启动操作系统
osal_start_system()
结束
开始
初始化内存分配系统
osal_mem_init()
初始化消息队列
osal_qHead = NULL
初始化计时器
osalTimerlnit()
初始化计时器
osalTimerlnit()
初始化电源管理系统
osal_pwrmgr_init()
初始化系统任务
osallnitTasks()
设置有效的查找堆
上的第一个空闲块
osal_mem_kick()
结束
开始
LL任务初始化
LL_Init（taskID++）
Hal任务初始化
Hal_Init（taskID++）
HCl任务初始化
HCl_Init（tasklD++）
回调定时器任务
HClosal_CbTimerlnit（tasklD）
L2CAP任务初始化
L2CAP_Init（tasklD++）
GAP初始化GAP_Init
（tasklD++）
GATT初始化
GATT_Init（tasklD++）
…
用户任务初始化
SimpleBLEPeripheral_
Init（tasklD）
结束
开始
设置GAP
GAP_SetParamValue()
AT指令初始化
at_init()
传感器硬件初始化
sensorlnit()
注册用户任务事件
osal_set_event()
结束
SimpleBLEPeripheral_ProcessEvent()
开始
系统消息事件
是
SYS_EVENT_MSG
启动设备事件
是
SBP_START_DEVICE_EVT
上述的周期性事件
是
SBP_PERIODIC_EVT
用户事件
是
MyEventProcess()
处理AT指令
是
at_proc()
结束
执行用户事件
MyEventProcess()
开始
是
否
判断事件
更新采集数据
sensorUpdate()
从新定义用户任务事件
osal_start_timerEx()
结束
开始
更新传感器采集信息
编辑数据格式并发送
bleSend()
LED灯指示数据发送
结束

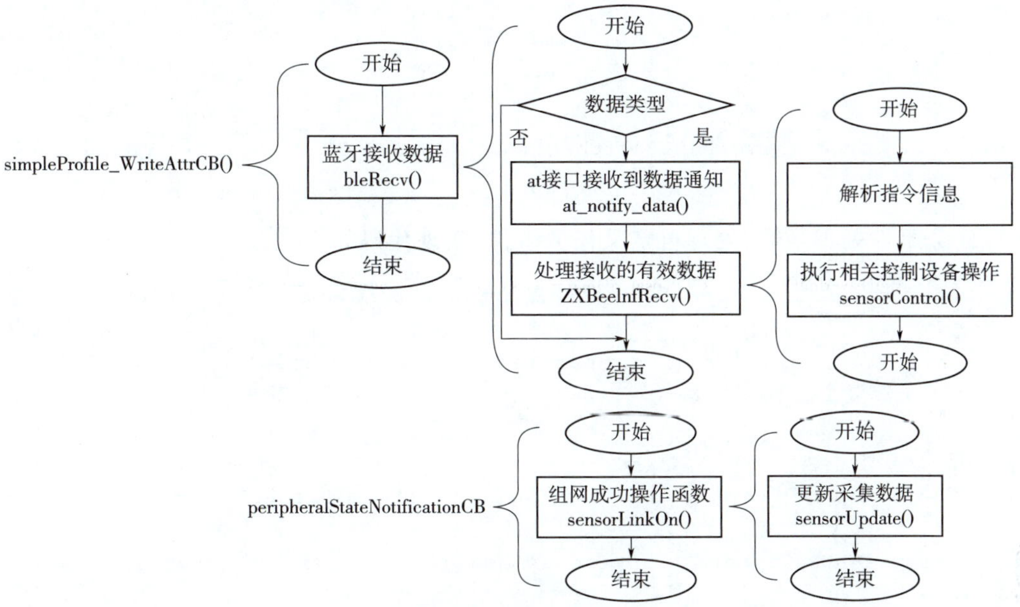

图 3-22　智云框架执行流程

表 3-2　程序通信协议

数　据　方　向	协 议 格 式	说　　明
上行(节点往应用发送数据)	{humidity=X}	X 表示湿度采集的值
下行(应用往节点发送指令)	{humidity=?}	查询湿度值
下行(应用往节点发送指令)	{cmd=X}	X 为 0 表示关闭继电器,1 表示开启继电器

(二)BLE 协议栈框架关键函数分析

理解节点工程 BLEApiTest 内源码文件 ZXBeeBLEPeripheral. c 和 BLE 程序框架。

(1)BLE 协议栈系统用户任务初始化,初始化传感器,实现代码如下:

```
/*******************************************************************************
* 名称:SimpleBLEPeripheral_ProcessEvent()
* 功能:用户任务初始化
* 参数:task_id-产生的任务事件
*******************************************************************************/
void SimpleBLEPeripheral_Init(uint8 task_id)
{
  simpleBLEPeripheral_TaskID=task_id;

  //Setup the GAP
  VOID GAP_SetParamValue(TGAP_CONN_PAUSE_PERIPHERAL,DEFAULT_CONN_PAUSE_
PERIPHERAL);
  ...
    ZXBeeInfInit();
    at_init();
#ifndef CC2540_Serial
```

```
      sensorInit();
  #endif
    }
  ...
    osal_set_event(simpleBLEPeripheral_TaskID,SBP_START_DEVICE_EVT);
  }
```

(2)任务事件处理函数,处理自定义任务事件,实现代码如下:

```
  uint16 SimpleBLEPeripheral_ProcessEvent(uint8 task_id,uint16 events)
  {
    VOID task_id; //OSAL required parameter that isn't used in this function
    if(events & SYS_EVENT_MSG)                        //处理系统事件消息
    {
      uint8*pMsg;                                     //定义消息队列指针
      if((pMsg=osal_msg_receive(simpleBLEPeripheral_TaskID))!=NULL)
      {
        simpleBLEPeripheral_ProcessOSALMsg((osal_event_hdr_t*)pMsg);
                                                      //发布消息
        VOID osal_msg_deallocate(pMsg);
      }
      //返回未处理事件
      return(events ^ SYS_EVENT_MSG);
    }
    if(events & SBP_START_DEVICE_EVT)
    {
      //启动设备
      VOID GAPRole_StartDevice(&simpleBLEPeripheral_PeripheralCBs);
      //Start Bond Manager
      VOID GAPBondMgr_Register(&simpleBLEPeripheral_BondMgrCBs);

      //Set timer for first periodic event
      osal_start_timerEx(simpleBLEPeripheral_TaskID, SBP_PERIODIC_EVT, SBP_
PERIODIC_EVT_PERIOD);
      return(events ^ SBP_START_DEVICE_EVT);
    }
    if(events & SBP_PERIODIC_EVT)
    {
      //重启定时器
      if(SBP_PERIODIC_EVT_PERIOD)
      {
        osal_start_timerEx(simpleBLEPeripheral_TaskID, SBP_PERIODIC_EVT, SBP_
PERIODIC_EVT_PERIOD);
      }
      //执行定时应用任务
      performPeriodicTask();
      return(events ^ SBP_PERIODIC_EVT);
    }
  #ifdef XLAB
```

```
  if(events & 0x00f0){
    uint16 e=events & 0x00f0;
    if(e &0x0070){
#ifndef CC2540_Serial
      MyEventProcess(e&0x0070);                  //自定义事件处理
#endif
    }
    if(e & 0x0080){
      at_proc();
    }
    return events ^ e;
  }
#endif
  //Discard unknown events
  return 0;
}
```

(3)BLE 协议栈系统启动及入网,实现代码如下:

```
/*********************************************************************************
* 名称:peripheralStateNotificationCB()
* 功能:当 BLE 协议栈启动完成后,执行这个函数
* 参数:status:启动完成后的状态
*********************************************************************************/
static void peripheralStateNotificationCB(gaprole_States_t newState)
{
#ifdef PLUS_BROADCASTER
  static uint8 first_conn_flag=0;
#endif //PLUS_BROADCASTER
  switch(newState)
  {
    ...
    case GAPROLE_CONNECTED:
      {
        gConnectStatus=1;
        HalLedSet(HAL_LED_2,HAL_LED_MODE_ON);////////////////
        bleLinkSet(1);
        sensorLinkOn();
        #if(defined HAL_LCD)&&(HAL_LCD==TRUE)
          HalLcdWriteString("Connected",  HAL_LCD_LINE_3);
        #endif
        ………………
}
```

(4)处理节点收到的无线数据包,实现代码如下:

```
/*********************************************************************************
* 名称:bleRecv()
* 功能:当 BLE 接收到节点发送的数据后,调用这个函数
* 参数:buf:收到的数据;len:收到数据的长度;
```

```
****************************************************************************************/
void bleRecv(char*buf,int len)
{
  static char rxbuf[96];
  static int rxlen=0;

  HalLedSet(HAL_LED_1,HAL_LED_MODE_OFF);
  HalLedSet(HAL_LED_1,HAL_LED_MODE_BLINK);

  if(len==20 && buf[0]=='{'&& buf[19] !='}'){
    osal_memcpy(&rxbuf[0],buf,len);
    rxlen=len;
  }else if(rxlen !=0){
    if(rxlen+len < 96){
      osal_memcpy(&rxbuf[rxlen],buf,len);
      rxlen+=len;
      if(buf[len-1]=='}'){ //end
          at_notify_data(rxbuf,rxlen);
        ZXBeeInfRecv(rxbuf,rxlen);
        rxlen=0;
      }
    }else rxlen=0;
  }else {
    at_notify_data(buf,len);
    ZXBeeInfRecv(buf,len);
  }
}
```

(5)处理节点发送无线数据包,实现代码如下:

```
void bleSend(char*buf,int len)
{
  if(dataLength==0){
    if(len <=sizeof pbleNotifyData){
      osal_memcpy(pbleNotifyData,buf,len);
      dataLength=len;
      sendLength=0;
    }
  }
}
```

(6)BLE 协议栈定时器的函数应用,实现代码如下:

```
//启动定时器,触发传感器上报数据事件:MY_REPORT_EVT
  osal _ start _ timerEx (simpleBLEPeripheral _ TaskID, SBP _ PERIODIC _ EVT, SBP _
PERIODIC_EVT_PERIOD);
```

(三)传感器应用层关键函数分析

理解节点工程 ZigBeeApiTest 内源码文件 sensor.c 和传感器应用的设计。

(1)传感器初始化,实现代码如下:

```
/*****************************************************************************
* 名称:sensorInit()
* 功能:传感器硬件初始化
*****************************************************************************/
void sensorInit(void)
{
  printf("sensor->sensorInit():Sensor init!\r\n");
  //湿度传感器初始化
  //初始化 LED 代码
  //初始化继电器代码
  P0SEL &= ~0xC0;                                          //配置管脚为通用 I/O 模式
  P0DIR |=0xC0;                                            //配置控制管脚为输入模式

  //启动定时器,触发传感器上报数据事件:MY_REPORT_EVT
  osal_start_timerEx(simpleBLEPeripheral_TaskID,MY_REPORT_EVT,(osal_rand()%
10)*1000);
}
```

(2)传感器入网成功后调用,实现代码如下:

```
/*****************************************************************************
* 名称:sensorLinkOn()
* 功能:传感器节点入网成功调用函数
*****************************************************************************/
void sensorLinkOn(void)
{
  printf("sensor->sensorLinkOn():Sensor Link on!\r\n");
  sensorUpdate();
}
```

(3)传感器主动上报传感器数据,实现代码如下:

```
/*****************************************************************************
* 名称:sensorUpdate()
* 功能:处理主动上报的数据
* 参数:无
* 返回:无
* 修改:
* 注释:
*****************************************************************************/
void sensorUpdate(void)
{
  char pData[32];
  char*p=pData;

  //湿度采集数据集(0~100随机数)
  humidity=(uint16)(osal_rand()%100);
  //更新湿度的值
```

```
    sprintf(p,"humidity=%.1f",humidity);
    bleSend(p,strlen(p));
    HalLedSet(HAL_LED_1,HAL_LED_MODE_OFF);
    HalLedSet(HAL_LED_1,HAL_LED_MODE_BLINK);

    printf("sensor->sensorUpdate():humidity=%.1f\r\n",humidity);
}
```

(4)处理收到的无线数据包,实现代码如下:

```
void ZXBeeInfRecv(char*pkg,int len)
{
    uint8 val;
    char pData[16];
    char*p=pData;
    char*ptag=NULL;
    char*pval=NULL;

    printf("sensor->ZXBeeInfRecv():Receive BLE Data!\r\n");
    HalLedSet(HAL_LED_1,HAL_LED_MODE_BLINK);

    ptag=pkg;
    p=strchr(pkg,'=');
    if(p!=NULL){
      *p++=0;
      pval=p;
    }
    val=atoi(pval);

    //控制命令解析
    if(0==strcmp("cmd",ptag)){                //对D0的位进行操作,CD0表示位清零操作
      sensorControl(val);
    }
}
```

(5)处理收到的无线控制命令,实现代码如下:

```
/*********************************************************************************
* 名称:sensorControl()
* 功能:传感器控制
* 参数:cmd-控制命令
* 返回:无
*********************************************************************************/
void sensorControl(uint8 cmd)
{
    //根据cmd参数处理对应的控制程序
    if(cmd==1){
      RELAY=ON;                                //开启LED
      printf("sensor->sensorControl():LED ON\r\n");
```

```
  }
  else if(cmd==0){
    RELAY=OFF;                                          //关闭 LED
    printf("sensor->sensorControl():LED OFF\r\n");
  }
}
```

(6)用户的定时器函数调用,实现代码如下:

```
/*********************************************************************************
*名称:MyEventProcess()
*功能:自定义事件处理
*参数:event--事件编号
*返回:无
*修改:
*注释:
*********************************************************************************/
void MyEventProcess(uint16 event)
{
  if(event & MY_REPORT_EVT){
    printf("sensor->MyEventProcess():MY_REPORT_EVT trigger!\r\n");
    sensorUpdate();                                      //传感器数据定时上报
    //启动定时器,触发事件:MY_REPORT_EVT
    osal_start_timerEx(simpleBLEPeripheral_TaskID,MY_REPORT_EVT,20*1000);
  }
}
```

任务小结

通过对本任务的学习和实践,可以更加深入地了解 BLE 协议栈,通过主从收发及 BLE 广播等实验的学习,可以了解到 BLE 数据传输的过程。使用 IAR 集成开发环境及串口调试助手,加强对 BLE 开发工具的使用,使开发更方便快捷。

思考与练习

1. 蓝牙技术组网方式有________种。
2. BLE 使用的频段是________。
3. 低功耗蓝牙支持的两种部署方式是________和________。
4. 在单槽封包的简单情况下,主设备在________发送信息,在________接收信息。
5. BLE 采用________个信道来搜索其他设备。
6. 蓝牙低功耗技术“完成”一次连接所需的时间是________。
7. BLE 适配跳频功能,通常每秒跳________次。
8. 请详细说明 BLE 建立连接的三个过程。

项目四

Wi-Fi 网络认知与工具调试

学习目标

- 了解 Wi-Fi 网络的特征。
- 掌握 Wi-Fi 网络的特性。
- 了解 Wi-Fi 网络的使用场景。

任务一　Wi-Fi 无线网络认知

任务描述

本任务主要讲述 Wi-Fi 技术概念、Wi-Fi 传感网架构、Wi-Fi 传感网组网过程、Wi-Fi 传感网应用场景。

任务分析

一、Wi-Fi 传感网概念与标准的演进

（一）Wi-Fi 传感网概念

Wi-Fi(wireless fidelity)是一种允许电子设备连接到一个无线局域网(wireless local area network,WLAN)的技术,通常使用 2.4G UHF 或 5G SHFISM 射频频段。连接到无线局域网通常是有密码保护的;但也可以是开放的,这样就允许任何在 WLAN 范围内的设备都可以连接上。有人把使用 IEEE 802.11 系列协议的局域网就称为无线保真。甚至把 Wi-Fi 等同于无线网际网络(Wi-Fi 是 WLAN 的重要组成部分)。

WLAN 是一种利用无线技术进行数据传输的系统,该技术的出现能够弥补有线局域网络的不足,以达到网络延伸的目的。

Wi-Fi 是无线保真的缩写,在无线局域网的范畴是指“无线兼容性认证”,实质上是一种商业认证,同时也是一种无线联网技术,与蓝牙技术一样,同属于在办公室和家庭中使用的短距离无线技术。同蓝牙技术相比,它具备更高的传输速率,更远的传播距离,已经广泛应用于笔记本、手机、汽车等广大领域中。

Wi-Fi 是无线局域网联盟的一个商标,该商标仅保障使用该商标的商品互相之间可以合作,与标准本身实际上没有关系,但因为 Wi-Fi 主要采用 802.11b 协议,因此人们逐渐习惯用 Wi-Fi 来称呼 802.11b 协议。从包含关系上来讲,Wi-Fi 是 WLAN 的一个标准,Wi-Fi 包含于 WLAN 中,属于采用 WLAN 协议中的一项新技术。

在 Wi-Fi 使用之初,其在安全性方面非常脆弱,很容易被别有用心的人截取数据包,所以在安全方面成了政府和商业用户使用 WLAN 的一大隐患。WAP(wireless application protocol,无线应用协议)是由我国制定的无线局域网中的安全协议,它采用国家密码管理委员会办公室批准的公开密钥体制的椭圆曲线密码算法和秘密密钥体制的分组密码算法,实现了设备的身份鉴别、链路验证、访问控制和用户信息在无线传输状态下的加密保护。

(二)Wi-Fi 标准的演进

IEEE 802.11 是针对 Wi-Fi 技术制定的一系列标准,主要包括 802.11、802.11a、802.11b、802.11g、802.11n 和 802.11ac。

IEEE 802.11 定义了媒体访问控制层(MAC 层)和物理层。物理层定义了工作在 2.4 GHz 的 ISM 频段上的两种扩频作调制方式和一种红外线传输的方式,总数据传输速率设计为 2 Mbit/s。两个设备可以自行构建临时网络,也可以在基站(base station,bs)或者接入点(access point,AP)的协调下通信。为了在不同的通信环境下获取良好的通信质量,采用 CSMA/CA(carrier sense multiple access/collision avoid,载波侦听多路访问/冲突避免)硬件沟通方式。

802.11a 工作频率为 5 GHz,使用正交频分多路复用副载波,最大原始数据传输率为 54 Mbit/s。如果需要的话,数据率可降为 48 Mbit/s、36 Mbit/s、24 Mbit/s、8 Mbit/s、12 Mbit/s、9 Mbit/s 或者 6 Mbit/s。它不能与 IEEE 802.11b 进行互操作,除非使用了对两种标准都采用的设备。

802.11b 是 IEEE 在 1999 年 9 月制定的一种无线局域网标准,是 802.11 的扩充,规定采用 2.4 GHz 频带,传输速率能够根据应用环境,以及其他传输因素从 11 Mbit/s 自动降到 5.5 Mbit/s,或者根据直接序列扩频技术调整到 2 Mbit/s 和 1 Mbit/s,以保证设备正常稳定运行。

802.11g 的调制方式和 11a 类似,但其载波的频率为 2.4 GHz(与 802.11b 相同),共 14 个频段,原始传输速率也可达为 54 Mbit/s,802.11g 的设备向下与 802.11b 兼容。

802.11n 引入了 MIMO(multiple-in multipleout,多进多出)的技术,使用多个发射和接收天线来允许更高的数据传输率,并增加了传输范围;并支持在标准带宽 20 MHz 和双倍带宽 40 MHz,使用 4×4 MIMO 时的速度最高可达 600 Mbit/s。

802.11ac 采用并扩展了源自 802.11n 的空中接口概念,包括高达 160 MHz 的射频带宽,最多 8 个 MIMO 空间流,以及最高可达 256 QAM 的调制方式。图 4-1 所示为几种标准的主要属性对比。

二、Wi-Fi 传感网技术优势

(1)建设便捷。因为 Wi-Fi 是无线技术,所以组建网络时免去了布线工作,只需一个或多个

	802.11	802.11b	802.11g	802.11a	802.11n	802.11a c
频率范围（GHz）	2.4	2.4	2.4	5	2.4/5	5
调制技术	FHSS /DSSS	CCK /DSSS	CCK /OFDM	OFDM	OFDM	OFDM
物理速率（Mbit/s）	1/2	1/2 /5.5/11	6/9/12/18 /24/36/48 /54	6/9/12/18 /24/36/48 /54	高达600	高达1 000以上
信道带宽	N/A	22 MHz	20 MHz	20 MHz	20 MHz/ 40 MHz	20 MHz 40 MHz 80 MHz 160 MHz
数据子载波/导频个数	N/A	N/A	52/4	52/4	108/6	108/6 234/8
空间流	1	1	1	1	1-4	1~8

图 4-1　Wi-Fi 标准

无线 AP,就可以满足一定范围的上网需求。节省了安装成本,缩短了安装时间。ADSL、光纤等有线网络到户后,只需连接到无线 AP,再在电脑中安装一块无线网卡即可。一般家庭只需一个 AP,如果用户的邻居得到授权,也可以通过同一个无线 AP 上网。

(2)无线电波覆盖范围广。最新的 Wi-Fi 半径可达 300 m,而蓝牙的电波半径只有 15 m 左右,差距非常大。

(3)投资经济。缺乏灵活性是有线网络的固有缺点。在规划有线网络的时候,需要提前考虑到以后的发展需求,这就会导致大量的超前投资,进而出现线路利用率低的情况。而 Wi-Fi 网络可以随着用户数的增加而逐步扩展。一旦用户数量增加,只需增加无线 AP,不需要重新布线,与有线网络相比节约了很多网络建设成本。

(4)传输速度快。可达到 37.5 Mbit/s,能够满足绝大多数个人和社会信息化的需求。

(5)业务可集成。Wi-Fi 技术在 OSI 参考模型的数据链路层上与以太网完全一致,所以可以利用已有的有线接入资源,迅速部署无线网络,形成无缝覆盖。

(6)较低的厂商进入门槛。在机场、长途客运站、酒店、图书馆等人员较密集的地方设置无线网络“热点”,并与高速互联网连接。只要用户的无线上网设备处于“热点”所覆盖的区域内,即可高速接入因特网。也就是说厂商因不用耗费资金来进行网络布线而节省了大量的成本。根据无线网卡使用的标准不同,网络接入速度也有所不同。其中 IEEE 802.11b 最高为 11 Mbit/s,在设备配套的情况下可以达到 22 Mbit/s,IEEE 802.11a/g 为 54 Mbit/s,最新的 IEEE 802.11n 为 300 Mbit/s。

(7)无须布线。作为无线网络 Wi-Fi 最主要的优势就是无须布线从而摆脱了布线的烦恼,因此非常适合移动办公用户,市场前景非常广阔。目前 Wi-Fi 已经从医疗保健、管理等特殊行业拓展进了家庭、公共服务、办公等领域。

(8)健康安全。IEEE 802.11 规定的发射功率在 100 毫瓦以内,实际发射功率约 60~70 毫瓦。而蜂窝电话的发射功率在 200 毫瓦至 1 瓦之间,手持式对讲机的发射功率高达 5 瓦,另外,无线网络在使用时不会直接接触人体,更加健康安全。

(9)简单的组建方法。组建无线网络只需要无线网卡、无线 AP 和有线架构,费用和复杂度远远低于有线网络。如果要用几台电脑组建对等网,也可不要无线 AP,只需要为每台电脑配备一个无线网卡。它的作用主要是在媒体存取控制层中扮演无线工作站和有线局域网的桥梁。

无线 AP 就像有线网络的 Hub,无线工作站可以快速且容易地与网络相连。

(10)长距离工作。在网络建设完备的情况下,最新的 802.11n 标准的真实工作距离可以达到 300 米以上,得益于将 MIMO 与 OFDM(orthogonal frequency division multiplexing,正交频分复用)技术相结合而应用的 MIMOOFDM 技术,提高了无线传输质量,也使传输速率得到极大提升。

三、Wi-Fi 网络架构

下面用图 4-2 来展示构成 Wi-Fi 网络的组成元件之间的关系。

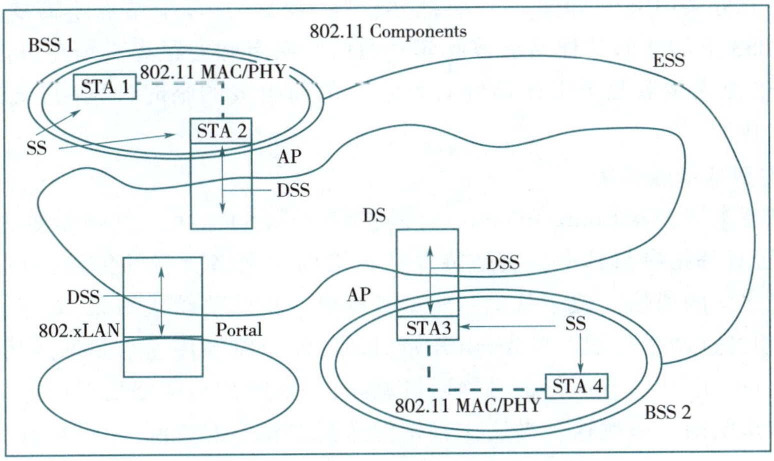

图 4-2 Wi-Fi 网络的组成元件之间关系

以下是 Wi-Fi 网络中各组成元件的含义。

(1)STA(Station,站点)是指具有 Wi-Fi 通信功能的,并且连接到无线网络中的终端设备,如手机、平板、笔记本等。

(2)AP(接入点)也可称为基站。就是平常所说的 Wi-Fi 热点,更通俗一点,就是人们家里的无线路由器。那么它的作用是什么呢?当我们需要从互联网上获取数据到手机上显示时,那么接入点就相当于一个转发器,将互联网上其他服务器上的数据转发到人们的手机上,当然这只是一个粗略的说法。同时,接入点也属于站点的一种。

(3)BSS(basic service set,基本服务集)的组成情况有两种:一是由一个接入点和若干个站点组成;二是由若干个站点组成,最少两个。为什么这样分呢?主要和 802.11 网络类型有关。有接入点的,称为基础结构型基本服务集(infrastructure BSS);无接入点的,称为独立型基本服务集(independent BSS,IBSS),IBSS 也有其他的叫法,也称 AdHocNetwork。

(4)SSID(service set identifier,服务集识别码)可在生活中见到,当人们去到一个新地方时,首先会问:"请问 Wi-Fi 账号和密码是多少?",这里的 Wi-Fi 账号就是 SSID。SSID 是通过接入点广播出来的。同时,人们在设置无线路由器时,可修改 SSID 的名称。

(5)DS(distributed system,分布式系统)也称传输系统。它通过基站将多个基本服务集连接起来。而 DS 属于 802.11 的逻辑元件,当帧(frame)传送至分布式系统时,随即会被送至正确的基站,而后由基站传送至目的站点 STA。分布式系统必须负责追踪站点 STA 实际的位置,以及帧的传送。若要传送帧给某部移动式站点 STA,分布式系统必须负责将之传递给服务该移动式站点 STA 的基站。分布式系统是基站间传送帧的骨干网络,通常称为骨干网络。

(6)ESS(extented service set,扩展服务集),由一个或者多个基本服务集通过分布式系统串联在一起,就构成了ESS。通过ESS,人们可以扩展无线网络的覆盖范围。

(7)门桥(portal)是802.11定义的新名词,作用就相当于网桥。用于将无线局域网和有线局域网或者其他网络联系起来。所有来自非802.11局域网的数据都要通过门桥才能进入IEEE 802.11的网络结构。门桥可以使这两种类型的网络实现逻辑上的综合。

网络类型主要是在BSS中进行分类,如上面提到的独立型基本服务集和基础结构型基本服务集。

1. 独立型基本服务集

独立型基本服务集(IBSS)如图4-3(a)所示。在IBSS中,每个站点不需要通过接入点AP就可以与相同IBSS下的任何其他站点彼此建立通信。两者间的距离必须在可以直接通信的范围内。通常,IBSS是由少数几个工作站针对特定目的而组成的临时性网络,最低限度的IBSS,是由两个站点组成的。

2. 基础结构型基本服务集

基础结构型基本服务集(infrastructure BSS)如图4-3(b)所示。判断是否为基础结构型网络,只要检视是否有基站参与其中。基站负责基础结构型网络所有的传输,包括同一服务区域中所有行动节点之间的通信。位于基础结构型基本服务集的移动式站点,如有必要跟其他移动式站点通信,必须经过两个步骤。首先,由开始对话的站点将帧传递给基站。其次,由基站将此帧转送至目的站点。既然所有通信都必须通过基站,基础结构型网络所对应的基本服务区域就相当于基站的传送范围。虽然这种做法比直接传送耗费较多的资源,不过它有如下两个主要的优点:

(1)基础结构型基本服务集被界定在基站的传输范围。所有移动式站点都必须位于基站的传输范围之内,不过移动式站点之间的距离则无限制。允许移动式站点彼此直接通信虽然可以省下一些频宽,不过代价是相对提高了物理层的复杂度,因为每个站点都必须维护与服务区域中其他站点的邻接关系。

(2)基站在基础结构型网络里的作用是协助站点节省电力。基站可以记住有哪些站点处于省电状态,并且为之暂存帧,以电池供电的工作站可以关闭无线收发器,只有在传输或接收来自基站的暂存帧时才会加以开启。

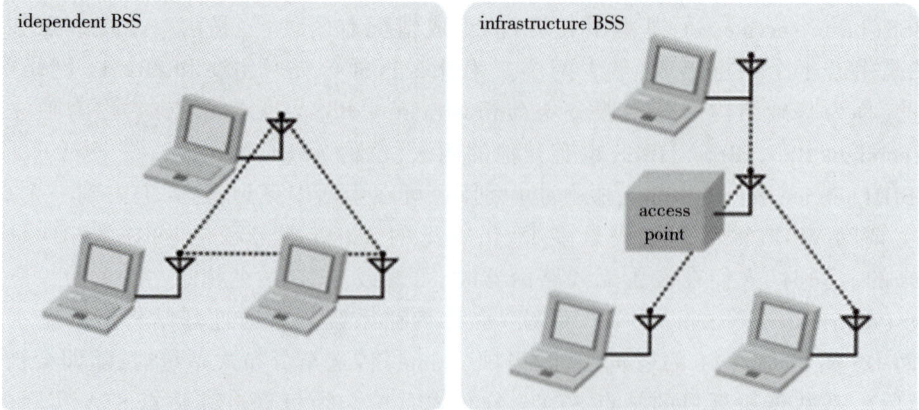

(a)独立型基本服务集　　　　(b)基础结构型基本服务集

图4-3　独立型和基础结构型基本服务集

任务引导与步骤

四、智能家居系统设计

Wi-Fi 无线网络是物联网的一部分，在物联网系统中扮演传感网络的角色，用于获取传感器数据和控制电器设备。而完整的物联网其中还包含了传输层、服务层和应用层。为了对 Wi-Fi 网络有一个完整的概念，需要在一个完整的物联网体系下对 Wi-Fi 网络进行把握。通过远程的应用 APP 实现对 Wi-Fi 网络的组网关系、数据收发与网络监控等功能有一个初步的了解。

(一)任务引导

本任务的目标是使用 Wi-Fi 网络构建智能家居系统，根据用户对智能家居功能的需求，整合以下最实用最基本的家居控制功能：包括环境数据采集、智能设备控制、防盗报警、煤气泄漏等，对基于 Wi-Fi 网络的物联网系统架构建立感观认知，如图 4-4 所示。

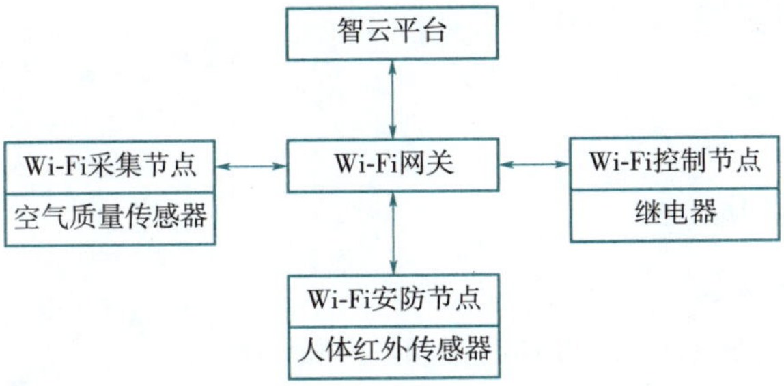

图 4-4 智能家居系统图

(二)设备选型

根据智能家居场景，选择智能网关、Wi-Fi 无线节点、家居传感器。

准备一个 Mini4418 智能网关，三个 Wi-Fi LiteB 无线节点，选择智能家居相关的传感器：采集类 Sensor-A 传感器(空气质量)、控制类 Sensor-B 传感器(继电器)、安防类 Sensor-C 传感器(人体红外)。

(三)设备配置

(1)正确连接硬件，通过软件工具给网关、节点固化出厂镜像程序。通过 Flash Programmer 软件固化无线节点程序。

(2)正确配置 Wi-Fi 节点网络参数和智能网关服务。正确设置智能网关的智云服务配置工具，将 Wi-Fi 传感网接入到物联网云平台。

(四)设备组网

(1)创建 Wi-Fi 传感网络，并让传感器节点正确接入网络。启动智能网关和无线节点系统，创建并构建 Wi-Fi 网络，观察节点正确入网。

(2)通过综合测试软件查看设备网络拓扑图。通过软件工具观察无线节点组网状况。

(五)设备演示

通过软件工具对无线节点的传感器进行数据采集和远程控制。

任务小结

智能移动设备越来越普及,Wi-Fi 的诸多网络优势逐渐显现出来,如 Wi-Fi 网络分布更广、速度更快、每个家庭都有设置等。因为这些性质使得 Wi-Fi 在物联网无线通信方面有着广泛的应用,如家居环境下的物联网组建、区域下大量数据的吞吐服务等。随着物联网的深入发展,Wi-Fi 网络必将拥有更广阔的发展舞台。

任务二 Wi-Fi 无线网络工具

任务描述

本任务主要介绍一款主流的 Wi-Fi 芯片及学习平台,并掌握开发中各种软件工具的使用,能够通过工具对 Wi-Fi 技术进行开发、调试、测试、运维。

任务分析

一、Wi-Fi 与 CC3200

(一)CC3200 芯片介绍

CC3200 Wi-Fi 芯片集成有强大的 Cortex-M4 内核,其芯片的运算处理能力要比 51 内核的 CC2530 和 CC2540 芯片强很多,很适合大数据流和快速计算的物联网场景。

Cortex-M4 内核是由 ARM 专门开发的最新嵌入式处理器内核,在 M3 的基础上强化了运算能力,新加了浮点、DSP、并行计算等,用以满足需要有效且易于使用的控制和信号处理功能混合的数字信号控制市场。其高效的信号处理功能与 Cortex-M 处理器系列的低功耗、低成本和易于使用的优点的组合,旨在满足专门面向电动机控制、汽车、电源管理、嵌入式音频和工业自动化市场的新兴类别的灵活解决方案。CC3200 Wi-Fi 模块如图 4-5 所示。

图 4-5 CC3200 Wi-Fi 模块

(二)CC3200 芯片特点

CC3200 芯片是 TI 通过取得 ARM 公司的 Cortex-M4 内核的授权,并在 Cortex-M4 内核的基础上添加计时器、Wi-Fi 模块、电源管理等外围电路设计而成。CC3200 芯片是业界第一个具有内置 Wi-Fi 连通性的单片微控制器单元,由应用微控制器,Wi-Fi 网络处理器和电源管理子系统组成。

(1)应用微控制器子系统

- ARM® Cortex®-M4 内核,运行频率为 80 MHz。
- 嵌入式存储器。

- RAM 可高达 256 KB。
- 外部串行闪存引导加载程序和 ROM 中的外设驱动程序。

- 32 通道直接内存访问(direct memory access,DMA)。
- 针对高级快速安全性的硬件加密引擎,其中包括:
  - AES 和 DES 和 3DES。
  - SHA2 和 MD5。
  - 循环冗余校验与校验和。
- 8 位并行摄像头接口。
- 1 个多通道音频串口(multi-channel audio serial port,McASP)接口,支持 2 个 I2S 通道。
- 1 个 SD/MMC 接口。
- 2 个通用异步收发器(universal asynchronous receiver/transmitter,UART)。
- 1 个串行外设接口(serial peripheral interface,SPI)。
- 1 个内部集成电路。
- 4 个通用定时器,支持 16 位脉宽调制(pulse width modulation,PWM)模拟控制方式。
- 1 个看门狗定时器。
- 4 通道 12 位模数转换器(analog to digital converter,ADC)。
- 多达 27 个独立可编程、复用通用输入/输出(general purpose input output,GPIO)引脚。

(2)Wi-Fi 网络处理器子系统

- 特有 Wi-Fi Internet-On-a-Chip™。
- 专用 ARM MCU 完全解除应用微控制器的处理负担。
- ROM 中的 Wi-Fi 及互联网协议。
- 802.11 b/g/n 射频、基带,媒介访问控制(media access control address,MAC),Wi-Fi 驱动器。
- TCP/IP 堆栈。
  - 行业标准 BSD 插槽应用编程接口。
  - 8 个同时 TCP 或 UCP 插槽。
  - 2 个同时 TLS 和 SSL 插槽。
- 强大的加密引擎,用于与针对 TLS 和 SSL 连的 256 位 AES 加密的快速、安全 Wi-Fi 和互联网连接。
- 基站、访问点和 Wi-Fi Direct®模式。
- WPA2 个人和企业安全性。
- 针对自主和快速 Wi-Fi 连接的 SimpleLink 连接管理器。
- SmartConfig™ 技术,AP 模式和 WPS2,这些技术用于实现简单且灵活的 Wi-Fi 服务开通。
- Tx 功率。
  - 18.0 dBm @ 1 DSSS。
  - 14.5 dBm @ 54 OFDM。
- RX 灵敏度。
  - -95.7 dBm @ 1 DSSS。
  - -74.0 dBm @ 54 OFDM。

(3)电源管理子系统

- 集成直流—直流转换器支持宽范围的电源电压。
  - V BAT 宽电压模式:2.1~3.6 V。
  - 预稳压 1.85 V 模式。
- 高级低功耗模式。
  - 支持实时时钟(real-time clock,RTC)的休眠:4 μA。
  - 低功耗深度睡眠(low-power deep sleep,LPDS):120 μA。
  - RX 流量(MCU 激活):59 mA@ 54 正交频分复用。
  - TX 流量(MCU 激活):229 mA@ 54OFDM,最大功率。
  - 空闲连接(处于 LPDS 中的 MCU):695 μA@ DTIM=1。

CC3200 芯片运用于物联网应用,包括互联网网关、家庭自动化、工业控制、家用电器、智能插座和仪表计量、访问控制、无线音频、安防系统、IP 网络传感器节点、智能能源等。

(三)CC3200 硬件系统

CC3200 是 TI 公司推出的首款物联网 Wi-Fi 芯片,集成了工作在 80 MHz 工业标准的高性能 ARM Cortex-M4 MCU,该器件包含各种外设,同时包括最大可达 256 KB 的 RAM 和带外部串行闪存引导加载程序和外设驱动程序的 ROM。芯片中集成了 Wi-Fi 网络处理子系统,该子系统包括一个 802.11b/g/n 无线电模块、基带和 MAC,带有强大的加密引擎,可实现 256 位加密,实现安全的互联网连接。CC3200 支持 Station,Access Point 和 Wi-Fi Direct 模式,还支持 WPA2 个人和企业安全及 WPS2.0。CC3200MCU 与 Wi-Fi 片上系统的框图如图 4-6 所示。

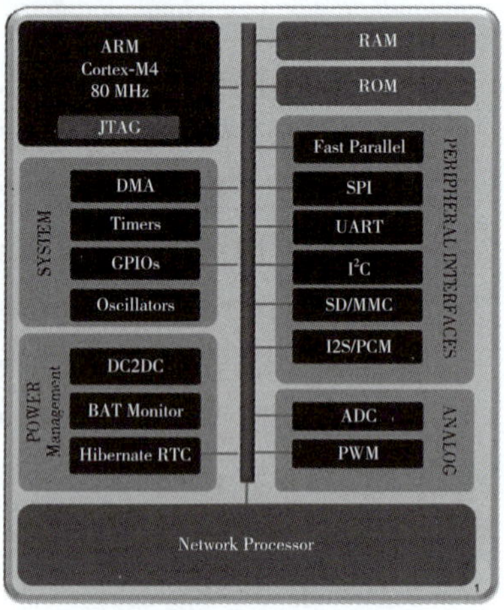

图 4-6 CC3200 硬件构成

二、Wi-Fi SDK 协议栈

(一)CC3200 SDK 介绍

CC3200 SDK 即 SimpleLink™ Wi-Fi CC3200 SDK,它包含用于 CC3200 可编程 MCU 的驱动程序、40 个以上的示例应用及使用该解决方案所需的文档。它还包含闪存编程器,这是一款命令行工具,用于闪存软件并配置网络和软件参数(SSID、接入点通道、网络配置文件等)、系统文件和用户文件(证书、网页等)。此 SDK 可与 TI 的 SimpleLInk Wi-Fi CC3200 LaunchPad 配合使用。

此 SDK 提供各种各样的支持。具有 CCS IDE 但没有 RTOS 的集成 Cortex™-M4 支持此 SDK 中的所有示例应用。此外,有些应用还支持 IAR、GCC、免费 RTOS 和 TI RTOS。

(二)CC3200 SDK 的安装

双击 CC3200 SDK 的安装包直接安装,安装完成后,协议栈会被安装到 C:\Texas Instruments\CC3200-1.0.0-SDK 路径下。进入此文件夹后,有 14 个文件。分别是 docs、driverlib、example、inc、middleware、netapps、oslib、simplelink、simplelink_extlib、third_party、ti_rtos、tools、zonesion 和 readme.txt 文件,文件目录如图 4-7 所示。

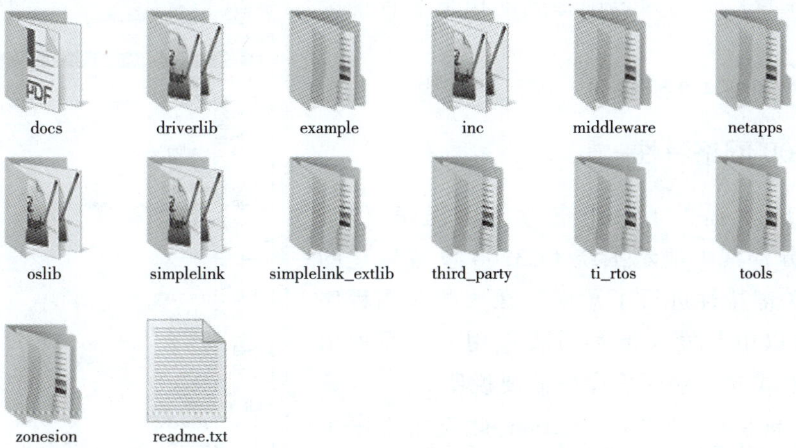

图 4-7　SDK 文件目录

下面将对每个文件(夹)进行介绍。

- docs:此文件中放的是文档,诸如 sdk 的 api 指南、sdk 用户手册、例程、TI-RTOS 用户手册等文档。
- driverlib:驱动库,里面放的是 CC3200 芯片的驱动,当要使用 CC3200 的某种功能,如 ADC 功能时,可将 adc. c 文件添加到工程中,并在头文件路径中包含 adc. h 所在的路径,即可调用 ADC 相关的 api 了。
- example:例程,里面存放了 40 多个 CC3200 的例程,如 ADC、camera_application、email、file_download 等。
- inc:头文件文件夹。
- middleware:中间件。
- netapps:网络应用,里面存放的是网络应用工程。
- oslib:操作系统库。
- simplelink:simplelink 例程。
- simplelink_extlib:扩展库。
- third_party:操作系统源文件。
- ti_rtos:ti 操作系统配置例程。
- tools:工具。
- zonesion:用户文件,用户编写的程序源码和工程都在其中。
- readme. txt:SDK 说明文件。

为了使本书的内容简洁明了,在本章下文中所说的 SDK 中的文件或者是协议栈中的文件即指代 C:\Texas Instruments\CC3200-1. 0. 0-SDK 路径下的文件。

(三)CC3200 工程结构

进入到 SDK 中的 zonesion 文件夹,发现其中有两个文件夹,分别是 common 和 template 文件,其中 common 文件是在 zonesion 中存放的工程所需要的公共的文件,template 文件即为一个工程的模板,可以在这个工程模板的基础上进行修改,来得到用户自己想要的工程。打开 template 文件夹,发现内有三个分别名为 gcc、ewarm 和 ccs 的文件夹,gcc、ccs 等都是开发环境,由于本书所使用的是 IAR 开发环境,因此进入 ewarm 文件夹,双击 template. eww 工程文件,打开模板工程。在本章后面的内容中提到的模板工程即为此工程。

打开后可看到图 4-8 所示的工程目录结构。

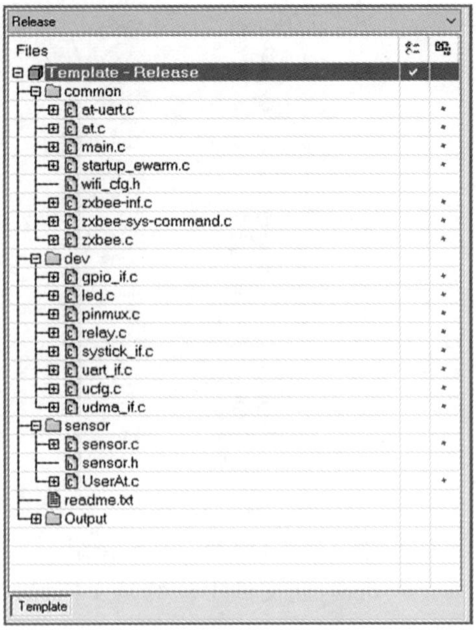

图 4-8　CC3200 工程结构

三、CC3200 网络特性

CC3200 SDK 中提供了一组参考应用程序,作为 SDK 包的一部分。其中演示围绕 CC3200 设备构建的子系统支持的关键特性进行了示例。在这些应用程序是模块化的,可以由开发人员参考或重用。下面列出了 AP 与 STA 模式参考应用程序的简要说明。

- Getting started with Wlan Station:此应用程序示例(STA 模式)。
- Getting started with Wlan AP:此应用程序示例(AP 模式)。

(一)CC3200 Station 示例程序

Getting started with Wlan Station:此应用程序示例(STA 模式)。

此应用程序将 CC3200 设备显示为简单网络中的一个站。开发人员和用户可以在编写新应用程序时引用函数或重新使用它们。设备连接到 AP(访问点),AP 配置以宏的形式存储在应用程序中。如果连接是成功,它将尝试获取"www. ti. com"的 IP 地址,然后 ping 到 IP 地址。返回零代表成功。不同的返回代码指示互联网连接不可用,或者 ping 没有成功。

示例代码关键文件说明如下:

- main. c:主文件创建 SimpleLink 任务,该任务处理大多数与网络相关的操作,Wlan StationMode 任务调用 SimpleLink 库中与网络相关的 API。
- startup_ewarm. c:中断的 IAR 项目专用向量表实现。
- pinmux. c:设备引脚配置文件。
- uart_if. c:串口设备文件。
- gpio_if. c:LED 设备接口文件。

关键代码示例如下:

```
void WlanStationMode(void*pvParameters)
{
…
//开始 SimpleLink
lRetVal=sl_Start(0,0,0);
…
//连接到 WLAN AP
lRetVal=WlanConnect();/*…
lRetVal=sl_WlanConnect(…);
…
//等待 WLAN 事件
while((!IS_CONNECTED(g_ulStatus))||
```

```
(!IS_IP_ACQUIRED(g_ulStatus))){...}
...
*/
...
//检测局域网连接
lRetVal=CheckLanConnection();/*...
//检查 LAN 连接
lRetVal=sl_NetAppPingStart(...);
...
//等待 PING 返回事件
while(!IS_PING_DONE(g_ulStatus)){...}
*/
...
//检测 Internet 网络连接
lRetVal=CheckInternetConnection();/*...
//获取主机地址
lRetVal=sl_NetAppDnsGetHostByName(...);
...
//尝试 Ping HOST_NAME
lRetVal=sl_NetAppPingStart(...);
...
//等待 PING 完成事件
while(!IS_PING_DONE(g_ulStatus)){...}
*/
...
}
```

CC3200 使用 STA 模式编程的三个步骤：

(1)通过调用 sl_Start()API 启动 SimpleLink；

(2)通过调用 sl_WlanConnect()API 连接到 AP；

(3)通过调用 sl_NetAppPingStart()API 连接到 AP 和外部主机。

(二)CC3200 AP 示例程序

Getting started with WlanAP：此应用程序示例(AP 模式)。

此应用程序示例 CC3200 设备作为 AP 使用编程。开发人员和用户可以引用或重用编写新应用程序时的函数。设备作为 AP(访问点)出现，然后等待一个连接它的站点。如果连接成功，它就连接到那个站点。返回零代表成功。不同的返回代码指示连接到站点的 ping 操作不成功。

示例代码关键文件说明如下：

- main. c：主文件创建 SimpleLink 任务，该任务处理大多数与网络相关的操作，Wlan Station Mode 任务调用 SimpleLink 库中与网络相关的 API。
- startup_ewarm. c：中断的 IAR 项目专用向量表实现。
- pinmux. c：设备引脚配置文件。
- uart_if. c：串口设备文件。
- gpio_if. c：LED 设备接口文件。

关键代码示例如下：

```
void WlanAPMode(void*pvParameters)
{
…
lRetVal=sl_Start(NULL,NULL,NULL);
…
//配置网络模式与 SSID
ConfigureMode(lRetVal);/*…
lRetVal=sl_WlanSetMode(ROLE_AP);
//设置 SSID 名称
lRetVal=sl_WlanSet(…);
…
*/
while(!IS_IP_ACQUIRED(g_ulStatus))
{
//循环直到获得 ip
}
//获取网络配置
lRetVal=sl_NetCfgGet(SL_IPV4_STA_P2P_CL_GET_INFO,&ucDHCP,&len,(unsigned char
*)&ipV4);
while(!IS_IP_LEASED(g_ulStatus))
{
//等待站点连接
}
//Ping 连接的客户端
iTestResult=PingTest(ulIpAddr);
…
}
```

CC3200 设置 AP 模式编程的两个步骤：

(1)通过调用 sl_Start()API 启动 SimpleLink；

(2)等待直到设备获得 IP 地址。

在设备以 AP 模式启动之后，遵循以下步骤以确保设备可以充当 AP：

(1)等待站点连接到设备(用户必须将机器连接到设备)；

(2)Ping 站点设备。

四、Wi-Fi 开发工具

(一)Wi-Fi 集成开发环境

德州仪器官方提供的 Wi-Fi 通信协议栈安装包使用的默认开发环境是 IAR 集成开发环境，因此 Wi-Fi 的相关程序开发同样需要在 IAR 的集成开发环境上进行。为了能够正常开发 Wi-Fi 程序，需要首先安装 IAR 集成开发环境为后面的程序开发做准备。

IAR 集成开发环境是一个专门用于开发嵌入式设备程序的开发环境，使用方便简单。

(二)PortHelper 工具

CC3200 的 Wi-Fi 开发工具使用的是 PortHelper 工具，PortHelper 是一款功能强大的程序调试工具，该工具除基本的串口调试功能外，还集成有串口监视器、USB 调试、网络调试、网络服务器、蓝牙调试及一些辅助的代码开发工具。CC3200 的项目开发中使用到的就是 PortHelper 的网络调试功能和串口调试功能。PortHelper 网络调试界面如图 4-9 所示。

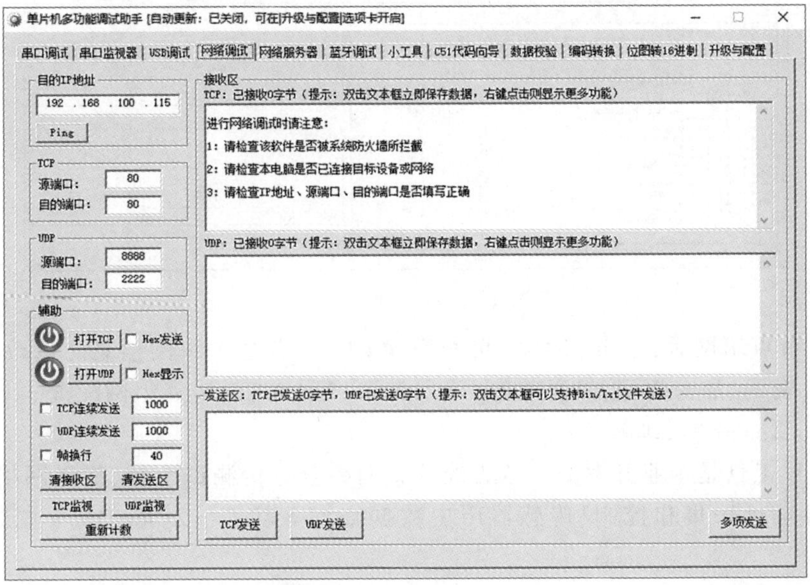

图 4-9　网络调试页面

PortHelper 串口调试界面如图 4-10 所示。

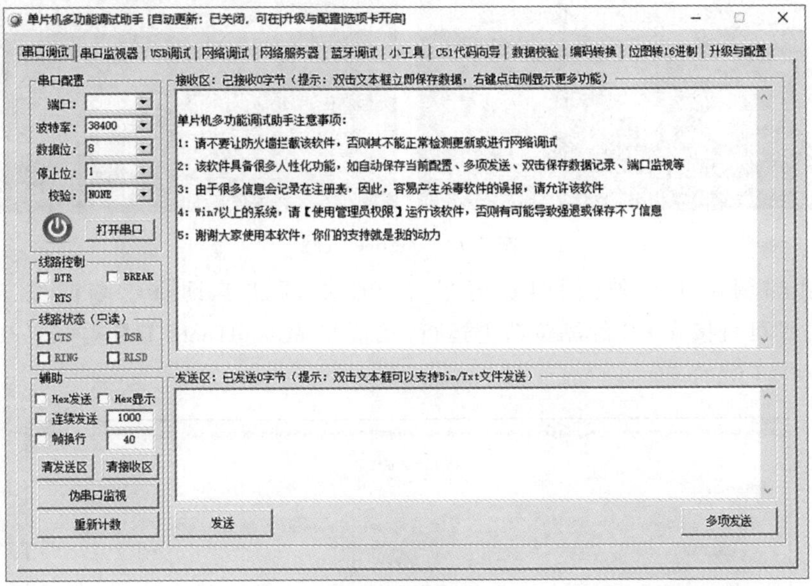

图 4-10　串口调试页面

(三)xLabTools 工具

通过使用 xLabTooLs 工具可以在 PC 端实现 Wi-Fi 传输数据解析、并能对 Wi-Fi 节点相关参数的修改,操作步骤和流程如下:

(1)双击桌面上 xLabTooLs 的快捷方式,选择"Wi-Fi(W)",用 USB 串口线连接 Wi-Fi 节点,选择串口,并且波特率选择 38 400,打开串口弹出图 4-11 所示界面。

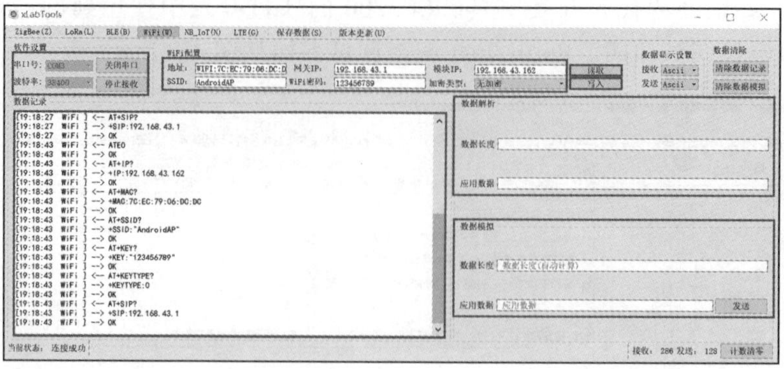

图 4-11 xLabTools 界面

(2)Wi-Fi 节点组网后,单击"读取"可查看 Wi-Fi 节点基本组网信息。修改网关 IP、模块 IP、SSID、Wi-Fi 密码、加密类型,然后单击"写入",可修改 Wi-Fi 节点组网配置。

(四)ZCloudTools 协议工具

ZCloudTools 工具是企业开发的一款无线传感网综合分析测试工具,提供网络拓扑图、数据包分析、传感器信息采集和控制、传感器历史数据查询等功能。ZCloudTools 调试工具界面如图 4-12 所示。

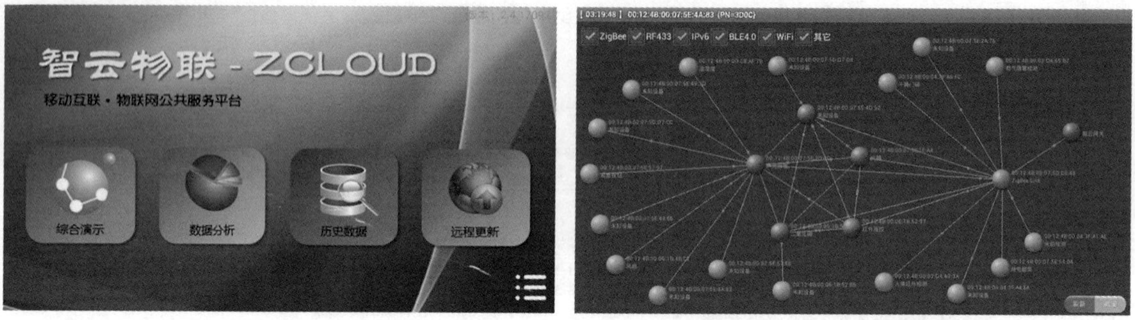

图 4-12 ZigBee 组网

除 Android 端调试工具外,同时还开发了 PC 端调试工具,PC 端调试工具为 ZCloud WebTools,该工具可直接在 PC 的浏览器上运行,功能与 ZCloudTools 工具类似。ZCloudWebTools 工具界面如图 4-13 所示。

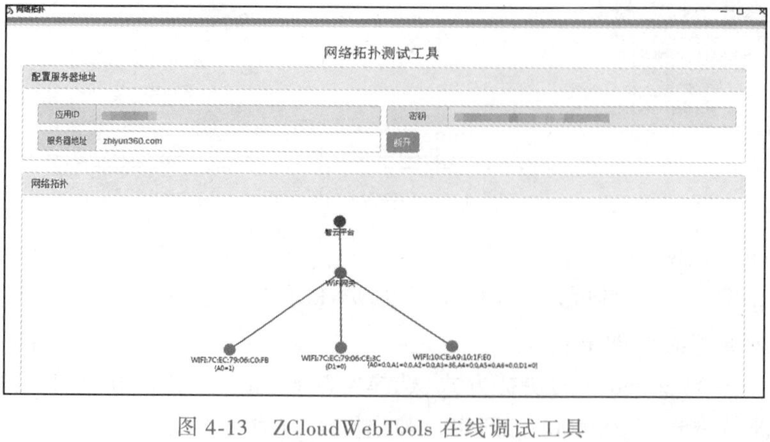

图 4-13 ZCloudWebTools 在线调试工具

任务引导与步骤

五、智能家居实验平台

通过 TI CC3200 Wi-Fi 实验开发平台，掌握 Wi-Fi 无线传感网络的学习。Ti 官方为了帮助开发人员提升代码的开发速度，方便开发人员对程序调整测试，提供了较多的 Wi-Fi 调试工具，包括开发环境、网络调试、协议分析等。同时也有一些比较优秀的企业工具，能够辅助 Wi-Fi 的开发、调试和运维。

（一）任务引导

本任务的目标是：使用 Wi-Fi 网络组建智能家居系统，通过各种开发工具进行程序开发、网络调试和系统运维。

本任务使用 xLab 实验箱中的安装有 Wi-Fi 无线模组的 LiteB 节点 sensor-A、sensor-B 和 sensor-C 传感器板对项目进行模拟。

本任务主要包括以下工具的学习：

（1）IAR 集成开发环境：主要用于程序开发、调试。

（2）UniFlash：主要用于程序的烧写固化。

（3）ZCloudTools：网络拓扑图分析、应用层数据包分析。

（4）xLabTools：网络参数的修改、节点数据包分析和模拟。

（二）IAR 集成开发环境介绍

（1）安装 Wi-Fi 协议栈，节点的示例工程将集成在协议栈目录内。

（2）通过 IAR 集成开发环境打开节点工程，可完成工程源码的分析、调试、运行和下载，如图 4-14 所示。

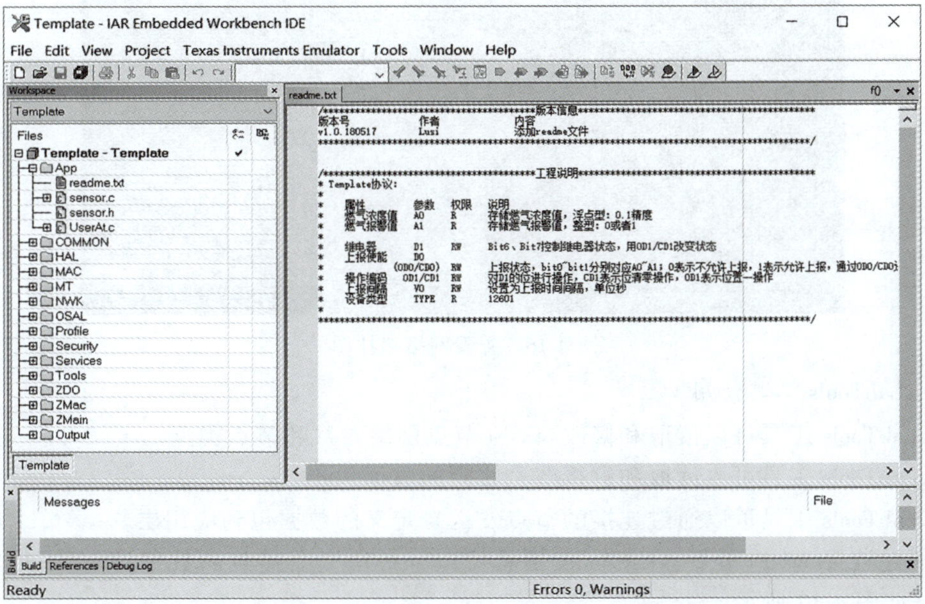

图 4-14 IAR 开发环境

(3)了解 Wi-Fi 协议栈源码结构,通过 WiFi_cfg.h 文件修改 Wi-Fi 的名称和密码。

(三)UniFlash 工具使用

通过 UniFlash 工具可以对节点程序进行固化烧写,如图 4-15 所示。

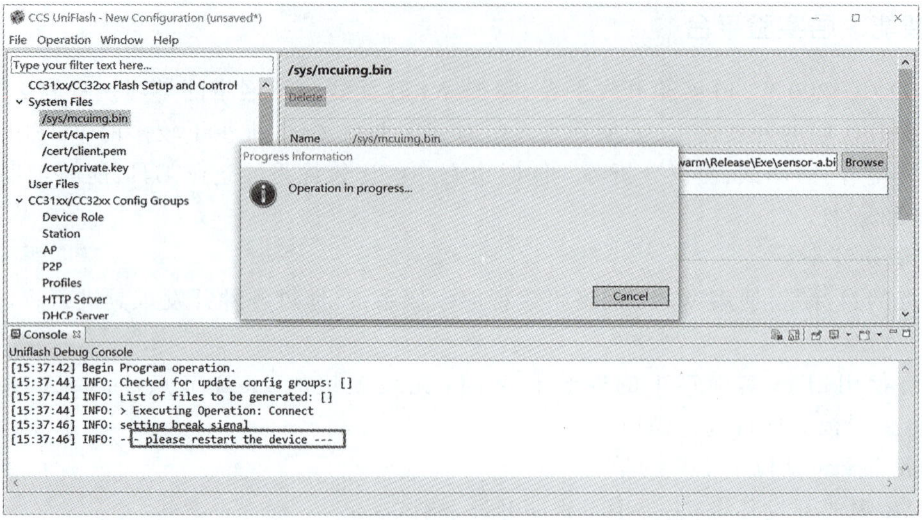

图 4-15 UniFlash 工具

(四)ZCloudTools 工具使用

ZCloudTools 可以完成 Wi-Fi 网络拓扑图的监测(见图 4-16)。通过修改 Wi-Fi 协议栈工程配合和源码可完成组网。

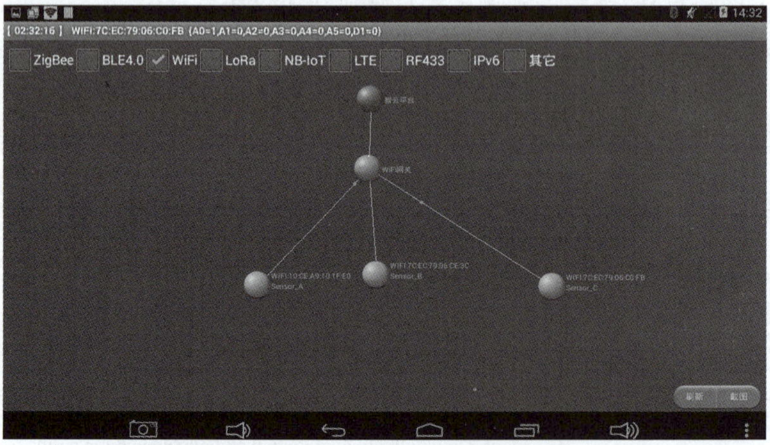

图 4-16 查看网络拓扑图

(五)xLabTools 工具使用

(1)xLabTools 工具可以读取和修改 Wi-Fi 节点网络参数和节点类型。

(2)xLabTools 工具可以读取和解析节点收到的数据包。

(3)xLabTools 工具可以通过连接的节点发送自定义的数据包到应用层。

(4)通过连接 Wi-Fi 节点,xLabTools 工具可以分析协调器接收的数据,并可下行发送数据进行调试,如图 4-17 所示。

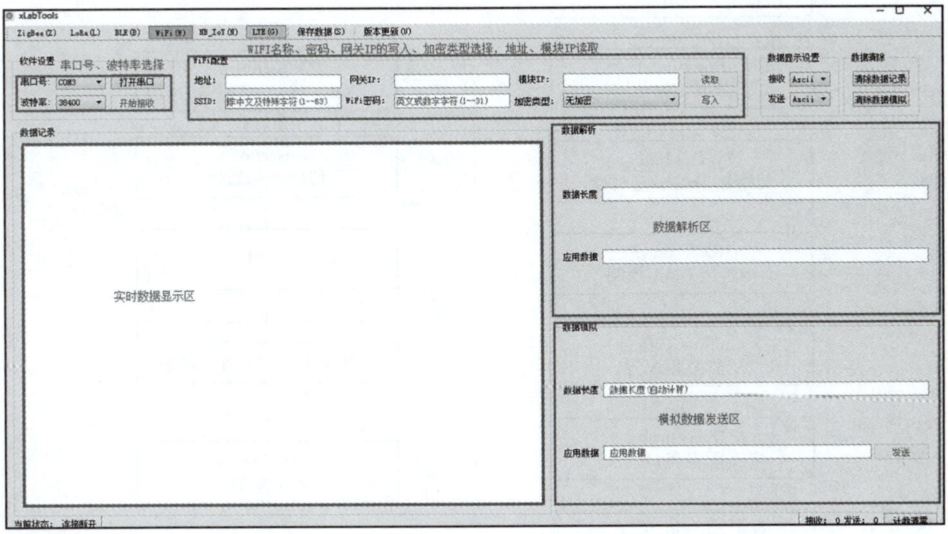

图 4-17　xLabTools 工具

任务小结

Wi-Fi 是一种网络协议，而用于实现 Wi-Fi 协议的硬件载体是 CC3200 模块。为了保证 Wi-Fi 网络协调运行的系统是 Wi-Fi 协议栈。协议栈能够执行 Wi-Fi 网络的配置信息，并根据配置信息通过建立 TUP/UDP 连接入网。利用好官方与企业提供的系统调试工具可以加快项目的开发速度。

任务三　Wi-Fi 协议栈程序分析

任务描述

本任务主要基于 CC3200 Wi-Fi 套件来学习 Wi-Fi 协议栈程序开发，重点学习 Wi-Fi 框架下 Wi-Fi 组网、无线收发、数据处理等应用，并通过智能家居项目场景掌握无线节点程序的开发。

任务分析

一、CC3200 协议代码流程分析

Wi-Fi 的协议栈是一个用于实现 Wi-Fi 网络功能的完整系统。Wi-Fi 协议栈启动代码需要完成初始化硬件平台和软件架构所需要的各个模块，为操作系统的运行做好准备工作，主要分为板载初始化、初始化系统时钟、初始化 DMA、引脚复用配置、初始化各个硬件模块、初始化串口、启动 simplelink 设备、AT 命令初始化、传感器初始化、连接 Wi-Fi 设备、定时触发等十余部分，其具体流程图和对应的函数如图 4-18 所示。

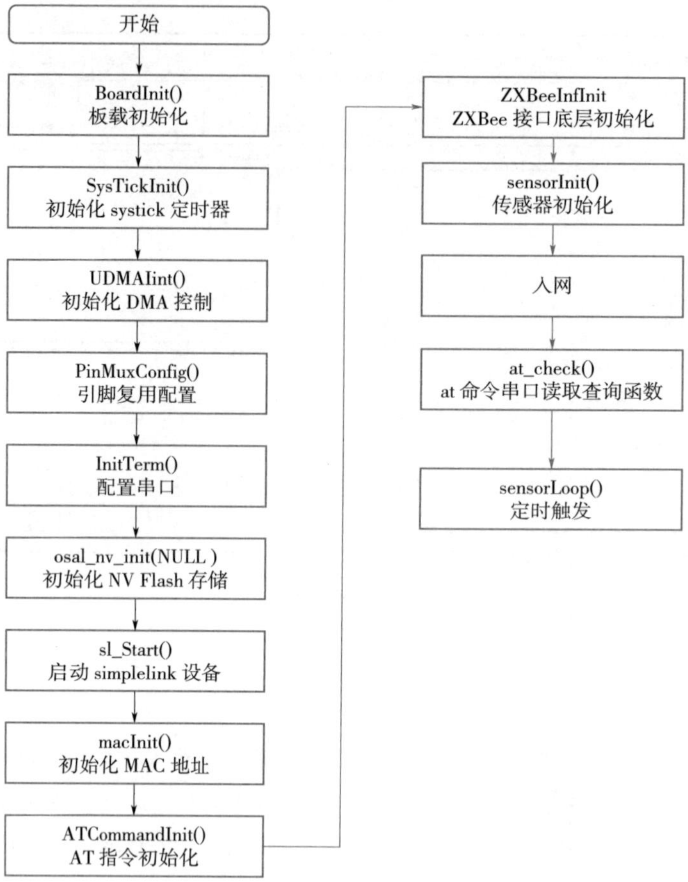

图 4-18　具体流程图和对应的函数

其对应的具体函数代码如下：

```
void main()
{long lRetVal=-1;
    //Board Initialization
    BoardInit();                                          //板载初始化
    SysTickInit();                                        //初始化 systick 定时器
    //Initialize the uDMA
    UDMAInit();                                           //初始化 DMA 控制
    //Configure the pinmux settings for the peripherals exercised
    PinMuxConfig();                                       //引脚复用配置
    LEDInit();                                            //LED 初始化
    //Configuring UART
    InitTerm();                                           //配置串口
    DisplayBanner(APPLICATION_NAME);                      //打印应用名称
    InitializeAppVariables();                             //初始化应用
    lRetVal=ConfigureSimpleLinkToDefaultState();          //配置 simpleLink 为默认
状态(station)
    if(lRetVal<0)                                         //如果配置失败
    {
      if(DEVICE_NOT_IN_STATION_MODE==lRetVal)
```

```
            DebugMsg("Failed to configure the device in its default state\n\r");
          LEDOn(3);
          LOOP_FOREVER();                                            //无限循环
        }
        lRetVal=sl_Start(0,0,0);                                     //启动 simplelink 设备
        if(lRetVal<0)                                                //如果启动失败
        {
          LEDOn(3);
          DebugMsg("Failed to start the device\n\r");
          LOOP_FOREVER();                                            //无线循环
        }
        ucfg_read();
        DebugMsg("cfg ssid:%s\r\n",cfg.ssid);
        DebugMsg("cfg skey:%s\r\n",cfg.skey);
        DebugMsg("cfg stype:%d\r\n",cfg.stype);
        DebugMsg("cfg sip:%u.%u.%u.%u\r\n",cfg.sip[0],cfg.sip[1],cfg.sip[2],
cfg.sip[3]);
        DebugMsg("cfg sport:%u\r\n",cfg.sport);
        //DebugMsg("cfg lport:%u\r\n",cfg.lport);
        int mode=1;//0 trans,1 at mode
        int at_ret=0;
        macInit();
        ATCommandInit();
        ZXBeeInfInit();                                              //获取网络配置
    #ifndef CC3200_Serial
        sensorInit();                                                //传感器初始化
    #endif
        while(1){
          if(led2_tm !=0){
            if((((long)UTUtilsGetSysTime()-(long)led2_tm)>50)){
              led2_tm=0;
              LEDOff(2);
            }
          }
          if((IS_CONNECTED(g_ulStatus))&&(IS_IP_ACQUIRED(g_ulStatus))){
              LEDOn(1);
              //DebugMsg("check at ret %d\r\n",at_ret);
              if(iSockID<0){
                SocketInit();
              }else if(at_ret<=0){
                int ret=SocketCheck();
                if(ret>0){
                  SocketRecvMessage(SockBuf,ret);
                }
              }
          }else {
            static char s=0;
            static unsigned long led_tm=0,conn_tm=0;
```

```
        unsigned long t=UTUtilsGetSysTime();
        if(t-led_tm>200){
          if(s)LEDOff(1);
          else LEDOn(1);
          s=!s;
          led_tm=t;
        }
        if(conn_tm==0 ||t-conn_tm>60*1000){
          InitializeAppVariables();
          if(strlen(cfg.ssid)>0){
            WlanConnect();                                  //连接到 Wi-Fi 设备
          }
          conn_tm=t;
        }
      }
      if(mode==1){
        at_ret=at_check();
      }
#ifndef CC3200_Serial
        sensorLoop();
#endif
      _SlNonOsMainLoopTask();
    }
}
```

main()函数是程序的入口函数,程序由此开始执行,在上述代码中,程序首先对硬件进行了初始化,包括板载、systick 定时器、DMA 控制、引脚复用、串口等初始化。

硬件初始化完成后,开始配置 simplelink。如果初始化失败,程序就进入无限循环;如果 simplelink 配置成功,程序接下来启动 simplelink 设备,启动失败则进入无限循环;启动成功,读取配置文件,初始化 mac 地址,获取发送节点信息,然后初始化 AT 指令接口。接下来,函数将执行 sensorInit(),这个函数是传感器初始化函数,然后进入 while 循环,如果连接上,初始化与远程服务器通信的套接字,检查与服务器连接的套接字是否有数据需要接收,如果有数据,socket 接收到数据调用,如果没有连接上,连接 Wi-Fi 设备,然后定时触发上报数据。所以,在程序进行硬件初始化后,接下来分别进行了配置协议栈、开启协议栈设备、连接 Wi-Fi 这三大步操作,每一步操作失败,程序都会进入无限循环;操作成功,串口就会打印出相应的信息,并进入下一步操作。Wi-Fi 连接成功后,函数接着执行了一个名为 sensorLoop()的函数,此函数定时触发上报数据。

二、传感器应用接口分析

(一)智云传感器框架

智云框架是在应用接口和 API 接口上搭建起来的,通过合理调用这些接口,使 Wi-Fi 项目的开发形成一套系统的开发逻辑。具体应用接口在 sensor. c 文件中实现,包括:传感器初始化、控制设备的操作、传感器数据的采集、报警信息的实时响应、系统参数的配置更新等,函数列表见表 4-1。

表 4-1　传感器应用接口函数

函数名称	函数说明
sensorInit()	传感器硬件初始化
sensorLinkOn()	节点入网成功操作函数
sensorUpdate()	传感器数据定时上报
sensorControl()	传感器/执行器控制函数
sensorCheck()	传感器预警监测及处理函数
ZXBeeInfRecv()	解析接收到的传感器控制命令函数
sensorLoop()	启动定时器触发事件

(二)智云传感器程序解析

智云框架下 Wi-Fi 无线节点示例程序基于 Wi-Fi 协议栈框架开发,详细程序流程如图 4-19 所示。

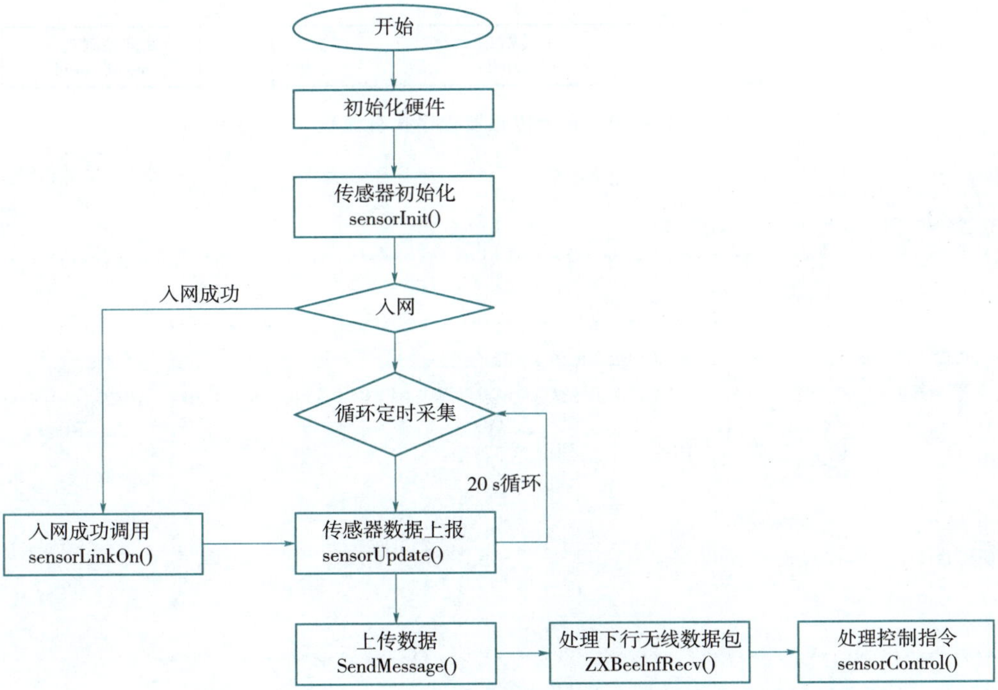

图 4-19　智云传感器程序执行流程

(三)智云传感器程序解析

智云框架下 BLE 无线节点示例程序基于 BLE 协议栈框架开发,详细程序流程图如图 4-20 所示。

以工程 Wi-FiApiTest 为例,智云框架为 Wi-Fi 协议栈上层应用提供分层的软件设计结构,将传感器的私有操作部分封装到 sensor. c 文件中,用户任务中的处理事件和节点类型选择则在 sensor. h 文件中设置。sensor. h 文件中事件宏定义如下:

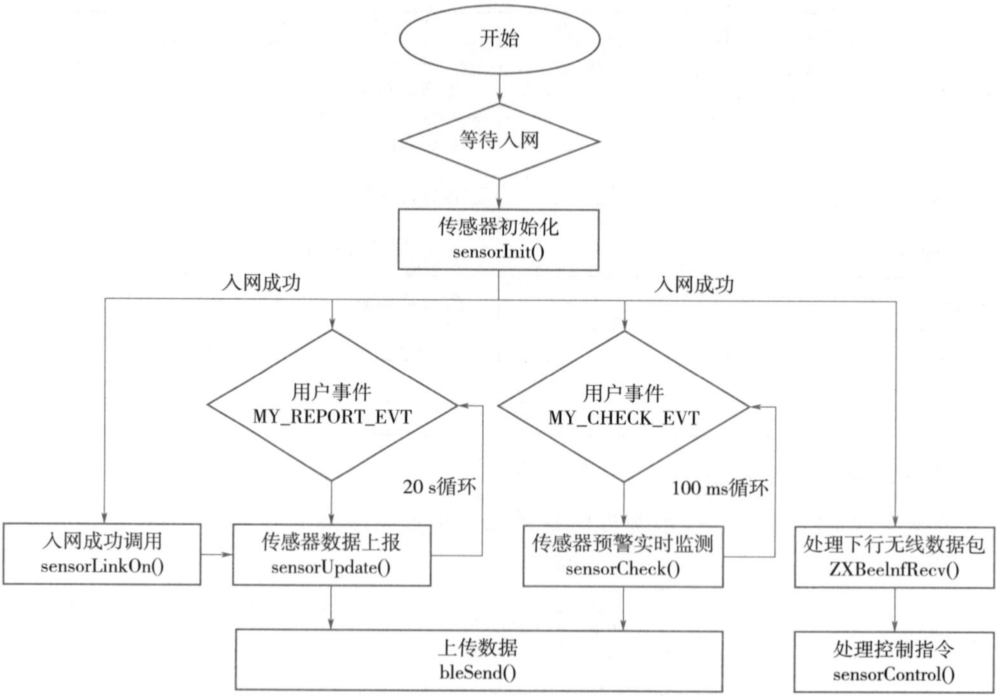

图 4-20　智云传感器程序执行流程

```
#ifndef SENSOR_H
#define SENSOR_H
/*********************************************************************************
*宏定义
*********************************************************************************/
#define t4ms              UTUtilsGetSysTime
#define t4exp(x)           ((((signed long)UTUtilsGetSysTime()-(signed long)(x))>
=0)?1:0)
#define clock_time        UTUtilsGetSysTime

#define NODE_NAME "601"
#define NODE_TYPE 3
/*********************************************************************************
*函数原型
*********************************************************************************/
extern void sensorInit(void);
extern void sensorLinkOn(void);
extern void sensorUpdate(void);
extern void sensorCheck(void);
extern void sensorControl(unsigned char cmd);
extern void sensorLoop(void);
#endif //SENSOR_H
```

sensor 头文件中定义了定时循环事件,定义的定时循环事件的内容是上报数据,用于对传感器采集的数据进行上报。其次还定义了节点属性 NODE_NAME 与类型 NODE_TYPE,同时还声明了智云框架下的传感器应用文件 sensor. c 中的函数。

sensorInit()函数帮用户实现对传感器设备的初始化,相关代码段如下:

```
/*********************************************************************************
*名称:sensorInit()
*功能:传感器硬件初始化
*参数:无
*返回:无
*********************************************************************************/
void sensorInit(void)
{
  DebugMsg("sensor->sensorInit():Sensor init!\r\n");
  //温度传感器初始化
  //初始化继电器代码
  relay_init();                                    //继电器初始化
}
```

sensorLinkOn()函数在 Wi-Fi 节点入网成功后可以进行相关的操作,相关代码段如下:

```
/*********************************************************************************
*名称:sensorLinkOn()
*功能:传感器节点入网成功调用函数
*参数:无
*返回:无
*********************************************************************************/
void sensorLinkOn(void)
{
  printf("sensor->sensorLinkOn():Sensor Link on!\r\n");
  sensorUpdate();                                  //入网成功后上报一次传感器数据
}
```

sensorUpdate()函数实现对传感器数据的更新和更新数据的打包上报,相关代码段如下:

```
/*********************************************************************************
*名称:sensorUpdate()
*功能:处理主动上报的数据
*参数:无
*返回:无
*********************************************************************************/
void sensorUpdate(void)
{
  char pData[32];
  char*p=pData;
  //温度采集(0~40随机数)
  temperature=(uint16)(rand()% 40);
  //更新温度的值
  sprintf(p,"temperature=% .1f",temperature);
  sendMessage(p,strlen(p));
  DebugMsg("sensor->sensorUpdate():temperature=% .1f\r\n",temperature);
}
```

sensorLoop()函数实现循环定时触发,相关代码段如下:

```
/*********************************************************************************
*名称:sensorLoop()
*功能:定时触发功能
*参数:无
*返回:无
*修改:
*注释:
*********************************************************************************/
void sensorLoop(void)
{
  static unsigned long ct_update=0;
  if(t4exp(ct_update)){
    sensorUpdate();
    ct_update=t4ms()+20*1000;
  }
}
```

ZXBeeInfRecv()函数实现对节点接收到有效数据的处理,相关代码段如下:

```
/*********************************************************************************
*名称:ZXBeeInfRecv()
*功能:节点收到无线数据包
*参数:*pkg--收到的无线数据包
*返回:
*修改:
*注释:
/
void ZXBeeInfRecv(char*pkg,int len)
{
  uint8 val;
  char pData[16];
  char*p=pData;
  char*ptag=NULL;
  char*pval=NULL;
  DebugMsg("sensor->ZXBeeInfRecv():Receive Wi-Fi Data! \r \n");
  ptag=pkg;
  p=strchr(pkg,'=');
  if(p !=NULL){
    *p++=0;
    pval=p;
  }
  val=atoi(pval);
  //控制命令解析
  if(0==strcmp("cmd",ptag)){                //对 D0的位进行操作,CD0表示位清零操作
    sensorControl(val);
  }
}
```

sensorControl()函数实现对控制设备的操作,相关代码段如下:

```
/*********************************************************************************************
*名称:sensorControl()
*功能:传感器控制
*参数:cmd-控制命令
*返回:无
*修改:
*注释:
*********************************************************************************************/
void sensorControl(uint8 cmd)
{
//根据 cmd 参数处理对应的控制程序
  relay_control(cmd);
}
```

通过对 sensor. c 文件中具体函数的实现即可快速地完成 Wi-Fi 项目开发。

任务引导与步骤

三、智能家居系统开发

本任务的目标是:通过基于 Wi-Fi 无线传感网的智能家居系统实例了解 Wi-Fi 的网络协议栈的工作原理和协议栈的关键接口,学习和掌握协议栈接口的使用,掌握应用接口的使用,通过使用应用接口能够实现快速的 Wi-Fi 无线传感网络开发。

为了满足对 Wi-Fi 应用接口的充分使用,基于 Wi-Fi 无线传感网的智能家居系统实例的 Wi-Fi 节点携带了两种传感器,一种为温度传感器,另一种为继电器。其中温度传感器可以采集室内的温度值,继电器可作为受控设备控制风扇开关。

(一)任务协议栈分析

整个智能家居采集系统和调节项目实例的实现分为两个部分,分别为硬件功能设计和软件实现设计。下面对这两个部分分别进行讲解。

1. 硬件功能设计

根据前面的分析,智能家居采集和调节项目拥有两种设备,分别为温度传感器用于采集温度信息,由于本节重点讲解 Wi-Fi 协议栈应用接口的使用,因此温度信息数据是通 CC3200 单片机的随机数发生器产生的,而继电器作为受控设备可以控制风扇开关。智能家居采集和调节硬件框图设计如图 4-21 所示。

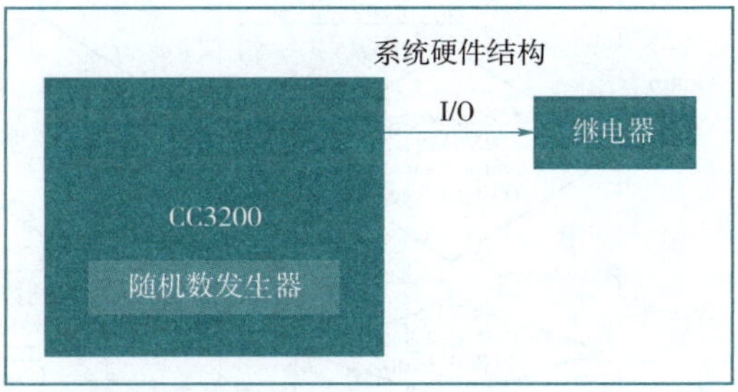

图 4-21 硬件框图

从图 4-21 中可知,光照检测传感器使用内部随机数发生器产生虚拟数据,而继电器使用 I/O 进行控制。继电器控制电路如图 4-22 所示。

继电器控制电路的控制口由 CC3200 的 P0_6 控制,根据电路分析,低电平继电器闭合,高电平继电器断开。

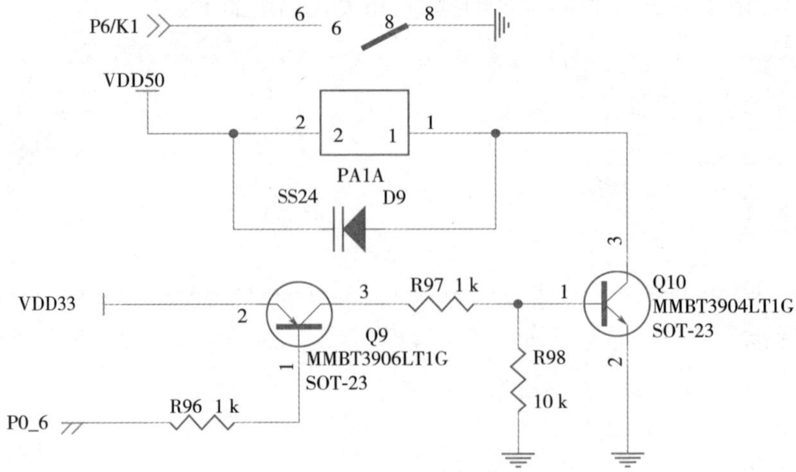

图 4-22 继电器控制电路

2. 软件逻辑设计

软件设计符合 Wi-Fi 协议栈应用接口的执行流程设计，Wi-Fi 节点首先进行入网操作，当入网完成后，通过传感器初始化实现节点上各个传感器设备的初始化和用户任务的初始化。当定时循环触发时，更新传感器数据并上报。当节点接收到传感器数据时，如果接收数据为继电器控制指令，那么执行继电器控制操作。

Wi-Fi 无线节点示例程序 Wi-FiApiTest 基于 Wi-Fi 协议栈框架开发的详细程序流程如图 4-23 所示。

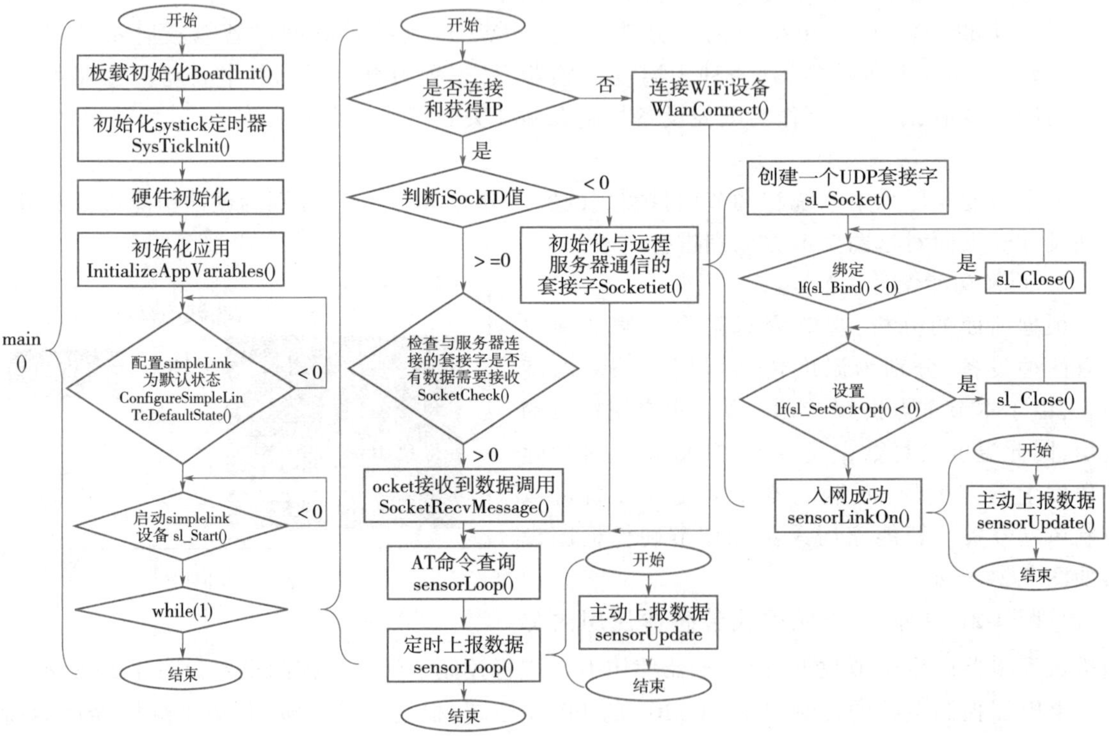

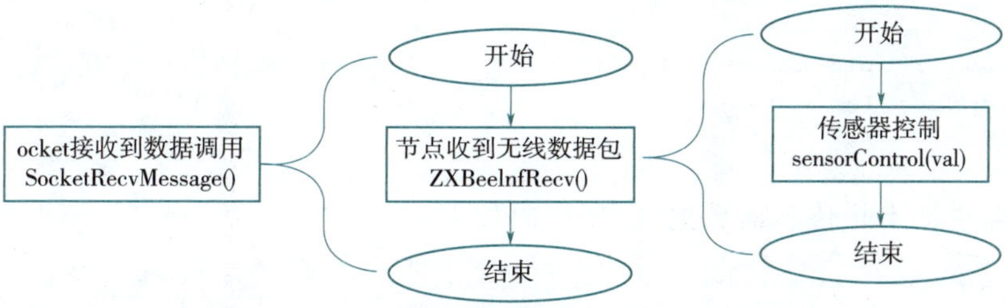

图 4-23　智云框架执行流程

为了使 Wi-Fi 节点的数据能够实现远程与本地的识别,需要设计一套约定的通信协议,约定的通信协议可以被远程设备和本地节点识别。根据项目特性设计通信协议见表 4-2。

表 4-2　程序通信协议

数 据 方 向	协 议 格 式	说　明
上行(节点往应用发送数据)	{temperature = X}	X 表示采集的温度值
下行(应用往节点发送指令)	{cmd = X}	X 为 0 表示关闭继电器,1 表示开启继电器

(二)传感器应用层关键函数分析

理解节点工程 WiFiApiTest 内源码文件 sensor.c 和传感器应用的设计。

(1)传感器初始化,实现代码如下:

```
/*********************************************************************************
*名称:sensorInit()
*功能:传感器硬件初始化
*参数:无
*返回:无
*修改:
*注释:
*********************************************************************************/
void sensorInit(void)
{
  DebugMsg("sensor->sensorInit():Sensor init!\r\n");
  //温度传感器初始化
  //初始化继电器代码
  relay_init();                                          //继电器初始化
}
```

(2)传感器入网成功后调用,实现代码如下:

```
/*********************************************************************************
*名称:sensorLinkOn()
*功能:传感器节点入网成功调用函数
*参数:无
*返回:无
*修改:
*注释:
*********************************************************************************/
void sensorLinkOn(void)
```

```
{
  DebugMsg("sensor->sensorLinkOn():Sensor Link on!\r\n");
  sensorUpdate();
}
```

(3)传感器主动上报传感器数据,实现代码如下:

```
/*************************************************************************************
*名称:sensorUpdate()
*功能:处理主动上报的数据
*参数:无
*返回:无
*修改:
*注释:
*************************************************************************************/
void sensorUpdate(void)
{
  char pData[32];
  char*p=pData;

  //温度采集(0~40随机数)
  temperature=(uint16)(rand()% 40);

  //更新温度的值
  sprintf(p,"temperature=% .1f",temperature);
  sendMessage(p,strlen(p));
  DebugMsg("sensor->sensorUpdate():temperature=% .1f\r\n",temperature);
}
```

(4)处理收到的无线数据包,实现代码如下:

```
void ZXBeeInfRecv(char*pkg,int len)
{
  uint8 val;
  char pData[16];
  char*p=pData;
  char*ptag=NULL;
  char*pval=NULL;

  DebugMsg("sensor->ZXBeeInfRecv():Receive Wi-Fi Data!\r\n");

  ptag=pkg;
  p=strchr(pkg,'=');
  if(p !=NULL){
    *p++=0;
    pval=p;
  }
  val=atoi(pval);
```

```
    //控制命令解析
    if(0==strcmp("cmd",ptag)){            //对 D0的位进行操作,CD0表示位清零操作
      sensorControl(val);
    }
  }
```

(5)处理收到的无线控制命令,实现代码如下:

```
/*********************************************************************************
*名称:sensorControl()
*功能:传感器控制
*参数:cmd-控制命令
*返回:无
*修改:
*注释:
*********************************************************************************/
void sensorControl(uint8 cmd)
{
  //根据 cmd 参数处理对应的控制程序
  relay_control(cmd);}
```

(6)循环定时触发函数,实现代码如下:

```
/*********************************************************************************
*名称:sensorLoop()
*功能:定时触发功能
*参数:无
*返回:无
*修改:
*注释:
*********************************************************************************/
void sensorLoop(void)
{
  static unsigned long ct_update=0;

  if(t4exp(ct_update)){
    sensorUpdate();
    ct_update=t4ms()+20*1000;
  }
}
```

任务小结

通过本任务的学习和实践,可以对 SimpleLink 协议栈有更进一步的认识。通过对几种模式的学习,可以了解 Wi-Fi 的工作原理及模式。通过对 TCP/UDP 的学习可以了解到传输层的一些协议。通过实验可以更加熟练地使用嵌入式开发软件。

思考与练习

1. WLAN 是＿＿＿＿＿＿的简称，全称为 wireless local area networks。
2. Wi-Fi 是＿＿＿＿＿＿的缩写，英文全称为 wireless fidelity。
3. Wi-Fi 主要采用＿＿＿＿＿＿协议。
4. Wi-Fi 账号就是＿＿＿＿＿＿。
5. 德州仪器官方提供的 Wi-Fi 通信协议栈安装包使用的默认开发环境是＿＿＿＿＿＿。
6. 请简述 Wi-Fi 关键技术。
7. 请简述 Wi-Fi 的技术优势。

实战篇

短距离无线通信技术应用

引言

随着网络技术的不断发展，兴起的物联网技术已经进入到人们的生活当中，物联网技术受到各大领域的广泛关注。短距离无线通信技术正是物联网技术的一种较为特殊的技术。短距离无线通信技术能够在低成本的前提之下让人们更快地获取信息。

ZigBee 技术在应用当中能够有较强的自愈能力，并且 ZigBee 技术的协议能够进行短距离快速传输，功率较低能够节省很大一部分的资源消耗，并且 ZigBee 技术的网络容量也比一般的无线通信传输技术的容量大，能够进行灵活变频，目前在很多的传感器设备当中，ZigBee 技术的应用都较为广泛。

蓝牙在短距离无线通信领域占据举足轻重的地位——从手机、平板、PC 到车载设备，再到耳机、游戏手柄、音响、电视，再到手环、电子秤、智能医疗器械，再到智能家居等领域均占有一席之地。而蓝牙低功耗（BLE）是在蓝牙 4.0 协议上修改以适用低功耗应用场景的一种蓝牙协议。随着上一股智能消费类电子大潮的到来，BLE 的各种应用也像雨后春笋般在市场上涌现。

Wi-Fi 技术发展至今已经有了 20 年的历史，从第一代 802.11 b 到 802.11 g、802.11 a、802.11 n，一直到现在的 802.11 ax。随着技术和产品的发展，用户对速率的需求越来越高，产品的变化也越来越快。最新一代 Wi-Fi 6（802.11 ax）的传输速率为 1~10 Gbit/s。现在 Wi-Fi 能够覆盖更多样化的应用，例如，物联网、汽车、4K 视频传输等。

学习目标

- 掌握 ZigBee、BLE、Wi-Fi 数据接收与发送接口的使用。
- 掌握 ZigBee、BLE、Wi-Fi 数据协议设计。

知识体系

- 短距离无线通信技术应用
  - 项目五　ZigBee在智慧农业中的应用
    - 任务一　开发ZigBee农业光照系统
    - 任务二　开发ZigBee农业遮阳系统
  - 项目六　BLE在创意产品中的应用
    - 任务一　开发BLE家庭湿度采集系统
    - 任务二　开发BLE家庭灯光控制系统
  - 项目七　Wi-Fi在智能家居中的应用
    - 任务一　开发Wi-Fi家居环境采集系统
    - 任务二　开发Wi-Fi家居智能饮水机系统

项目五

ZigBee在智慧农业中的应用

学习目标

- 掌握 ZigBee 数据发送接口的使用。
- 掌握 ZigBee 数据协议设计。

任务一 开发 ZigBee 农业光照系统

任务分析

一、采集类程序逻辑分析

(一)采集类场景分析

ZigBee 无线网络由于其自组网、低功耗、低成本的特性,能够对户外大范围监控单元进行数据循环采集。现代化农业种植可以通过 ZigBee 物联网无线组网技术,实时地对农业生产现场的温湿度、光照、CO_2 浓度等参数进行数据采集,利用视频监控设备获取农作物的生长状况等信息,远程监控农业生产环境,同时将采集的参数和获取的信息进行数字化转换和汇总后,经传输网络实时上传到相关农业智能管理系统中,系统按照农作物生长的各项指标要求,精确地遥控农业设施自动开启或者关闭,实现智能化的农业生产,有效减少成本,提高农作物产量。

ZigBee 无线节点将采集的数据通过 ZigBee 网络将大片区域的传感器数据在协调器汇总,并为数据分析和处理提供数据支撑。ZigBee 的远程数据采集有很多场景可以使用,如温室大棚温湿度信息、光照强度信息采集、城市低洼涵洞隧道内涝监测、桥梁震动信号采集、家居空气质量采集等。ZigBee 无线网络的远程传感器数据采集使用场景众多,但要如何利用 ZigBee 无线网络实现远程传感器数据的采集程序设计呢?下面将对远程传感器数据采集程序逻辑进行分析。

采集类传感器在物联网应用场景中主要用于对传感器数据的定时上报,主要程序设计逻辑如图 5-1 所示。

(1)定时器循环事件:定时查询当前传感器数值。

(2)根据软件设计逻辑来决定传感器数值是否上报。

(3)根据软件设计逻辑来控制传感器的上报时间间隔。

(4)能够接收到远程的查询指令反馈最新的传感器数值。

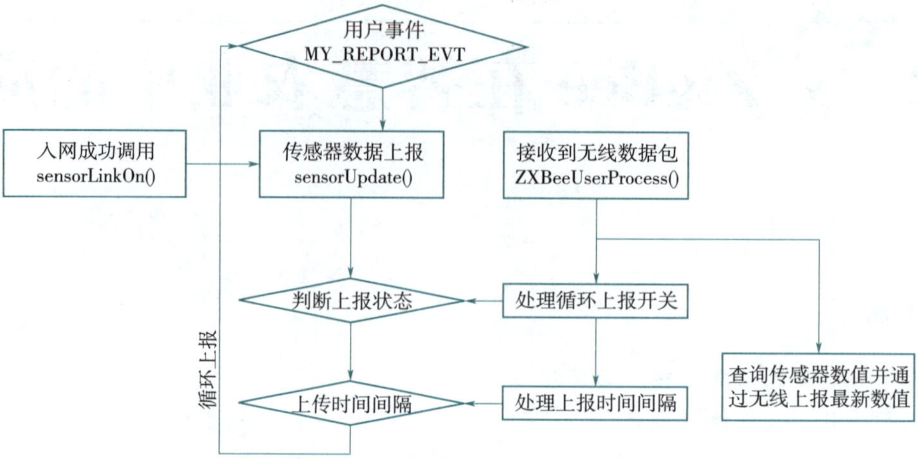

图 5-1　数据采集程序流程

(二)采集类协议设计

一个完整的物联网综合系统,数据贯穿了从感知层到网络层再到服务层,最后到达应用层的各个部分。数据在这四个层之间层层传递。感知层用于产生有效数据,网络层需要对有效数据进行解析后向服务器发送数据,服务器需要对有效数据进行分解、分析、存储和调用,应用层需要从服务器获取经过分析的有用的节点数据。整个过程中数据都在被物联网的各个组织层进行分析识别。要实现数据在每一层能够被正确识别,就需要整套物联网系统在构建之初建立一套完整的数据通信协议。

通信协议是指双方实体完成通信或服务所必须遵循的规则和约定。通过通信信道和设备互联起来的多个不同地理位置的数据通信系统,要使其能协同工作,实现信息交换和资源共享,它们之间必须具有共同的语言。交流什么、怎样交流及何时交流,都必须遵循某种互相都能接受的规则,这个规则就是通信协议。

根据前面所讲内容,采集类节点分为三种逻辑场景,分别为:发送、查询和设置。这里暂不考虑对节点信息的配置。

采集类程序协议设计采用类 JSON 数据包格式,通信协议数据格式如下:

{[参数]=[值],{[参数]=[值],……}

关于通信协议数据格式注意事项如下:

- 每条数据以“{}”作为起始字符。
- “{}”内参数多个条目以“,”分隔。
- 数据上行格式参考:{value=12,status=1}。
- 数据下行查询命令参考:{value=?,status=?},程序返回:{value=12,status=1}。

此处以 ZigBee 农业光照系统为例定义了在光强采集和查询部分的协议内容,约定协议见表 5-1。

表 5-1　采集类通信协议

数据方向	协议格式	说　　明
上行(节点往应用发送数据)	{sensorValue=X}	X 表示采集的传感器值
下行(应用往节点发送指令)	{sensorValue=?}	查询传感器值,返回:{sensorValue =X},X 表示采集的传感器值

二、采集类程序接口分析

(一)传感器应用接口

传感器应用层程序在 sensor. c 文件中实现,采集类传感器接口包括传感器硬件初始化、传感器节点入网调用、传感器数值上报、处理下行的用户命令和用户事件,具体函数与说明见表 5-2。

表 5-2　传感器应用接口函数

函数名称	函数说明
sensorInit()	实现对用户传感器设备的初始化
sensoLinkOn()	实现对用户网络的初始化和启动数据上报事件
sensoUpdate()	实现对传感器数据的更新和更新数据的打包上报
ZXBeeUserProcess()	处理接收到的数据,并执行数据携带的操作指令
MyEventProcess()	实现对用户定义事件的启动和处理

远程传感器数据采集功能依附于无线传感网络之上,在无线传感网络建立完成后,才能够进行无线节点所携带的传感器的初始化。初始化完成后需要初始化系统用户应用的系统任务,此后每次任务执行都会采集一次传感器数据,并将传感器数据填入到设计好的数据协议中,等待数据通过无线传感网络发送至协调器,最终数据通过服务器和互联网被用户所使用。为了保证数据的实时更新,项目设计中还需要设置传感器数据采集任务的执行时长,如分钟传一次数据等。

远程传感器数据采集程序逻辑流程设计如图 5-2 所示。

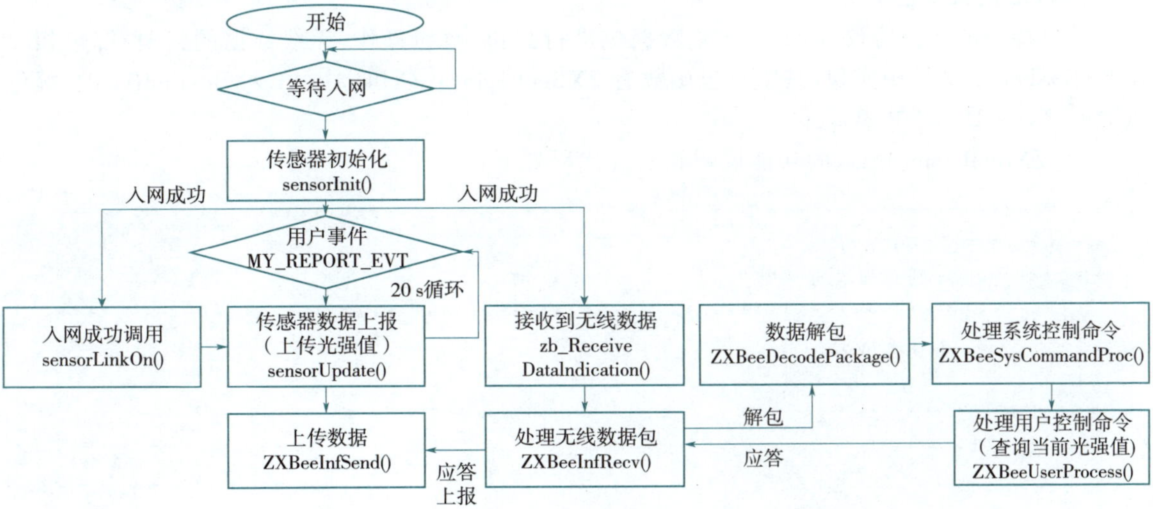

图 5-2　数据采集程序流程

(二)无线数据包收发

无线数据的收发处理在 zxbee-inf.c 文件中实现,包括 ZigBee 无线数据的收/发处理函数(ZXBeeInfSend()和 ZXBeeInfRecv())。

(1)ZXBeeInfSend()函数的具体实现代码如下:

```
/********************************************************************
* 名称:ZXBeeInfSend()
* 功能:节点发送无线数据包给汇集节点
* 参数:*p-- 要发送的无线数据包
********************************************************************/
void ZXBeeInfSend(char*p,int len)
{
    HalLedSet(HAL_LED_1,HAL_LED_MODE_OFF);
    HalLedSet(HAL_LED_1,HAL_LED_MODE_BLINK);
    zb_SendDataRequest(0,0,len,(uint8* )p,0,0/* AF_ACK_REQUEST* /,AF_DEFAULT_
RADIUS);
}
```

(2)ZXBeeInfRecv()函数的具体实现代码如下

```
/********************************************************************
* 名称:ZXBeeInfRecv()
* 功能:节点收到无线数据包
* 参数:*pkg-- 收到的无线数据包
********************************************************************/
void ZXBeeInfRecv(char*pkg,int len)
{
  char*p = ZXBeeDecodePackage(pkg,len);    //对接收到的无线数据包进行解析,并返回
应答的数据包
  if(p ! = NULL) {
    ZXBeeInfSend(p,strlen(p));          //将返回的应答数据包发送给汇集节点
  }
}
```

(三)无线数据包解析

针对特定的通信协议,需要对无线数据包进行封包、解包操作,无线数据的封包/解包相关函数在 zxbee.c 文件中实现,其中封包函数有 ZXBeeBegin()、ZXBeeAdd()、ZXBeeEnd(void);解包函数有 ZXBeeDecodePackage()。

(1)ZXBeeBegin()函数的功能说明和实现代码如下:

```
/********************************************************************
* 名称:ZXBeeBegin()
* 功能:ZXBee 通信协议的帧头“{”
********************************************************************/
int8 ZXBeeBegin(void)
{
  wbuf[0] = '{';                    //添加帧头“{”
  wbuf[1] = '\0';
  return 1;
}
```

（2）ZXBeeEnd()函数的功能说明和实现代码如下：

```
/*************************************************************************
* 名称:ZXBeeEnd()
* 功能:ZXBee 通信协议的数据包添加结束帧"}",并返回封包后的数据包指针
* 参数:wbuf-- 返回封包后的数据包指针
*************************************************************************/
char* ZXBeeEnd(void)
{
  int offset = strlen(wbuf);
  wbuf[offset-1] = '}';                    //添加帧尾"}"
  wbuf[offset] = '\0';                     //添加数据包结束符
  if(offset >2) return wbuf;
  return NULL;
}
```

（3）ZXBeeAdd()函数的功能说明和实现代码如下：

```
/*************************************************************************
* 名称:ZXBeeAdd()
* 功能:ZXBee 通信协议的数据包中添加数据
* 参数:tag-- 变量;val-- 值
* 返回:len-- 数据长度
*************************************************************************/
int8 ZXBeeAdd(char* tag,char* val)
{
   sprintf(&wbuf[strlen(wbuf)],"% s=% s,",tag,val);  //添加数据包键值对
   return strlen(wbuf);
}
```

（4）ZXBeeDecodePackage()函数的功能说明和实现代码如下：

```
/*************************************************************************
* 名称:ZXBeeDecodePackage()
* 功能:对接收到的无线数据包进行解包
* 参数:pkg-- 数据  len-- 数据长度
* 返回:p-- 返回的数据包
* 修改:
* 注释:
*************************************************************************/
char* ZXBeeDecodePackage(char*pkg,int len)
{
  char*p;
  char*ptag = NULL;
  char*pval = NULL;

  if(pkg[0] ! = '{'||pkg[len-1] ! = '}') return NULL;  //判断数据帧头帧尾格式
  ZXBeeBegin();                                         //为返回的命令响应添加帧头
  pkg[len-1] = 0;
  p = pkg+1;                                            //将数据包去掉帧头帧尾
  do {
```

```
        ptag = p;
        p = strchr(p,'=');                          //判断键值对内的"="
        if(p ! = NULL) {
          *p++ = 0;                                 //提取"="左边 ptag
          pval = p;                                 //指针指向 pval
          p = strchr(p,',');                        //判断数据包内键值对分隔符","
         if(p ! = NULL)*p++ = 0;                    //提取"="右边 pval
         int ret;
         ret = ZXBeeSysCommandProc(ptag,pval);   //将提取出来的键值对命令,发送给系统函
数处理
         if(ret < 0) {
             ret = ZXBeeUserProcess(ptag,pval);  //将提取出来的键值对命令,发送给用户函
数处理
         }
        }
     } while(p ! = NULL);                           //当数据包未解析完,则继续循环
     p = ZXBeeEnd();                                //为返回的命令响应添加帧尾
     return p;
   }
```

任务引导与步骤

三、农业光照系统

(一)农业光照系统设计

农业光照系统是智慧农业应用中的一个子系统,主要实现对农作物生长环境中的光强进行定时监测,以便掌握植物生产环境的跟踪和追溯,为农作物后期数据分析提供依据。

农业光照系统采用 ZigBee 无线传感网技术,通过部署光照传感器和 ZigBee 无线节点,将采集到的数据通过智能网关发送到物联网云平台,最终通过智慧农业应用系统进行光强数据的采集和数据展现,如图 5-3 所示。

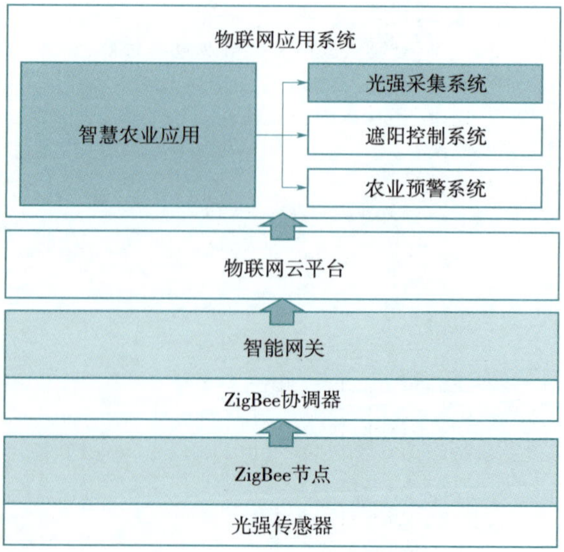

图 5-3　农业光照系统

本任务的目标是:智慧农业中节点的环境信息采集与数据定时上报是农业物联网中的重要环节,以农业光强信息采集为例学习在应用接口下的传感器数据开发,学习并掌握数据上报逻辑和应用接口的使用。

1. 硬件功能设计

根据前面的分析,为了实现对农业物联网项目数据上报情况的模拟,硬件中使用了光照传感器作为光强信息的来源,通过光照传感器定时获取光强信息并上报,以此完成数据发送。

农业光强信息采集硬件框图设计如图 5-4 所示。

从图 5-4 中可知，光照检测使用了外接传感器，外接传感器使用的是 BH1750，通过 IIC 总线与 CC2530 ZigBee 芯片进行通信，BH1750 传感器硬件原理图如图 5-5 所示。

图 5-5 中 BH1750 传感器采用 IIC 总线，其中 SCL 连接到 CC2530 单片机的 P0_0 端口，SDA 连接 CC2530 单片机的 P0_1 端口。

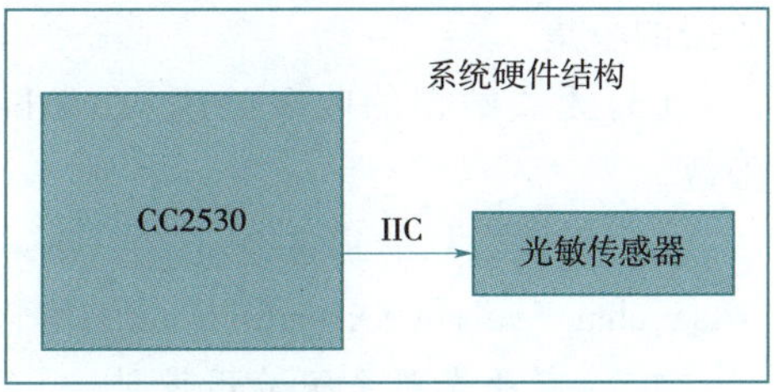

图 5-4 农业光照系统节点硬件示意图

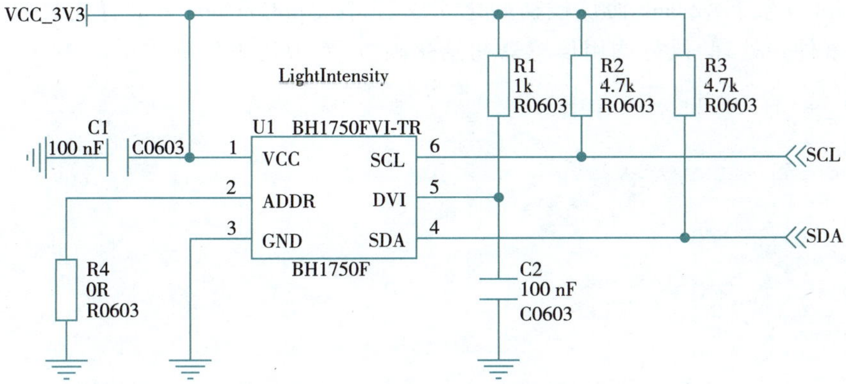

图 5-5 光强传感器硬件原理图

2. 软件协议设计

光强传感器节点 ZigBeeLightIntensity 工程实现了农业光强采集系统，该程序实现了以下功能：

（1）节点入网后，每隔 20 s 上行上传一次光强传感器数值。

（2）应用层可以下行发送查询命令读取最新的光强传感器数值。

ZigBeeLightIntensity 工程采用类 JOSN 格式的通信协议（{[参数]=[值]，{[参数]=[值]，……}），具体见表 5-3。

表 5-3 光强传感器通信协议

数据方向	协议格式	说明
上行（节点往应用发送数据）	{lightIntensity=X}	X 表示采集的光强值
下行（应用往节点发送指令）	{lightIntensity=?}	查询光强值，返回：{lightIntensity=X}，X 表示采集的光强值

（二）农业光照系统程序分析

光强传感器节点 ZigBeeLightIntensity 工程采用智云传感器驱动框架开发，实现了光强传感器的定时上报、光强传感器数据的查询、无线数据包的封包解包等功能。下面详细分析农业光强采集系统的采集类传感器的程序逻辑：

（1）传感器应用部分：在 sensor. c 文件中实现，包括光强传感器硬件初始化（sensorInit()）、光强传感器节点入网调用（sensoLinkOn()）、光强传感器数值上报（sensoUpdate()）、处理下行的用户命令（ZXBeeUserProcess()）、用户事件（MyEventProcess()）。

（2）光强传感器驱动：在 BH1750. c 文件中实现，通过调用 IIC 驱动实现对光强传感器实时数据的采集。

(3)无线数据的收发处理:在 zxbee-inf.c 文件中实现,包括 ZigBee 无线数据的收/发处理函数。

(4)无线数据的封包/解包在 zxbee.c 文件中实现,封包函数有 ZXBeeBegin()、ZXBeeAdd(char * tag,char * val)和 ZXBeeEnd(void);解包函数为 ZXBeeDecodePackage(char * pkg,int len)。

(三)农业光照系统应用设计

农业光照系统属于采集类传感器应用,主要完成传感器数据的循环上报。

1. 光强传感器硬件初始化

ZStack sapi 框架下,ZStack 协议栈初始化完成后,在 AppCommon.c 文件内接收 ZB_ENTRY_EVENT 系统事件并处理,执行调用传感器初始化函数,实现代码如下:

```
void zb_HandleOsalEvent(uint16 event)
{
  if(event & ZB_ENTRY_EVENT) {
……
sensorInit();                                              //传感器初始化
  }
……
}
```

在 sensor.c→sensorInit()函数中实现光强传感器的硬件初始化,实现代码如下:

```
void sensorInit(void)
{
  bh1750_init();                                           //光强传感器初始化

  //启动定时器,触发传感器上报数据事件:MY_REPORT_EVT
  osal_start_timerEx(sapi_TaskID,MY_REPORT_EVT,(uint16)((osal_rand()% 10)*
1000));
}
```

2. 光强传感器数据循环上报

采集类传感器负责定时上报所采集的传感器数据,在 sensor.c→sensorInit()函数中初始化完传感器硬件后,启动一个定时器来触发循环事件 MY_REPORT_EVT,在 MY_REPORT_EVT 事件触发后,进入到 AppCommon.c→zb_HandleOsalEvent()函数,触发用户事件,并调用 sensor.c→MyEventProcess(event)函数,该函数内调用 sensorUpdate()进行光强传感器数据上报,并再次启动一个定时器来触发循环事件 MY_REPORT_EVT,实现光强传感器数据的循环上报,实现代码如下:

```
void MyEventProcess(uint16 event)
{
  if(event & MY_REPORT_EVT) {
  sensorUpdate();                                          //传感器数据定时上报
    //启动定时器,触发事件:MY_REPORT_EVT
    osal_start_timerEx(sapi_TaskID,MY_REPORT_EVT,20* 1000);
  }
}
```

在 sensor. c 文件中实现光强传感器的数据上报 sensorUpdate(),再调用 updateLightIntensity()函数更新光强数据,并通过 ZXBeeBegin()、ZXBeeAdd(char * tag,char * val)、ZXBeeEnd(void)函数实现对数据的封包,最后调用 zxbee-inf. c→ZXBeeInfSend(char * p,int len)函数将数据包发送给应用,实现代码如下:

```
void sensorUpdate(void)
{
  char pData[16];
  char*p = pData;

  //光强度采集
  updateLightIntensity();
  ZXBeeBegin();                                   //智云数据帧格式包头

  //上报光强值
  sprintf(p,"% .1f",lightIntensity);
  ZXBeeAdd("lightIntensity",p);

  p = ZXBeeEnd();                                 //智云数据帧格式包尾
  if(p ! = NULL) {
    ZXBeeInfSend(p,strlen(p));                    //将需要上传的数据进行打包,并通过 zb_
SendDataRequest()发送到协调器
  }
  printf("sensor->sensorUpdate(): lightIntensity=% .1f\r\n",lightIntensity);
}
```

3. 光强传感器节点入网处理

光强传感器节点入网后,ZStack sapi 框架会进行入网确认处理 AppCommon. c→zb_StartConfirm(),再调用 sensor. c→sensorLinkOn()函数进行入网后光照传感器数据上报,实现代码如下:

```
void sensorLinkOn(void)
{
  sensorUpdate();
}
```

4. 处理无线下行控制命令

当 ZStack 协议栈接收到发送过来的下行数据包:AppCommon. c→zb_ReceiveDataIndication()函数,会调用 zxbee-inf. c→ZXBeeInfRecv()函数对无线数据的解包,并将解包后返回的应答数据包发送给应用层,实现代码如下:

```
void ZXBeeInfRecv(char*pkg,int len)
{
  char*p = ZXBeeDecodePackage(pkg,len);
  if(p ! = NULL) {
    ZXBeeInfSend(p,strlen(p));
  }
}
```

zxbee. c→ZXBeeDecodePackage()函数将接收到的无线数据包进行命令解析,并先调用 zxbee-sys-command. c→ZXBeeSysCommandProc()函数进行系统命令处理，最后再调用 sensor. c→ZXBeeUserProcess()函数进行用户命令处理，比如查询光强值命令，代码如下：

```
int ZXBeeUserProcess(char*ptag,char*pval)
{
  int ret = 0;
  char pData[16];
  char*p = pData;

  //控制命令解析
  if(0 == strcmp("lightIntensity",ptag)){
                                              //查询执行器命令编码
    if(0 == strcmp("?",pval)){
      updateLightIntensity();
      ret = sprintf(p,"%.1f",lightIntensity);
      ZXBeeAdd("lightIntensity",p);
    }
  }

  return ret;
}
```

（四）农业光照系统驱动设计

BH1750FVI 是一种用于两线式串行总线接口的数字型光照强度传感器集成电路。这种集成电路可以根据收集的光线强度数据来调整液晶或者键盘背景灯的亮度。利用它的高分辨率可以探测较大范围的光照强度变化。其测量范围为 1～65 535 lx。BH1750FVI-TR 光敏传感器芯片如图 5-6 所示。

图 5-6　BH1750FVI-TR 光敏传感器芯片

BH1750FVI-TR 光敏传感器芯片有如下特点：

- 接近视觉灵敏度的光谱灵敏度特性（峰值灵敏度波长典型值：560 nm）。
- 对应广泛的输入光范围（相当于 1～65 535 lx）。
- 光源依赖性弱（白炽灯、荧光灯、卤素灯、白光 LED、日光灯）。
- 能测量 1.1 lx 到 100 000 lx 每分钟的范围。
- 受红外线影响很小。

依 BH1750FVI-TR 光敏传感器芯片的工作而定参数见表 5-4。

表 5-4　BH1750FVI-TR 光敏传感器工作环境范围

参　数	符　号	额　定　值	单　位
电源电压	Vmax	4.5	V
运行温度	Topr	−40～85	°C
存储温度	Tstg	40～100	°C
反向电源	Imax	7	mA
功耗损耗	Pd	260	mW

BH1750FVI-TR 光敏传感器芯片的运行条件见表 5-5。

表 5-5　BH1750FVI-TR 光敏传感器芯片运行条件

参　数	符　号	最小值	时　间	最大值	单　位
VCC 电压	VCC	2.4	3	3.6	V
I^2C 参考电压	VDVI	1.65	—	VCC	V

BH1750FVI-TR 光敏传感器有五个引脚，分别是：电源（VCC）、地（GN）、设备地址引脚（DVI）、时钟引脚（SCL）、数据引脚（SDA）。DVI 接电源或接地决定了不同的设备地址（接电源时为 0x47，接地时为 0x46）。BH1750FVI-TR 传感器工作原理如图 5-7 所示。

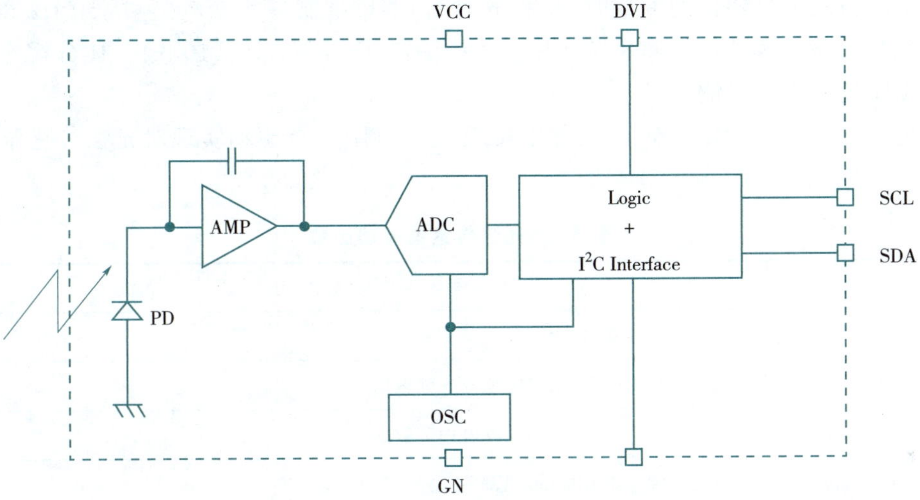

图 5-7　BH1750FVI-TR 传感器框图

从结构框图可容易看出，外部光照被接近人眼反应的高精度光敏二极管 PD 探测到后，通过集成运算放大器 PD 电流转换为 PD 电压，由模数转换器获取 16 位数字数据，然后被逻辑和 IC 界面进行数据处理与存储。OSC 为内部的振荡器提供内部逻辑时钟，通过相应的指令操作即可读取出内部存储的光照数据。数据传输使用标准的 I2C 总线，按照时序要求操作起来也非常方便。各种模式的指令集见表 5-6。

表 5-6　BH1750FVI-TR 光敏传感器芯片的操作指令

指　令	功能代码	注　释
断电	0000_0000	无激活状态
通电	0000_0001	等待测量指令
重置	0000_0111	重置数字寄存器值，重置指令在断电模式下不起作用
连续 H-分辨率模式 1	0001_0000	在 1 lx 分辨率下开始测量，测量时间一般为 120 ms
连续 H-分辨率模式 2	0001_0001	在 0.5 lx 分辨率下开始测量，测量时间一般为 120 ms
连续 L-分辨率模式	0001_0011	在 4 lx 分辨率下开始测量，测量时间一般为 120 ms
一次 H-分辨率模式 1	0010_0000	在 1 lx 分辨率下开始测量，测量时间一般为 120 ms，测量后自动设置为断电模式

续上表

指　　令	功能代码	注　　释
一次 H-分辨率模式 2	0010_0001	在 0.5 lx 分辨率下开始测量,测量时间一般为 120 ms,测量后自动设置为断电模式
一次 L-分辨率模式	0010_0011	在 4 lx 分辨率下开始测量,测量时间一般为 120 ms,测量后自动设置为断电模式
改变测量时间(高位)	01000_MT[7,6,5]	改变测量时间
改变测量时间(低位)	011_MT[4,3,2,1,0]	改变测量时间

H 分辨率模式下足够长的测量时间(积分时间)能够抑制一些噪声(包括 50 Hz/60 Hz 光噪声)。同时,H 分辨率模式的分辨率为 1 lx,适用于黑暗场合下(少于 10 lx)。H 分辨率模式 2 同样适用于黑暗场合下的检测。

光强传感器驱动:在 BH1750.c 文件中实现,通过调用 IIC 驱动实现对光强传感器实时数据的采集见表 5-7。

表 5-7　光强传感器驱动函数

函数名称	函数说明
bh1750_init()	光强传感器 BH1750 初始化
bh1750_get_data()	获取光强传感器 BH1750 实时光强数据
bh1750_read_nbyte()	连续读出光强传感器 BH1750 内部数据
bh1750_send_byte()	向光强传感器 BH1750 内部写入控制命令

(1)光强传感器硬件初始化

光强传感器 BH1750 通过 IIC 与 CC2530 连接,硬件初始化主要是进行 IIC 总线初始化,实现代码如下:

```
/*******************************************************************
* 名称:bh1750_init()
* 功能:初始化 BH1750
* 参数:无
* 返回:无
* 修改:
* 注释:
*******************************************************************/
void bh1750_init()
{
  iic_init();
}
/*******************************************************************
* 名称:iic_init()
* 功能:I2C 初始化函数
* 参数:无
```

```
* 返回:无
* 修改:
* 注释:
*************************************************************************/
void iic_init(void)
{
  P0SEL &= ~0x03;                         //设置 P0_0/P0_1 为普通 IO 模式
  P0DIR |= 0x03;                          //设置 P0_0/P0_1 为输出模式
  SDA = 1;                                //拉高数据线
  iic_delay_us(10);                       //延时 10 us
  SCL = 1;                                //拉高时钟线
  iic_delay_us(10);                       //延时 10 us
}
```

(2)获取光强传感器光强数值,函数功能与实现代码如下:

```
/*************************************************************************
* 名称:bh1750_get_data()
* 功能:BH1750 数据处理函数
* 参数:无
* 返回:处理结果
* 修改:
* 注释:
*************************************************************************/
float bh1750_get_data(void)
{
  uchar*p=buf;
  bh1750_init();                          //初始化 BH1750
  bh1750_send_byte(0x46,0x01);            //power on
  bh1750_send_byte(0x46,0X20);            //H-resolution mode
  delay_ms(180);                          //延时 180ms
  bh1750_read_nbyte(0x46,p,2);            //连续读出数据,存储在 BUF 中
  unsigned short x = buf[0]<<8 | buf[1];
  return x/1.2;
}
```

(3)通过 IIC 读取 BH1750 内部数据,函数功能与实现代码如下:

```
/*************************************************************************
* 名称:bh1750_read_nbyte()
* 功能:连续读出 BH1750 内部数据
* 参数:无
* 返回:应答或非应答信号
* 修改:
* 注释:
*************************************************************************/
uchar bh1750_read_nbyte(uchar sla,uchar* s,uchar no)
{
  uchar i;
  iic_start();                                    //起始信号
```

```
    if(iic_write_byte(sla+1) == 0){                        //发送设备地址+读信号
      for(i=0; i<no-1; i++){                               //连续读取 6 个地址数据,存储中 BUF
        * s=iic_read_byte(0);
        s++;
      }
      * s=iic_read_byte(1);
    }
    iic_stop();
    return(1);
  }
```

(4)通过 IIC 写入 BH1750 内部数据,函数功能与实现代码如下:

```
  /***************************************************************************
  * 名称:bh1750_send_byte()
  * 功能:向无子地址器件发送字节数据函数,从启动总线到发送地址,数据,结束总线的全过程,从器件
地址 sla,使用前必须已结束总线
  * 参数:无
  * 返回:如果返回 1 表示操作成功,否则操作有误
  * 修改:
  * 注释:
  ***************************************************************************/
  uchar bh1750_send_byte(uchar sla,uchar c)
  {
    iic_start();                                         //启动总线
    if(iic_write_byte(sla) == 0){                        //发送器件地址
      if(iic_write_byte(c) == 0){                        //发送数据
      }
    }
    iic_stop();                                          //结束总线
    return(1);
  }
```

任务小结

ZigBee 网络的数据发送有很多的应用场合,如环境监测站、大棚光照调节、城市环境监测等。数据发送方式的格式多种多样,但要实现收发双方对数据的有效识别,需要在两者之间建立一套通信协议,用来约定收发的内容信息。在一套约定好的数据通信协议下才能实现有效的数据收发。

任务二　开发 ZigBee 农业遮阳系统

任务描述

本任务主要讲述物联网控制类节点的程序开发,通过设计基于 ZigBee 农业遮阳系统,理解 ZigBee 控制类传感器程序逻辑、智云控制类程序开发接口,以及农业遮阳控制系统程序开发。

任务分析

一、控制类程序逻辑分析

(一)控制类场景分析

ZigBee 无线网络的使用过程中尤为重要的功能之一就是能够实现远程设备控制。很多时候为了实际需要,需要对远程的电器设备进行控制,此时就需要用户通过发送控制指令,指令经由协调器发送至控制节点,控制节点通过处理相关的指令信息并执行指令内容,通过控制并反馈控制结果。

针对于控制节点,其主要的关注点还是要了解控制节点对设备控制是否有效,以及控制结果。控制类节点逻辑事件可分为两种,具体如下:

- 远程设备对节点发送控制指令,节点实时响应并执行操作。
- 远程节点发送查询指令后,节点实时响应并反馈设备状态。

控制节点设备工作状态的实时上报流程如图 5-8 所示。

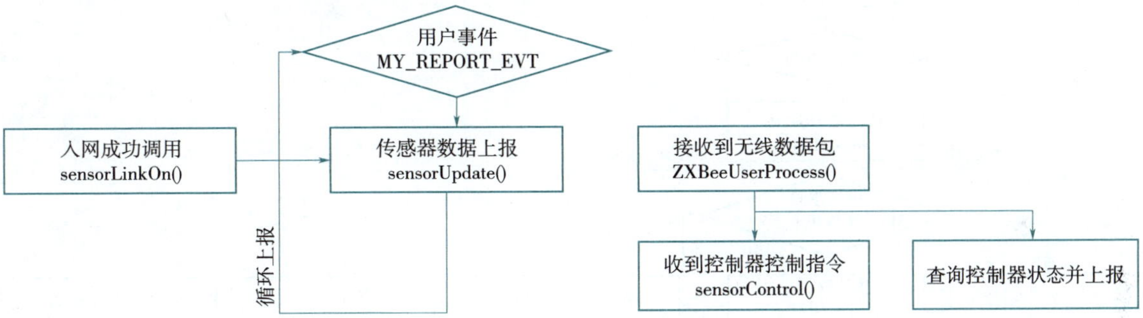

图 5-8　远程控制程序流程

(二)控制类协议设计

控制节点拥有两种操作逻辑事件,分别为设备远程控制和设备状态查询。

控制类程序协议设计仍然采用类 JSON 数据包格式。此处以 ZigBee 农业遮阳控制系统为例定义协议内容,约定协议见表 5-8。

表 5-8　控制类通信协议

数据方向	协议格式	说　明
上行(节点往应用发送数据)	{controlStatus = X}	X 表示控制器状态值
下行(应用往节点发送指令)	{controlStatus = ?}	查询控制器状态值,返回:{controlStatus = X},X 表示控制器状态值
下行(应用往节点发送指令)	{cmd = X}	发送控制指令,X 表示控制指令,节点根据设置进行相关控制器硬件操作

二、控制类程序接口分析

1. 传感器应用接口

传感器应用层程序在 sensor. c 文件中实现,控制类传感器接口包括控制器硬件初始化、控制器节点入网调用、控制器状态上报、控制器控制、处理下行的用户命令、用户事件等操作，具体函数与功能说明如下：

- sensorInit()函数下实现对用户对传感器设备的初始化和启动数据上报事件。
- sensorLinkOn()函数下用于处理当节点组网成功后需要执行的操作。
- sensorUpdate()函数下实现对控制器状态值的上报。
- sensorControl()函数通过接收到的控制指令对控制器硬件进行控制。
- ZXBeeUserProcess()函数下处理接收到的数据，并执行数据携带的操作指令。
- MyEventProcess()函数下实现对用户定义事件的启动和处理。

远程设备控制功能依附于无线传感网络之上，在无线传感网络建立完成后，才能够进行无线节点所携带的传感器的初始化。初始化完成后需要初始化系统用户应用的系统任务，接着等待远程应用发送控制指令，当节点接收到控制指令时，通过约定的数据协议对数据内容进行解包，解包完成后根据指令信息对相应的传感器设备进行控制，待控制结束后将反馈指令通过数据协议打包返送给远程服务器，用户接收到反馈指令后知晓远程控制指令执行完成。

远程传感器控制系统程序逻辑流程设计如图 5-9 所示。

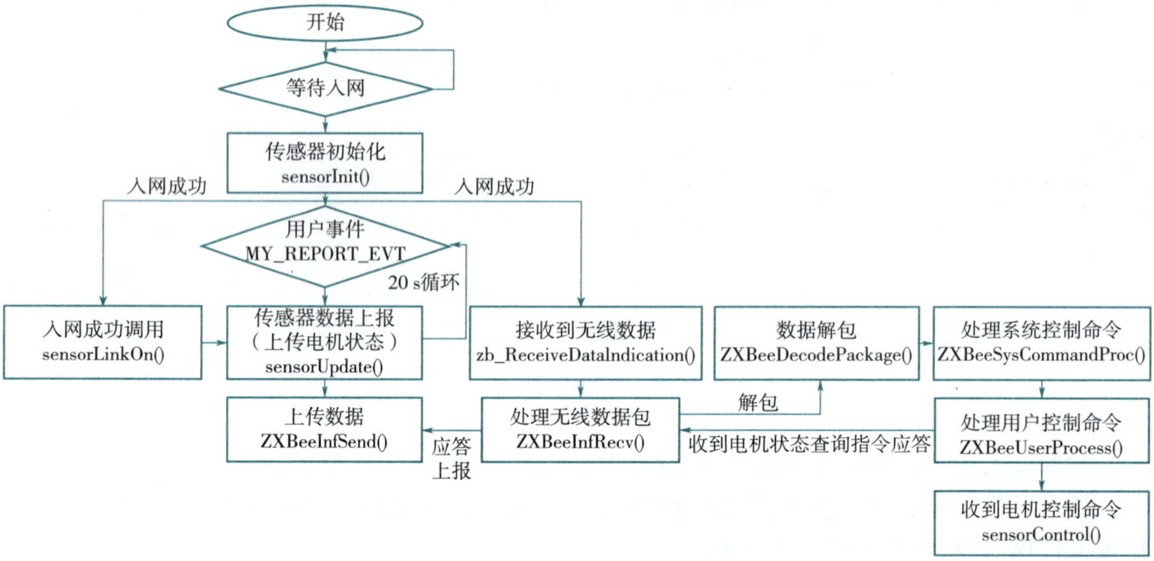

图 5-9 控制类传感器程序流程

2. 无线数据包收发

无线数据的收发处理在 zxbee-inf. c 文件中实现，包括 ZigBee 无线数据的收/发处理函数。

(1) ZXBeeInfSend()函数的功能与实现代码如下：

```
/*********************************************************************
* 名称:ZXBeeInfSend()
* 功能:节点发送无线数据包给汇集节点
* 参数:*p-- 要发送的无线数据包
* 返回:
* 修改:
* 注释:
*********************************************************************/
```

```
void ZXBeeInfSend(char*p,int len)
{
    HalLedSet(HAL_LED_1,HAL_LED_MODE_OFF);
    HalLedSet(HAL_LED_1,HAL_LED_MODE_BLINK);
    zb_SendDataRequest(0,0,len,(uint8* )p,0,0/* AF_ACK_REQUEST* /,AF_DEFAULT_
RADIUS);
}
```

(2)ZXBeeInfRecv()函数的功能与实现代码如下：

```
/*********************************************************************
* 名称:ZXBeeInfRecv()
* 功能:节点收到无线数据包
* 参数:*pkg-- 收到的无线数据包
* 返回:
* 修改:
* 注释:
*********************************************************************/
void ZXBeeInfRecv(char*pkg,int len)
{
char*p = ZXBeeDecodePackage(pkg,len);     //对接收到的无线数据包进行解析,并返回应
答的数据包
  if(p ! = NULL) {
    ZXBeeInfSend(p,strlen(p));            //将返回的应答数据包发送给汇集节点
  }
}
```

3. 无线数据包解析

针对特定的通信协议，需要对无线数据包进行封包、解包操作，无线数据的封包/解包相关函数在 zxbee. c 文件中实现，其中封包函数为 ZXBeeBegin()、ZXBeeAdd()、ZXBeeEnd(void)；解包函数为 ZXBeeDecodePackage()。

(1)ZXBeeBegin()函数的功能与实现代码如下：

```
/*********************************************************************
* 名称:ZXBeeBegin()
* 功能:ZXBee 通信协议的帧头"{"
* 参数:
* 返回:
* 修改:
* 注释:
*********************************************************************/
int8 ZXBeeBegin(void)
{
  wbuf[0] = '{';                          //添加帧头"{"
  wbuf[1] = '\0';
  return 1;
}
```

(2)ZXBeeEnd()函数的功能与实现代码如下：

```
/*********************************************************************
* 名称:ZXBeeEnd()
* 功能:ZXBee 通信协议的数据包添加结束帧“}”,并返回封包后的数据包指针
* 参数:wbuf-- 返回封包后的数据包指针
* 返回:
* 修改:
* 注释:
*********************************************************************/
char* ZXBeeEnd(void)
{
  int offset = strlen(wbuf);
  wbuf[offset-1] = '}';                    //添加帧尾“}”
  wbuf[offset] = '\0';                     //添加数据包结束符
  if(offset >2) return wbuf;
  return NULL;
}
```

(3)ZXBeeAdd()函数的功能与实现代码如下：

```
/*********************************************************************
* 名称:ZXBeeAdd()
* 功能:ZXBee 通信协议的数据包中添加数据
* 参数:tag-- 变量;val-- 值
* 返回:len-- 数据长度
* 修改:
* 注释:
*********************************************************************/
int8 ZXBeeAdd(char* tag,char* val)
{
  sprintf(&wbuf[strlen(wbuf)],"% s=% s,",tag,val);  //添加数据包键值对
  return strlen(wbuf);
}
```

(4)ZXBeeDecodePackage()函数的功能与实现代码如下：

```
/*********************************************************************
* 名称:ZXBeeDecodePackage()
* 功能:对接收到的无线数据包进行解包
* 参数:pkg-- 数据  len-- 数据长度
* 返回:p-- 返回的数据包
* 修改:
* 注释:
*********************************************************************/
char* ZXBeeDecodePackage(char*pkg,int len)
{
  char*p;
  char*ptag = NULL;
  char*pval = NULL;
```

```
    if(pkg[0]! = '{'||pkg[len-1] ! = '}') return NULL;  //判断数据帧头帧尾格式

    ZXBeeBegin();                                        //为返回的命令响应添加帧头

    pkg[len-1] = 0;
    p = pkg+1;                                           //将数据包去掉帧头帧尾
    do {
      ptag = p;
      p = strchr(p,'=');                                 //判断键值对内的"="
      if(p ! = NULL) {
        *p++ = 0;                                        //提取"="左边 ptag
        pval = p;                                        //指针指向 pval
        p = strchr(p,',');                               //判断数据包内键值对分隔符","
        if(p ! = NULL)*p++ = 0;                          //提取"="右边 pval
        int ret;
        ret = ZXBeeSysCommandProc(ptag,pval);            //将提取出来的键值对命令,发
送给系统函数处理
        if(ret < 0) {
            ret = ZXBeeUserProcess(ptag,pval);           //将提取出来的键值对命令,发
送给用户函数处理
        }
      }
    } while(p ! = NULL);                                 //当数据包未解析完,则继续循环
    p = ZXBeeEnd();                                      //为返回的命令响应添加帧尾

    return p;
  }
```

任务引导与步骤

三、农业遮阳系统

(一)农业遮阳系统设计

农业遮阳系统是智慧农业应用中的一个子系统,主要实现对农业大棚遮阳电机的远程控制,实现对农业大棚遮阳、遮雨、避风等系统的管理。

农业遮阳系统采用 ZigBee 无线传感网技术,通过部署遮阳电机传感器和 ZigBee 无线节点,通过与智能网关组网并连接到物联网云平台,最终通过智慧农业应用系统中远程对遮阳电机的控制,如图 5-10 所示。

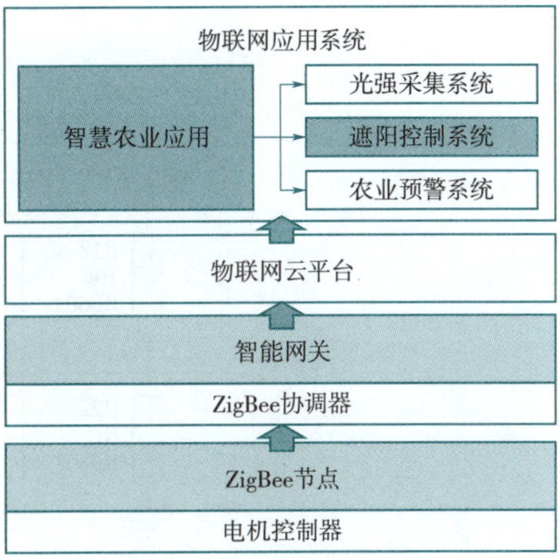

图 5-10　农业遮阳系统

(二)农业遮阳控制系统分析

该任务的目标是:智慧大棚系统中对环境调节设备节点的控制是维持大棚正常工作的重要环节,本节以遮阳电机控制系统为例,学习在应用接口下的控制

节点的程序开发，学习并掌握控制节点的操作逻辑和应用接口的使用。

为了满足对设备控制场景的模拟，基于 ZigBee 无线网的遮阳电机控制系统的 ZigBee 节点携带了步进电机受控设备。步进电机没有直接与 CC2530 ZigBee 芯片相连，步进电机直受电机驱动控制，电机驱动受 CC2530 控制。当远程控制设备发出控制指令时，节点能够执行指令并反馈控制结果信息。

整个遮阳电机控制系统的实现分为两个部分，分别为硬件功能设计和软件实现设计。下面对这两个部分分别进行讲解。

1. 硬件功能设计

根据前面的分析，为了实现对农业物联网项目设备控制情况的模拟，硬件中使用了步进电机，用于模拟对农业大棚遮阳电机的功能，步进电机受电机驱动控制，驱动受 CC2530 控制。遮阳电机控制系统硬件框图设计如图 5-11 所示。

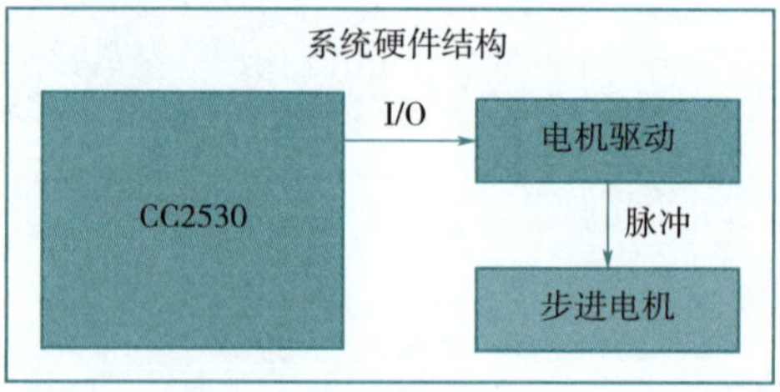

图 5-11　农业遮阳系统节点硬件示意图

从图 5-11 中可知，CC2530 直接驱动电机，实际上电机驱动受三根线控制，分别为使能、脉冲、方向信号线。电机驱动输出具有节奏的脉冲信号控制步进电机。电机驱动及步进电机原理图如图 5-12 所示。

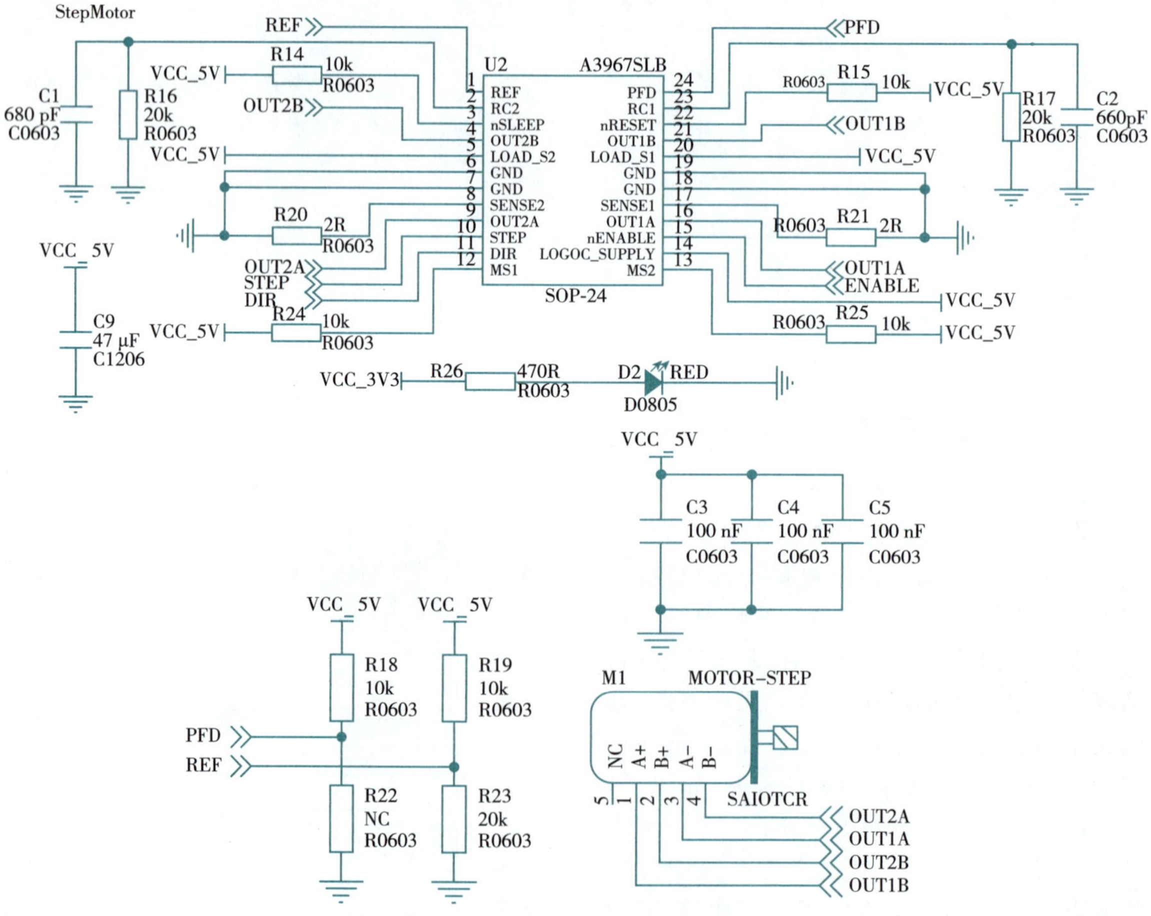

图 5-12　电机控制器硬件原理图

步进电机是一种脉冲节拍控制的高效可控电机，为了增强步进电机的电流驱动能力，需要使用相应的驱动芯片来对步进电机进行控制，因此电路使用了 A3967LSB 驱动芯片来驱动步进电机，那么，步进电机就由节拍控制更改为了三线控制，即使能信号线（ENALBE 连接到 CC2530 的 P0_2 引脚）、方向控制线（DIR 连接到 CC2530 的 P0_1 引脚）、脉冲控制线（STEP 连接到 CC2530 的 P0_0 引脚）。

2. 软件协议设计

电机控制器节点 ZigBeeMotor 工程实现了农业遮阳控制系统，该程序实现了以下功能：

- 节点入网后，每隔 20 s 上行上传一次电机控制器控制状态数值。
- 应用层可以下行发送查询命令查看电机控制器控制状态。
- 应用层可以下行发送控制命令让电机控制器进行对应的控制操作。

ZigBeeMotor 工程同样采用类 JSON 格式的通信协议，具体见表 5-9。

表 5-9 电机通信协议

数据方向	协议格式	说明
上行（节点往应用发送数据）	{motorStatus=X}	X 为 1 表示电机正转状态，X 为 0 表示电机反转状态
下行（应用往节点发送指令）	{motorStatus=?}	查询当前电机状态，返回：{motorStatus=X}，X 为 1 表示电机正转状态，X 为 0 表示电机反转状态
下行（应用往节点发送指令）	{cmd=X}	电机控制指令，X 为 1 表示控制电机正转，X 为 0 表示控制电机反转

（三）农业遮阳系统程序分析

电机传感器节点 ZigBeeMotor 工程采用智云传感器驱动框架开发，实现了电机的远程控制、电机当前状态的查询、电机状态的循环上报、无线数据包的封/解包等功能。下面详细分析遮阳电机控制系统的控制类传感器的程序逻辑。

（1）传感器应用部分。在 sensor. c 文件中实现，包括电机传感器硬件初始化、电机传感器节点入网调用、电机传感器状态上报、电机传感器控制、处理下行的用户命令和用户事件。

（2）电机传感器驱动。在 stepmotor. c 文件中实现，实现电机硬件初始化、电机正转、电机反转等功能。

（3）无线数据的收发处理。在 zxbee-inf. c 文件中实现，包括 ZigBee 无线数据的收/发处理函数。

（4）无线数据的封/解包。在 zxbee. c 文件中实现，其中封包函数为 ZXBeeBegin()、ZXBeeAdd()、ZXBeeEnd()；解包函数为 ZXBeeDecodePackage()。

（四）农业遮阳系统应用设计

农业遮阳系统属于控制类传感器应用，主要完成远程传感器设备的下行控制。

（1）电机传感器硬件初始化

在 ZStack sapi 框架下，ZStack 协议栈初始化完成后，在 AppCommon. c 文件内接收 ZB_ENTRY_EVENT 系统事件并处理，执行调用传感器初始化函数，具体实现代码如下：

```
void zb_HandleOsalEvent(uint16 event)
{
  if(event & ZB_ENTRY_EVENT) {
……
sensorInit();                                              //传感器初始化
  }
……
}
```

在 sensor. c→sensorInit()函数中实现光强传感器的硬件初始化：

```
void sensorInit(void)
{
  //初始化遮阳电机代码
  stepmotor_init();                                              //遮阳电机初始化

  //启动定时器,触发传感器上报数据事件:MY_REPORT_EVT
  osal_start_timerEx(sapi_TaskID,MY_REPORT_EVT,(uint16)((osal_rand()% 10)*
1000));
}
```

(2)电机传感器状态循环上报

控制类传感器在一定间隔时间内上报一次当前的控制器状态,保持设备的在线状态通知。在 sensor. c→sensorInit()函数中初始化完传感器硬件后,启动一个定时器来触发循环事件 MY_REPORT_EVT,在 MY_REPORT_EVT 事件触发后,进入到 AppCommon. c→zb_HandleOsalEvent()函数,触发用户事件,并调用 sensor. c→MyEventProcess(event)函数,在该函数内调用 sensorUpdate()进行电机传感器状态上报,并再次启动一个定时器来触发循环事件 MY_REPORT_EVT,实现电机传感器状态的循环上报,具体实现代码如下：

```
void MyEventProcess(uint16 event)
{
  if(event & MY_REPORT_EVT) {
    sensorUpdate();                                              //传感器数据定时上报
    //启动定时器,触发事件:MY_REPORT_EVT
    osal_start_timerEx(sapi_TaskID,MY_REPORT_EVT,20* 1000);
  }
}
```

在 sensor. c 文件中实现电机传感器的状态上报,实现代码如下：

```
void sensorUpdate(void)
{
  char pData[16];
  char*p = pData;

  ZXBeeBegin();                                              //智云数据帧格式包头

  //更新 Motor 状态值
  sprintf(p,"% u",motorStatus);
  ZXBeeAdd("motorStatus",p);
```

```
    p = ZXBeeEnd();                                //智云数据帧格式包尾
    if(p ! = NULL) {
      ZXBeeInfSend(p,strlen(p));                   //将需要上传的数据进行打包操作,并通过
zb_SendDataRequest()发送到协调器
    }
  }
```

(3)电机传感器节点入网处理

电机传感器节点入网后,ZStack sapi 框架会进行入网确认处理 AppCommon. c→zb_StartConfirm(),再调用 sensor. c→sensorLinkOn()函数进行入网后电动机传感器状态上报,具体实现代码如下:

```
  void sensorLinkOn(void)
  {
    sensorUpdate();
  }
```

(4)处理无线下行控制命令

当 ZStack 协议栈接收到发送过来的下行数据包:AppCommon. c→zb_ReceiveDataIndication()函数,会调用 zxbee-inf. c→ZXBeeInfRecv()函数对无线数据的解包,并将解包后返回的应答数据包发送给应用层,具体实现代码如下:

```
  void ZXBeeInfRecv(char*pkg,int len)
  {
    char*p = ZXBeeDecodePackage(pkg,len);
    if(p ! = NULL) {
      ZXBeeInfSend(p,strlen(p));
    }
  }
```

zxbee. c→ZXBeeDecodePackage()函数将接收到的无线数据包进行命令解析,并先调用 zxbee-sys-command. c→ZXBeeSysCommandProc()函数进行系统命令处理,最后再调用 sensor. c→ZXBeeUserProcess()函数进行用户命令处理,在该函数内实现了当前电动机状态的查询、电动机控制指令的处理等,具体实现代码如下:

```
  int ZXBeeUserProcess(char*ptag,char*pval)
  {
    int val;
    int ret = 0;
    char pData[16];
    char*p = pData;

    //将字符串变量 pval 解析转换为整型变量赋值
    val = atoi(pval);
    //控制命令解析
    if(0 == strcmp("cmd",ptag)){                      //遮阳电动机的控制命令
      sensorControl(val);
    }
    if(0 == strcmp("motorStatus",ptag)){              //查询执行器命令编码
```

```
    if(0== strcmp("?",pval)){
      ret = sprintf(p,"% u",motorStatus);
      ZXBeeAdd("motorStatus",p);
    }
  }

  return ret;
}
```

(5)电机传感器控制

在收到电机控制指令后,程序调用 sensor. c→sensorControl()函数进行处理,实现代码如下:

```
void sensorControl(uint8 cmd)
{
  //根据 cmd 参数处理对应的控制程序
  if(cmd == 1){
    if(motorStatus ! = 1) {                                   //遮阳电动机正转
      motorStatus = 1;
      forward(5000);
    }
  }
  else if(cmd == 0){
    if(motorStatus ! = 0) {                                   //遮阳电动机反转
      motorStatus= 0;
      reversion(5000);
    }
  }
}
```

(五)农业遮阳系统驱动设计

农业遮阳系统采用步进电机实现遮阳板的控制,本次步进电机使用的是 28BYJ-48 型四相五线步机电机,如图 5-13 所示。

图 5-13　五相四线步进电机

步进电机是一种将电脉冲转化为角位移的执行机构。当步进驱动器接收到一个脉冲信号,它就驱动步进电机按设定的方向转动一个固定的角度(及步进角)。可以通过控制脉冲来控制角位移量,从而达到准确定位的目的;同时,也可以通过控制脉冲频率来控制电机转动的速度和加速度,从而达到调速的目的。

28BYJ-48 型四相八拍电机,电压为 DC 5 V~DC 12 V。当对步进电机施加一系列连续不断的控制脉冲时,它可以连续不断地转动。每一个脉冲信号对应步进电机的某一相或两相,绕组的通电状态改变一次,也就对应转子转过一定的角度(一个步距角)。当通电状态的改变完成一个循环时,转子转过一个齿距。四相步进电机可以在不同的通电方式下运行,常见的通电方式有单(单相绕组通电)四拍(A-B-C-D-A),双(双相绕组通电)四拍(AB-BC-CD-DA-AB),八拍(A-AB-B-BC-C-CD-D-DA-A),如图 5-14 所示。

- 额定电压:DC 12 V(另有电压:5 V、6 V、24 V)。
- 相数:四相。

- 减速比：1/64（另有减速比：1/16、1/32）。
- 步距角：5.625°/64。
- 驱动方式：四相八拍。

接线端序号	导线颜色	分配顺序							
		1	2	3	4	5	6	7	8
5	红	+	+	+	+	+	+	+	+
4	橙	–	–						–
3	黄		–	–	–				
2	蓝				–	–	–		
1	棕						–	–	–

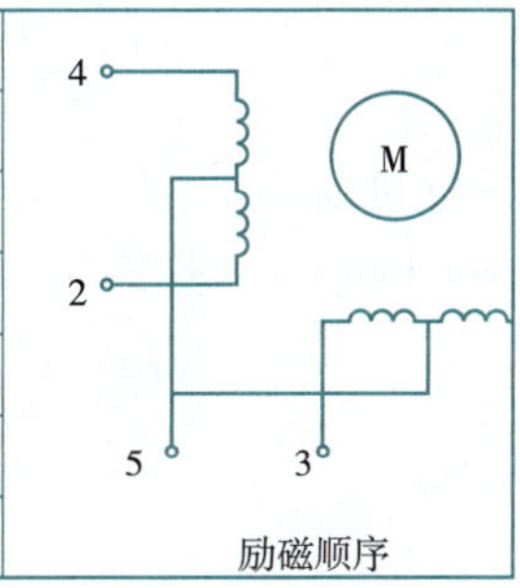

图 5-14 4-1-2 相电机驱动

电机传感器驱动在 stepmotor.c 文件中实现，主要实现电机控制器硬件初始化、电机正转、电机反转等功能，相关实现函数为 stepmotor_init()、forward()、reversion()和 step()。

（1）电机控制器硬件初始化

电机控制器硬件初始化使用函数 stepmotor_init()实现，函数功能和具体实现代码如下：

```
/*****************************************************************************
* 名称:stepmotor_init()
* 功能:初始化步进电机硬件 IO
* 参数:无
* 返回:无
* 修改:
* 注释:
*****************************************************************************/
void stepmotor_init(void)
{
  APCFG &= ~0x01;                                   //模拟 I/O 使能
  P0SEL &= ~0X07;                                   //配置 P0_0、P0_1、P0_2 为输出引脚
  P0DIR |= 0X07;
  PIN_EN = 1;
}
```

（2）控制步进电机正转

使用函数 forward()实现控制步进机正转，函数功能与具体实现代码如下：

```
/*****************************************************************************
* 名称:forward()
* 功能:电机正转
* 参数:无
* 返回:无
* 修改:
* 注释:
*****************************************************************************/
```

```
void forward(int data)
{
  dir = 0;                                                  //步进电机方向设置
  PIN_EN = 0;
  step(dir,data);                                           //启动步进电机
  PIN_EN = 1;
}
```

(3)控制步进电机反转

使用函数 reversion()实现控制步进机反转,函数功能与具体实现代码如下:

```
/*************************************************************************
* 名称:reversion()
* 功能:电机反转
* 参数:无
* 返回:无
* 修改:
* 注释:
*************************************************************************/
void reversion(int data)
{
  dir = 1;                                                  //步进电机方向设置
  PIN_EN = 0;
  step(dir,data);                                           //启动步进电机

  PIN_EN = 1;

}
```

(4)控制步进电机转动一次(单步)

使用函数 step()实现控制步进机转动一次(单步),函数功能与具体实现代码如下:

```
* 名称:step(int dir,int steps)
* 功能:电机单步
* 参数:int dir,int steps
* 返回:无
* 修改:
* 注释:
*************************************************************************/
void step(int dir,int steps)
{
  int i;
  if(dir) PIN_DIR = 1;                                      //步进电机方向设置
  else PIN_DIR = 0;
  delay_us(5);                                              //延时 5ms
  for(i=0; i<steps; i++){                                   //步进电机旋转
    PIN_STEP = 0;
  delay_us(80);
    PIN_STEP = 1;
  delay_us(80);
  }
}
```

任务小结

ZigBee网络下无线设备的远程控制有着众多的使用场景，如家居的灯光控制、工厂的排风扇、鱼塘的自动投食机等。设备远程控制的基本原则是保障远程控制指令能够有效执行，而判断执行的有效方法就是指令执行节点在执行操作后返回操作信息，以此保证控制指令的顺利下达和操作动作的切实执行。

思考与练习

1. ZigBee无线网络具有________、________、________的特性。

2. 现代化农业种植可以通过________物联网无线组网技术，实时地对农业生产现场的温湿度、光照、CO_2浓度等参数进行数据采集。

3. ________是指双方实体完成通信或服务所必须遵循的规则和约定。

4. 控制节点拥有两种操作逻辑事件，分别为设备远程________和设备状态________。

5. 采集类节点分为三种逻辑场景，分别为：________、________和________。

6. 远程传感器数据采集功能依附于________之上。

7. ZigBee无线网络的使用过程中最为重要的功能之一就是能够实现远程设备________。

8. 农业遮阳系统是智慧农业应用中的一个________，主要实现对农业大棚遮阳电机的远程控制，实现对农业大棚遮阳、遮雨、避风等系统的管理。

9. 简述智慧农业项目任务目标。

项目六

BLE在创意产品中的应用

学习目标

- 掌握 BLE 数据发送接口的使用。
- 掌握 BLE 数据协议设计。

任务一　开发 BLE 家庭湿度采集系统

任务描述

本任务主要讲述物联网采集类节点的程序开发，通过设计基于 BLE 家庭湿度采集系统，理解 BLE 采集类传感器程序逻辑、智云采集类程序开发接口，以及家庭湿度采集系统序开发。

任务分析

一、采集类程序逻辑分析

（一）采集类场景分析

BLE 无线网络的使用过程中尤为重要的功能之一是能够实现远程的数据传输，通过 BLE 无线节点将采集的数据通过 BLE 网络将大片区域的传感器数据在 BLE 主机汇总，并为数据分析和处理提供数据支持。

BLE 的远程数据采集有很多场景可以使用，例如，运动手环运动量采集、光照强度信息采集、无人机运动数据采集、3D 运动捕捉、家居空气质量采集等。BLE 无线网络的远程传感器数据采集使用场景众多，但要如何利用 BLE 无线网络实现远程传感器数据的采集程序设计呢？下面将对远程传感器数据采集程序逻辑进行分析。

数据采集的可以归纳为以下三种逻辑事件：

（1）节点定时采集数据并上报。

（2）节点接收到查询指令后立刻响应并反馈实时数据。

(3)能够远程设定节点传感器数据的更新时间。

(二)采集类协议设计

采集类程序协议设计同样采用类 JSON 数据包格式。

环境监测数据需要不断上报,因此设计随机数数据 2 s 发送一次。所以远程环境监测数据采集系统设计协议见表 6-1。

表 6-1　采集类通信协议

数据方向	协议格式	说明
上行(节点往应用发送数据)	{humidity=X}	X 表示采集的湿度值
下行(应用往节点发送指令)	{humidity =?}	查询湿度值,返回:{humidity =X},X 表示采集的湿度值

二、采集类程序接口分析

(一)程序接口分析

远程传感器数据采集功能依附于无线传感网络之上,在无线传感网络建立完成后,才能够进行无线节点所携带的传感器的初始化。初始化完成后,需要初始化系统用户应用的系统任务,此后每次任务执行都会采集一次传感器数据,并将传感器数据填入到设计好的数据协议中,等待数据通过无线传感网络发送至协调器,最终数据通过服务器和互联网被用户所使用。为了保证数据的实时更新,项目设计中还需要设置传感器数据采集任务的执行时长,如 20 s 传一次数据等。远程传感器数据采集程序逻辑流程设计如图 6-1 所示。

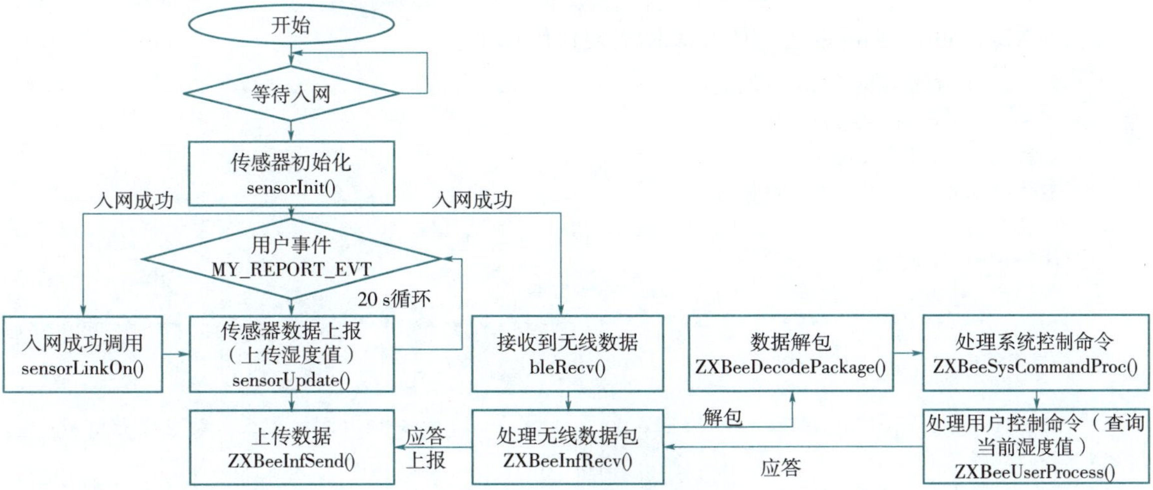

图 6-1　数据采集程序流程

上述程序设计流程中需要对无线网络进行配置,同时需要对用户任务进行配置,在用户任务配置的基础上还需要添加数据通信协议,整个过程较为复杂和烦琐。为了方便物联网无线传感网络的程序开发,使用企业设置的项目框架会让程序开发变得较为方便和快速。上一节就讲述了基于无线传感网络的智云框架结构,在此结构下程序开发方便快捷,易上手。

在智云框架下,用户无线节点应用程序均在 sensor. c 文件下进行。sensor. c 文件中设计的用户函数解释如下:

- sensorInit()函数下实现对用户传感器设备的初始化和启动数据上报事件。

- sensorLinkOn()函数下用于处理当节点组网成功后需要执行的操作。
- sensorUpdata()函数下实现对传感器数据的更新和更新数据的打包上报。
- MyEventProcess()函数下实现对用户定义事件的启动和处理。

通过对上述的函数内容进行合理填充可以实现快速的 BLE 项目开发。

在智云框架下,要实现远程传感器数据采集程序变得较为方便。程序中省略了无线节点组网和用户任务创建的烦琐过程,直接调用 sensor_inti()函数可以实现节点传感器的初始化,使用 sensorUpdate()函数实现传感器数据的更新。

(二)无线数据包收发

无线数据的收发处理在 zxbee-inf. c 文件中实现,包括 ZigBee 无线数据的收/发处理函数。

(1)ZXBeeInfSend()函数的功能和具体实现代码如下:

```
/*********************************************************************
* 名称:ZXBeeInfSend()
* 功能:节点发送无线数据包给汇集节点
* 参数:*p-- 要发送的无线数据包
* 返回:
* 修改:
* 注释:
*********************************************************************/
void ZXBeeInfSend(char*p,int len)
{
  bleSend(p,len);
}
```

(2)ZXBeeInfRecv()函数的功能和具体实现代码如下:

```
/*********************************************************************
* 名称:ZXBeeInfRecv()
* 功能:节点收到无线数据包
* 参数:*pkg-- 收到的无线数据包
* 返回:
* 修改:
* 注释:
*********************************************************************/
void ZXBeeInfRecv(char*pkg,int len)
{
  char* rdat = ZXBeeDecodePackage(pkg,len);     //对接收到的无线数据包进行解析,并
返回应答的数据包
  if(rdat! = NULL){
    ZXBeeInfSend(p,strlen(rdat));               //将返回的应答数据包发送给汇集节点
  }
}
```

(三)无线数据包解析

针对特定的通信协议,需要对无线数据包进行封包、解包操作,无线数据的封包、解包相关函数在 zxbee. c 文件中实现,其中封包函数为 ZXBeeBegin()、ZXBeeAdd()、ZXBeeEnd(void);解包函数为 ZXBeeDecodePackage()。

(1) ZXBeeBegin()函数的功能和实现代码如下：

```
/*************************************************************************
* 名称:ZXBeeBegin()
* 功能:ZXBee 通信协议的帧头"{"
* 参数:
* 返回:
* 修改:
* 注释:
*************************************************************************/
int8 ZXBeeBegin(void)
{
  wbuf[0] = '{';                                          //添加帧头"{"
  wbuf[1] = '\0';
  return 1;
}
```

(2) ZXBeeEnd()函数的功能和实现代码如下：

```
/*************************************************************************
* 名称:ZXBeeEnd()
* 功能:ZXBee 通信协议的数据包添加结束帧"}",并返回封包后的数据包指针
* 参数:wbuf-- 返回封包后的数据包指针
* 返回:
* 修改:
* 注释:
*************************************************************************/
char* ZXBeeEnd(void)
{
  int offset = strlen(wbuf);
  wbuf[offset-1] = '}';                                   //添加帧尾"}"
  wbuf[offset] = '\0';                                    //添加数据包结束符
  if(offset >2) return wbuf;
  return NULL;
}
```

(3) ZXBeeAdd()函数的功能和实现代码如下：

```
/*************************************************************************
* 名称:ZXBeeAdd()
* 功能:ZXBee 通信协议的数据包中添加数据
* 参数:tag-- 变量;val-- 值
* 返回:len-- 数据长度
* 修改:
* 注释:
*************************************************************************/
int8 ZXBeeAdd(char* tag,char* val)
{
  sprintf(&wbuf[strlen(wbuf)],"%s=%s,",tag,val);  //添加数据包键值对
  return strlen(wbuf);
}
```

(4) ZXBeeDecodePackage()函数的功能和实现代码如下：

```
/*********************************************************************
* 名称:ZXBeeDecodePackage()
* 功能:对接收到的无线数据包进行解包
* 参数:pkg-- 数据   len-- 数据长度
* 返回:p-- 返回的数据包
* 修改:
* 注释:
*********************************************************************/
char* ZXBeeDecodePackage(char*pkg,int len)
{
  char*p;
  char*ptag = NULL;
  char*pval = NULL;

  if(pkg[0] ! = '{'||pkg[len-1] ! = '}') return NULL; //判断数据帧头帧尾格式

  ZXBeeBegin();                                    //为返回的命令响应添加帧头
  pkg[len-1] = 0;
  p = pkg+1;                                       //将数据包去掉帧头帧尾
  do {
    ptag = p;
    p = strchr(p,'=');                             //判断键值对内的“=”
    if(p ! = NULL) {
      *p++ = 0;                                    //提取“=”左边 ptag
      pval = p;        //指针指向 pval
      p = strchr(p,',');                           //判断数据包内键值对分隔符“,”
      if(p ! = NULL)*p++ = 0;                      //提取“=”右边 pval
      int ret;
      ret = ZXBeeSysCommandProc(ptag,pval);        //将提取出来的键值对命令,发
送给系统函数处理
      if(ret < 0) {
          ret = ZXBeeUserProcess(ptag,pval);       //将提取出来的键值对命令,发
送给用户函数处理
      }
    }
  } while(p ! = NULL);                             //当数据包未解析完,则继续循环
  p = ZXBeeEnd();                                  //为返回的命令响应添加帧尾
  return p;
}
```

任务引导与步骤

三、家庭湿度采集系统

(一)家庭湿度采集设计

家庭湿度采集系统是智慧家庭应用中的一个子系统，主要实现对家庭室内湿度定时监测，以便掌握室内环境湿度。

家庭湿度采集系统采用 BLE 无线传感网技术，通过部署湿度传感器和 BLE 无线节点，将采集到的数据通过智能网关发送到物联网云平台，最终通过智慧家庭应用系统进行湿度数据的采集和呈现，如图 6-2 所示。

本任务目标是：以家庭湿度采集为例学习在应用接口下的传感器数据开发，学习并掌握数据上报逻辑和应用接口的使用。

整个湿度信息采集实例的实现分为两个部分，分别为硬件功能设计和软件实现设计。下面对这两个部分进行讲解。

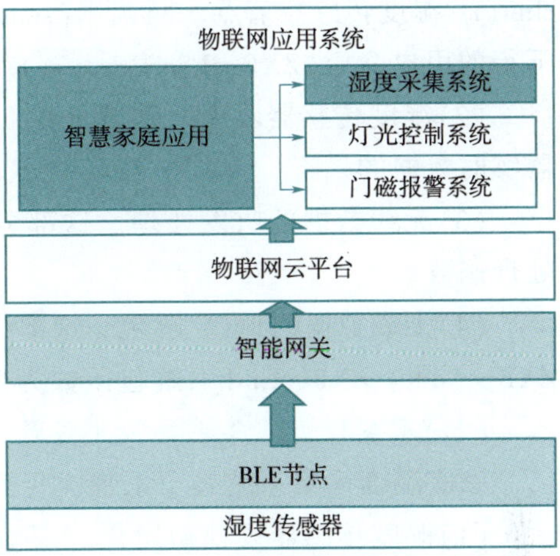

图 6-2　家庭湿度采集系统

1. 硬件功能设计

根据前面的分析，为了实现对家庭物联网项目数据上报情况的模拟，硬件中使用了湿度传感器作为湿度信息的来源，通过湿度传感器定时获取湿度信息并上报，以此完成数据发送。家庭湿度信息采集硬件框图设计如图 6-3 所示。

HTU21D 通过 IIC 引脚与 CC2540 BLE 芯片进行通信，HTU21D 传感器硬件原理图如图 6-4 所示。

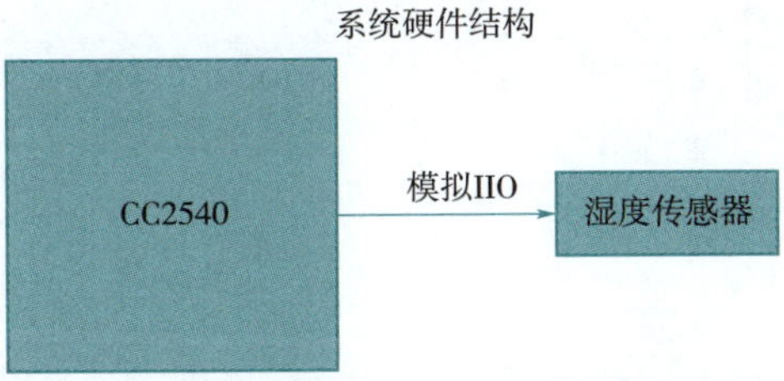

图 6-3　家庭湿度系统节点硬件示意图

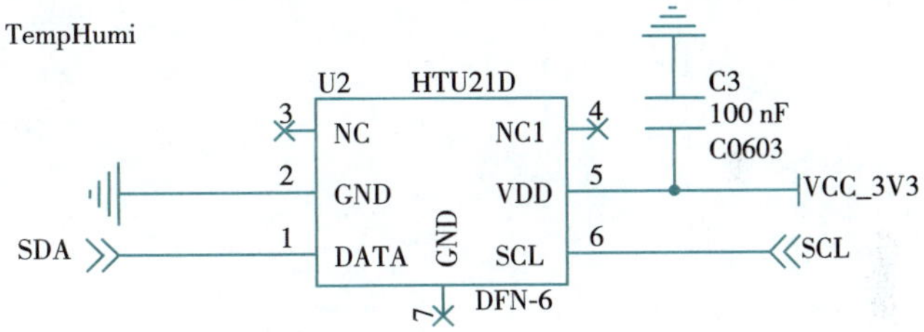

图 6-4　湿度传感器硬件原理图

2. 软件协议设计

湿度传感器节点 BLE-Humidity 工程实现了家庭湿度采集系统，该程序实现了以下功能：

（1）节点入网后，每隔 20 s 上行上传一次湿度传感器数值。

（2）应用层可以下行发送查询命令读取最新的湿度传感器数值。

BLEHumidity 工程采用类 JOSN 格式的通信协议，具体见表 6-2。

表 6-2　光强传感器通信协议

数据方向	协议格式	说明
上行（节点往应用发送数据）	{humidity=X}	X 表示采集的湿度值
下行（应用往节点发送指令）	{humidity =?}	查询湿度值，返回：{humidity =X}，X 表示采集的湿度值

（二）家庭湿度采集系统程序分析

湿度传感器节点 BLE-Humidity 工程采用智云传感器驱动框架开发，实现了湿度传感器的定时上报、湿度传感器数据的查询、无线数据包的封包/解包等功能。下面详细分析家庭湿度采集系统的采集类传感器的程序逻辑。

(1)传感器应用部分。这部分在 sensor. c 文件中实现,包括湿度传感器硬件初始化(sensorInit())、湿度传感器节点入网调用(sensoLinkOn())、湿度传感器数值上报(sensoUpdate())、处理下行的用户命令(ZXBeeUserProcess())、用户事件(MyEventProcess())。

(2)湿度传感器驱动。这部分在 htu21d. c 文件中实现,通过调用 IIC 驱动实现对湿度传感器实时数据的采集。

(3)无线数据的收发处理。这部分在 zxbee-inf. c 文件中实现,包括 BLE 无线数据的收/发处理函数。

(4)无线数据的封包/解包。这部分在 zxbee. c 文件中实现,其中封包函数为 ZXBeeBegin()、ZXBeeAdd()、ZXBeeEnd();解包函数为 ZXBeeDecodePackage()。

(三)家庭湿度采集系统应用设计

家庭湿度采集系统属于采集类传感器应用,主要完成传感器数据的循环上报。

(1)湿度传感器硬件初始化

BLE 协议栈框架下,BLE 协议栈初始化完成后,在 ZXBeeBLEPeripheral. c 文件内调用传感器初始化函数,具体实现代码如下:

```
void zb_SimpleBLEPeripheral_Init(uint8 task_id)
{
  #ifndef CC2540_Serial
    sensorInit();                                          //传感器初始化
#endif
  }
……
}
```

在 sensor. c→sensorInit()函数中实现湿度传感器的硬件初始化,实现代码如下:

```
void sensorInit(void)
{
htu21d_init();                                         //温湿度传感器初始化

  //启动定时器,触发传感器上报数据事件:MY_REPORT_EVT
  osal_start_timerEx(simpleBLEPeripheral_TaskID,MY_REPORT_EVT,(osal_rand()%
10)* 1000);
  }
```

(2)湿度传感器数据循环上报

采集类传感器负责定时上报所采集的传感器数据,在 sensor. c→sensorInit()函数中初始化完传感器硬件后,启动一个定时器来触发循环事件 MY_REPORT_EVT,在 MY_REPORT_EVT 事件触发后,进入到 ZXBeeBLEPeripheral. c→SimpleBLEPeripheral_ProcessEvent()函数,触发用户事件,并调用 sensor. c→MyEventProcess(event)函数,在该函数内调用 sensorUpdate()进行光强传感器数据上报,并再次启动一个定时器来触发循环事件 MY_REPORT_EVT,实现光强传感器数据的循环上报,具体实现代码如下:

```
void MyEventProcess(uint16 event)
{
  if(event &MY_REPORT_EVT) {
    sensorUpdate();                                              //传感器数据定时上报
    //启动定时器,触发事件:MY_REPORT_EVT
    osal_start_timerEx(sapi_TaskID,MY_REPORT_EVT,20* 1000);
  }
}
```

在 sensor. c 文件中实现湿度传感器的数据上报 sensorUpdate(),再调用 updateHumidity()函数更新湿度数据,并通过 ZXBeeBegin()、ZXBeeAdd(char * tag,char * val)、ZXBeeEnd(void)函数实现对数据的封包,最后调用 zxbee-inf. c→ZXBeeInfSend(char * p,int len)函数将数据包发送给应用,具体实现代码如下:

```
void sensorUpdate(void)
{
  char pData[16];
  char*p = pData;

  //湿度采集
  updateHumidity();
  ZXBeeBegin();                                        //智云数据帧格式包头

  //上报湿度值
  sprintf(p,"% .1f",humidity);
  ZXBeeAdd("humidity",p);

  p = ZXBeeEnd();                                      //智云数据帧格式包尾
  if(p ! = NULL) {
    ZXBeeInfSend(p,strlen(p));                         //将需要上传的数据进行打包,并通过 zb_
SendDataRequest()发送到网关
  }
  printf("sensor->sensorUpdate():humidity=% .1f\r\n",humidity);

}
```

(3)湿度采集传感器节点入网处理

湿度传感器节点入网后 BLE 协议栈框架会进行入网确认处理 ZXBeeBLEPeripheral. c→peripheralStateNotificationCB(),再调用 sensor. c→sensorLinkOn()函数进行入网后湿度传感器数据上报,实现代码如下:

```
void sensorLinkOn(void)
{
  sensorUpdate();
}
```

(4)处理无线下行控制命令

当 BLE 协议栈接收到发送过来的下行数据包:ble. inf. c→bleRecv()函数,会调用 zxbee-inf. c→ZXBeeInfRecv()函数对无线数据的解包,并将解包后返回的应答数据包发送给应用层,具体实现代码如下：

```
void ZXBeeInfRecv(char*pkg,int len)
{
  char*p = ZXBeeDecodePackage(pkg,len);
  if(p ! = NULL) {
    ZXBeeInfSend(p,strlen(p));
  }
}
```

zxbee. c→ZXBeeDecodePackage( )函数将接收到的无线数据包进行命令解析，并先调用 zxbee-sys-command. c→ZXBeeSysCommandProc()函数进行系统命令处理，最后再调用 sensor. c→ZXBeeUserProcess()函数进行用户命令处理，比如，查询湿度值命令，代码如下：

```
int ZXBeeUserProcess(char*ptag,char*pval)
{
  int ret = 0;
  char pData[16];
  char*p = pData;

  //控制命令解析
  if(0 == strcmp("lightIntensity",ptag)){                    //查询执行器命令编码
    if(0 == strcmp("?",pval)){
      updateLightIntensity();
      ret = sprintf(p,"% .1f",lightIntensity);
      ZXBeeAdd("lightIntensity",p);
    }
  }

  return ret;
}
```

(四)家庭湿度采集系统驱动设计

HTU21D 内部集成有一个数字处理芯片，可以将检测信息转换为湿度物理量，通过 IIC 总线与微处理器通信，通过相关通信协议微处理器可以通过 IIC 总线获取湿度信息。

HTU21D 的分辨率可以通过输入命令进行改变(8/12 bit 乃至 12/14 bit 的 RH/T 数据)，传感器可以检测到电池低电量状态，并且输出校验和，有助于提高通信的可靠性。HTU21D 湿度传感器芯片如图 6-5 所示。

图 6-5　HTU21D 湿度传感器芯片

(1)湿度传感器硬件初始化

HTU21D 硬件初始化主要是进行 IIC 总线初始化，实现代码如下：

```
/*********************************************************************
* 名称:htu21d_init()
* 功能:htu21d 初始化
* 参数:无
* 返回:无
```

```
* 修改:
* 注释:
*************************************************************************/
void htu21d_init(void)
{
  iic_init();                                        //I2C 初始化
  iic_start();                                       //启动 I2C
  iic_write_byte(HTU21DADDR&0xfe);                   //写 HTU21D 的 I2C 地址
  iic_write_byte(0xfe);
  iic_stop();                                        //停止 I2C
  //delay(600);                                      //短延时
}
/*************************************************************************
* 名称:iic_init()
* 功能:I2C 初始化函数
* 参数:无
* 返回:无
* 修改:
* 注释:
*************************************************************************/
void iic_init(void)
{
  P0SEL &= ~0x03;                                    //设置 P0_0/P0_1 为普通 IO 模式
  P0DIR |= 0x03;                                     //设置 P0_0/P0_1 为输出模式
  SDA = 1;                                           //拉高数据线
  iic_delay_us(10);                                  //延时 10 us
  SCL = 1;                                           //拉高时钟线
  iic_delay_us(10);                                  //延时 10 us
}
```

(2)获取湿度传感器湿度数值,函数功能与实现代码如下:

```
/*************************************************************************
* 名称:bh1750_get_data()
* 功能:BH1750 数据处理函数
* 参数:无
* 返回:处理结果
* 修改:
* 注释:
*************************************************************************/
float bh1750_get_data(void)
{
  uchar*p=buf;
  bh1750_init();                                     //初始化 BH1750
  bh1750_send_byte(0x46,0x01);                       //power on
  bh1750_send_byte(0x46,0X20);                       //H-resolution mode
  delay_ms(180);                                     //延时 180 ms
  bh1750_read_nbyte(0x46,p,2);                       //连续读出数据,存储在 BUF 中
  unsigned short x = buf[0]<<8 |buf[1];
  return x/1.2;
}
```

(3)通过 IIC 读取 HTU21D 内部数据,函数功能与实现代码如下:

```
/***********************************************************************
 * 名称:htu21d_get_data()
 * 功能:htu21d 测量温湿度
 * 参数:order-- 指令
 * 返回:temperature-- 温度值  humidity-- 湿度值
 * 修改:
 * 注释:
***********************************************************************/
int htu21d_get_data(unsigned char order)
{
  float temp = 0,TH = 0;
  unsigned char MSB,LSB;
  unsigned int humidity,temperature;
  iic_start();                                          //I2C 开始
  if(iic_write_byte(HTU21DADDR & 0xfe) == 0){           //写 HTU21D 的 I2C 地址
    if(iic_write_byte(order) == 0){                     //写寄存器地址
      do{
        delay(30);
        iic_start();
      }
      while(iic_write_byte(HTU21DADDR |0x01) == 1);     //发送读信号
      MSB = iic_read_byte(0);                           //读取数据高八位
      delay(30);                                        //延时
      LSB = iic_read_byte(0);                           //读取数据低八位
      iic_read_byte(1);
      iic_stop();                                       //I2C 停止
      LSB &= 0xfc;                                      //取出数据有效位
      temp = MSB* 256+LSB;                              //数据合并
      if(order == 0xf3){                                //触发开启温度检测
        TH=(175.72)* temp/65536-46.85;                  //温度:T=-46.85 + 175.72*
ST/2^16
        temperature =(unsigned int)(fabs(TH)* 100);
        if(TH >= 0)
          flag = 0;
        else
          flag = 1;
        return temperature;
      }else{
        TH =(temp* 125)/65536-6;
        humidity =(unsigned int)(fabs(TH)* 100);       //湿度: RH% =-6 + 125* SRH/
2^16
        return humidity;
      }
    }
  }
  iic_stop();
  return 0;
}
```

(4)通过 IIC 读取 HTU21D 内部数据,函数功能与实现代码如下:

```
/*********************************************************************
* 名称:htu21d_read_reg()
* 功能:htu21 读取寄存器
* 参数:cmd-- 寄存器地址
* 返回:data 寄存器数据
* 修改:
* 注释:
*********************************************************************/
unsigned char htu21d_read_reg(unsigned char cmd)
{
  unsigned char data = 0;
  iic_start();                                          //I2C 开始
  if(iic_write_byte(HTU21DADDR & 0xfe) == 0){           //写 HTU21D 的 I2C 地址
    if(iic_write_byte(cmd) == 0){                       //写寄存器地址
      do{
        delay(30);                                      //延时 30 ms
        iic_start();                                    //开启 IIC 通信
      }
      while(iic_write_byte(HTU21DADDR | 0x01) == 1);    //发送读信号
      data = iic_read_byte(0);                          //读取一个字节数据
      iic_stop();                                       //I2C 停止
    }
  }
  return data;
}
```

任务小结

BLE 网络的数据发送有很多应用场合,如穿戴设备与移动设备的数据交互、花草土质监测等。数据发送方式的格式多种多样,但要实现收发双方对数据的有效识别,需要在两者之间建立一套通信协议,用来约定收发的内容信息。

任务二　开发 BLE 家庭灯光控制系统

任务描述

本任务主要讲述物联网控制类节点的程序开发,通过设计基于 BLE 家庭灯光控制系统,理解 BLE 控制类传感器程序逻辑、智云控制类程序开发接口,以及家庭灯光控制系统程序开发。

任务分析

一、远程控制程序逻辑

(一)控制类逻辑分析

BLE 无线网络的使用过程中最为重要的功能之一就是能够实现远程设备控制。

针对于控制节点,其主要的关注点还是要了解控制节点对设备控制是否有效,以及控制结果。控制类节点逻辑事件及其重要功能如下:

(1)远程设备对节点发送控制指令,节点实时响应并执行操作。

(2)远程节点发送查询指令后,节点实时响应并反馈设备状态。

(3)控制节点设备工作状态的实时上报。

(二)控制类程序通信协议分析

为了实现客厅环境灯光控制系统的有效性测试,这里使用继电器代替客厅中的环境灯进行控制。

控制类程序协议设计采用类 JSON 数据包格式,系统通信协议定义见表 6-3。

表 6-3　系统通信协议

数据方向	协议格式	说　明
上行(节点往应用发送数据)	{ledStatus=X}	X 为其他值表示 LED1、LED2 关闭状态,X 为 1 表示 LED1 打开状态,X 为 2 表示 LED2 打开状态
下行(应用往节点发送指令)	{ledStatus=?}	查询当前 LED 状态,返回:{ledStatus =X},X 为其他值表示 LED1、LED2 关闭状态,X 为 1 表示 LED1 打开状态,X 为 2 表示 LED3 打开状态
下行(应用往节点发送指令)	{cmd=X}	电机控制指令,X 为其他值表示关闭 LED1、LED2,X 为 1 表示打开 LED1,X 为 2 表示打开 LED2

二、控制类程序接口分析

(一)程序接口分析

远程传感器设备控制程序逻辑流程设计如图 6-6 所示。

智云框架下用户无线节点应用程序均在 sensor. c 文件下进行。sensor. c 文件中设计的用户函数解释如下:

- sensorInit()函数下实现用户对传感器设备的初始化和启动数据上报事件。
- sensorLinkOn()函数下用于处理当节点组网成功后需要执行的操作。
- sensorUpdate()函数下实现对控制器状态值的上报。
- sensorControl()函数通过接收到的控制指令对控制器硬件进行控制。
- ZXBeeUserProcess()函数下处理接收到的数据,并执行数据携带的操作指令。
- MyEventProcess()函数下实现对用户定义事件的启动和处理。

在智云框架下实现远程设备控制程序更为方便。程序中省略了无线节点组网和用户任务创建的烦琐过程,直接调用 sensor_inti()函数可以实现节点传感器的初始化,使用 ZXBeeUserProcess()函数

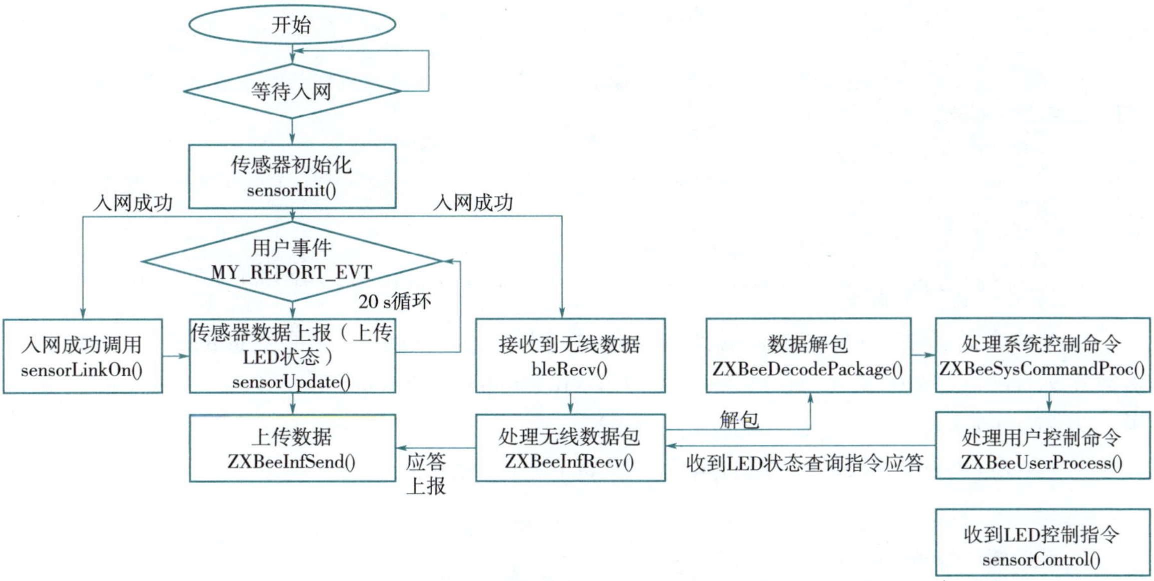

图 6-6　指令控制程序流程

实现指令的解析执行和反馈即可，使用 sensorControl()函数实现对控制设备的操作。

通过以上函数即可实现远程设备的控制程序，无线节点的设备远程控制可通过蓝牙工具在 Android 端设备上发送指令实现。

（二）无线数据包收发

无线数据的收发处理在 zxbee-inf. c 文件中实现，包括 BLE 无线数据的收/发处理函数。

（1）ZXBeeInfSend()函数的功能与实现代码如下：

```
/*********************************************************************
* 名称:ZXBeeInfSend()
* 功能:节点发送无线数据包给汇集节点
* 参数:*p-- 要发送的无线数据包
* 返回:
* 修改:
* 注释:
*********************************************************************/
void ZXBeeInfSend(char*p,int len)
{
    bleSend(p,len);
}
```

（2）ZXBeeInfRecv()函数的功能与实现代码如下：

```
/*********************************************************************
* 名称:ZXBeeInfRecv()
* 功能:节点收到无线数据包
* 参数:*pkg-- 收到的无线数据包
* 返回:
* 修改:
* 注释:
*********************************************************************/
```

```
void ZXBeeInfRecv(char*pkg,int len)
{
  char* rdat = ZXBeeDecodePackage(pkg,len);      //对接收到的无线数据包进行解析,并
返回应答的数据包
  if(rdat ! = NULL) {
    ZXBeeInfSend(rdat,strlen(p));               //将返回的应答数据包发送给汇集节点
  }
}
```

(三)无线数据包解析

针对特定的通信协议,需要对无线数据包进行封包、解包操作,无线数据的封包、解包相关函数在 zxbee. c 文件中实现,其中封包函数为 ZXBeeBegin()、ZXBeeAdd()、ZXBeeEnd(void);解包函数为 ZXBeeDecodePackage()。

(1)ZXBeeBegin()函数的功能与实现代码如下:

```
/*********************************************************************
* 名称:ZXBeeBegin()
* 功能:ZXBee 通信协议的帧头"{"
* 参数:
* 返回:
* 修改:
* 注释:
*********************************************************************/
int8 ZXBeeBegin(void)
{
  wbuf[0] = '{';                            //添加帧头"{"
  wbuf[1] = '\0';
  return 1;
}
```

(2)ZXBeeEnd()函数的功能与实现代码如下:

```
/*********************************************************************
* 名称:ZXBeeEnd()
* 功能:ZXBee 通信协议的数据包添加结束帧"}",并返回封包后的数据包指针
* 参数:wbuf-- 返回封包后的数据包指针
* 返回:
* 修改:
* 注释:
*********************************************************************/
char* ZXBeeEnd(void)
{
  int offset = strlen(wbuf);
  wbuf[offset-1] = '}';                                    //添加帧尾"}"
  wbuf[offset] = '\0';                                     //添加数据包结束符
  if(offset >2) return wbuf;
  return NULL;
}
```

(3)ZXBeeAdd()函数的功能与实现代码如下：

```
/*********************************************************************
* 名称:ZXBeeAdd()
* 功能:ZXBee 通信协议的数据包中添加数据
* 参数:tag-- 变量;val-- 值
* 返回:len-- 数据长度
* 修改:
* 注释:
*********************************************************************/
int8 ZXBeeAdd(char* tag,char* val)
{
  sprintf(&wbuf[strlen(wbuf)],"% s=% s,",tag,val);  //添加数据包键值对
  return strlen(wbuf);
}
```

(4)ZXBeeDecodePackage()函数的功能与实现代码如下：

```
/*********************************************************************
* 名称:ZXBeeDecodePackage()
* 功能:对接收到的无线数据包进行解包
* 参数:pkg-- 数据  len-- 数据长度
* 返回:p-- 返回的数据包
* 修改:
* 注释:
*********************************************************************/
char* ZXBeeDecodePackage(char*pkg,int len)
{
  char*p;
  char*ptag = NULL;
  char*pval = NULL;

  if(pkg[0] ! = '{'||pkg[len-1] ! = '}') return NULL; //判断数据帧头帧尾格式

  ZXBeeBegin();                                        //为返回的命令响应添加帧头

  pkg[len-1] = 0;
  p = pkg+1;                                           //将数据包去掉帧头帧尾
  do {
    ptag = p;
    p = strchr(p,'=');                                 //判断键值对内的“=”
    if(p ! = NULL) {
      *p++ = 0;                                        //提取“=”左边 ptag
      pval = p;                                        //指针指向 pval
      p = strchr(p,',');                               //判断数据包内键值对分隔符“,”
      if(p ! = NULL)*p++ = 0;                          //提取“=”右边 pval
      int ret;
      ret = ZXBeeSysCommandProc(ptag,pval);            //将提取出来的键值对命令,发
送给系统函数处理
```

```
        if(ret < 0) {
          ret = ZXBeeUserProcess(ptag,pval);              //将提取出来的键值对命令,发送给
用户函数处理
        }
      }
    } while(p ! = NULL);                                  //当数据包未解析完,则继续循环
    p = ZXBeeEnd();                                       //为返回的命令响应添加帧尾

    return p;
  }
```

任务引导与步骤

三、家庭灯光控制系统分析

(一)家庭灯光控制系统设计

家庭灯光控制系统是智慧家庭应用中的一个子系统,主要实现对家庭灯光控制 LED 的远程控制,实现对家庭灯光的管理。

家庭灯光控制系统采用 BLE 无线传感网技术,通过部署 LED 和 BLE 无线节点,通过与智能网关组网并连接到物联网云平台,最终通过智慧家庭应用系统远程对 LED 的控制,如图 6-7 所示。

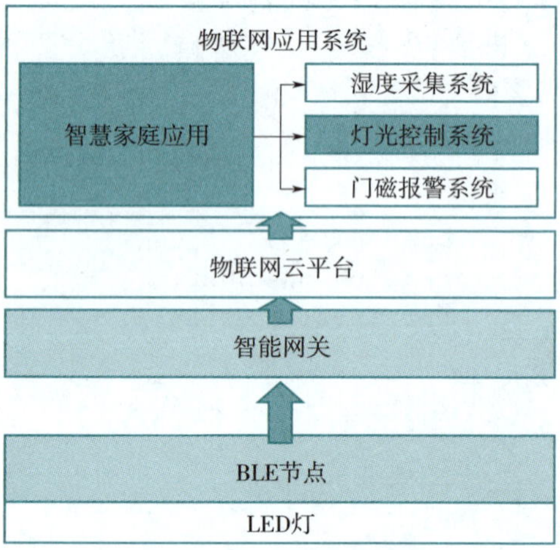

图 6-7 家庭灯光控制系统

本任务的目标是:以家庭灯光控制系统为例,学习在应用接口下的控制节点的程序开发,学习并掌握控制节点的操作逻辑和应用接口的使用。

为了满足对设备控制场景的模拟,基于 BLE 无线网的家庭灯光控制系统的 BLE 节点携带了 LED 灯受控设备。LED 直接与 CC2540 芯片相连,LED 受 CC2540 控制。根据前文对设备控制逻辑的分析,任务中定时上报 LED 状态,当远程控制设备发出控制指令时,节点能够执行指令并反馈控制结果信息。

整个灯光控制系统的实现分为两个部分,分别为硬件功能设计和软件协议设计。下面对这两个部分分别进行讲解。

1. 硬件功能设计

根据前面的分析,为了实现对家庭物联网项目设备控制情况的模拟,硬件中使用了 LED 用于模拟对家庭灯光的功能,LED 受 CC2540 控制。家庭灯光控制系统硬件框图设计如图 6-8 所示,CC2540 直接驱动 LED 灯。

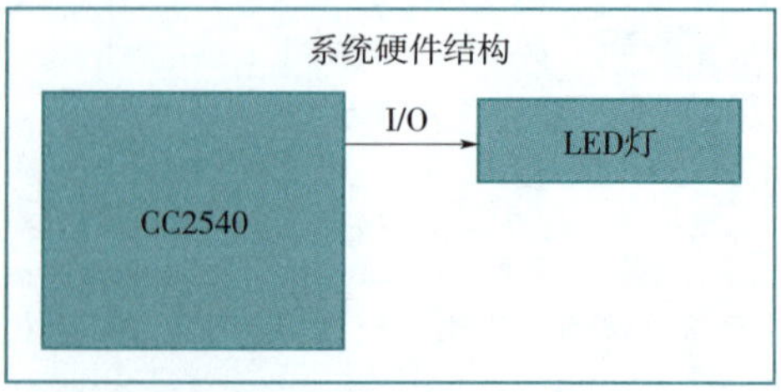

图 6-8 家庭灯光系统硬件框图设计

2. 软件协议设计

LED 控制器节点 BLELight 工程实现了家庭灯光控

制系统,该程序实现了以下功能:

(1)节点入网后,每隔 20 s 上行上传一次 LED 控制状态数值。

(2)应用层可以下行发送查询命令查看 LED 控制状态。

(3)应用层可以下行发送控制命令让 LED 进行对应的控制操作。

BLELight 工程同样采用类 JSON 格式的通信协议,具体见表 6-4。

表 6-4 通信协议

数据方向	协议格式	说明
上行(节点往应用发送数据)	{ledStatus=X}	X 为其他值表示 LED1、LED2 关闭状态,X 为 1 表示 LED1 打开状态,X 为 2 表示 LED2 打开状态
下行(应用往节点发送指令)	{ledStatus=?}	查询当前 LED 状态,返回:{ ledStatus =X},X 为其他值表示 LED1、LED2 关闭状态,X 为 1 表示 LED1 打开状态,X 为 2 表示 LED3 打开状态
下行(应用往节点发送指令)	{cmd=X}	电机控制指令,X 为其他值表示关闭 LED1、LED2,X 为 1 表示打开 LED1,X 为 2 表示打开 LED2

(二)家庭灯光控制系统程序分析

LED 节点 BLELight 工程采用智云传感器驱动框架开发,实现了 LED 的远程控制、LED 当前状态的查询、LED 状态的循环上报、无线数据包的封包解包等功能。下面详细分析 LED 控制系统的控制类传感器的程序逻辑。

(1)传感器应用部分。在 sensor.c 文件中实现,包括 LED 硬件初始化(sensorInit())、LED 节点入网调用(sensoLinkOn())、LED 状态上报(sensoUpdate())、LED 控制(sensorControl())、处理下行的用户命令(ZXBeeUserProcess())、用户事件(MyEventProcess())。

(2)LED 驱动。在 led.c 文件中实现,实现 LED 硬件初始化、LED 打开、LED 关闭等功能。

(3)无线数据的收发处理。在 zxbee-inf.c 文件中实现,包括 BLE 无线数据的收/发处理函数。

(4)无线数据的封包/解包。在 zxbee.c 文件中实现,其中封包函数为 ZXBeeBegin()、ZXBeeAdd()、ZXBeeEnd();解包函数为 ZXBeeDecodePackage()。

(三)家庭灯光控制系统应用设计

家庭灯光控制系统属于控制类传感器应用,主要完成远程传感器设备的下行控制。

(1)LED 硬件初始化

BLE 协议栈框架下,BLE 协议栈初始化完成后,在 ZXBeeBLEPeripheral.c 文件内执行调用传感器初始化函数,实现代码如下:

```
void zb_HandleOsalEvent(uint16 event)
{
  if(event & ZB_ENTRY_EVENT) {
……
sensorInit();                                            //传感器初始化
  }
……
}
```

在 sensor. c→sensorInit()函数中实现光强传感器的硬件初始化,实现代码如下:

```
void sensorInit(void)
{
  //初始化 LED 代码
    led_init();                                           //LED 灯初始化
  //启动定时器,触发传感器上报数据事件:MY_REPORT_EVT
  osal_start_timerEx(sapi_TaskID,MY_REPORT_EVT,(uint16)((osal_rand()% 10)*
1000));
  }
```

(2)LED 状态循环上报

控制类传感器在一定间隔时间内上报一次当前的控制器状态,保持设备的在线状态通知。在 sensor. c→sensorInit()函数中初始化完传感器硬件后,启动一个定时器来触发循环事件 MY_REPORT_EVT,在 MY_REPORT_EVT 事件触发后,进入到 ZXBeeBLEPeripheral. c→SimpleBLEPeripheral_ProcessEvent()函数,触发用户事件,并调用 sensor. c→MyEventProcess(event)函数,在该函数内调用 sensorUpdate()进行 LED 状态上报,并再次启动一个定时器来触发循环事件 MY_REPORT_EVT,实现 LED 状态的循环上报,具体实现代码如下:

```
void MyEventProcess(uint16 event)
{
  if(event & MY_REPORT_EVT) {
    sensorUpdate();                              //传感器数据定时上报
    //启动定时器,触发事件:MY_REPORT_EVT
    osal_start_timerEx(sapi_TaskID,MY_REPORT_EVT,20* 1000);
  }
}
```

在 sensor. c 文件中使用函数 sensorUpdate()实现电动机传感器的状态上报,实现代码如下:

```
void sensorUpdate(void)
{
char pData[16];
  char*p = pData;
    ZXBeeBegin();                                //智云数据帧格式包头
  //更新 LED 状态值
  sprintf(p,"% u",ledStatus);
  ZXBeeAdd("ledStatus",p);
    p = ZXBeeEnd();                              //智云数据帧格式包尾
  if(p ! = NULL) {
ZXBeeInfSend(p,strlen(p));                       //将需要上传的数据进行打包操作,并通过 zb_
SendDataRequest()发送到网关
  }
}
```

(3)LED 节点入网处理

LED 节点入网后,BLE 协议栈框架会进行入网确认处理 ZXBeeBLEPeripheral. c→peripheralStateNotificationCB(),该函数调用 sensor. c→sensorLinkOn()函数进行入网后 LED 状态上报,实现代码如下:

```
void sensorLinkOn(void)
{
  sensorUpdate();
}
```

(4)处理无线下行控制命令

当 ZStack 协议栈接收到发送过来的下行数据包:AppCommon. c→zb_ReceiveDataIndication()函数,会调用 zxbee-inf. c→ZXBeeInfRecv()函数对无线数据的解包,并将解包后返回的应答数据包发送给应用层。

```
void ZXBeeInfRecv(char*pkg,int len)
{
  char*p = ZXBeeDecodePackage(pkg,len);
  if(p ! = NULL) {
    ZXBeeInfSend(p,strlen(p));
  }
}
```

zxbee. c→ZXBeeDecodePackage()函数将接收到的无线数据包进行命令解析,并先调用 zxbee-sys-command. c→ ZXBeeSysCommandProc ( ) 函数进行系统命令处理,最后再调用 sensor. c → ZXBeeUserProcess()函数进行用户命令处理,在该函数内实现了当前电机状态的查询、电机控制指令的处理等。

```
int ZXBeeUserProcess(char*ptag,char*pval)
{
  int val;
  int ret = 0;
  char pData[16];
  char*p = pData;

  //将字符串变量 pval 解析转换为整型变量赋值
  val = atoi(pval);
  //控制命令解析
  if(0 == strcmp("cmd",ptag)){                                  //遮阳电机的控制命令
    sensorControl(val);
  }
  if(0 == strcmp("motorStatus",ptag)){                          //查询执行器命令编码
    if(0 == strcmp("?",pval)){
      ret = sprintf(p,"% u",motorStatus);
      ZXBeeAdd("motorStatus",p);
    }
  }

  return ret;
}
```

(5)LED 控制

在收到 LED 控制指令后,程序调用 sensor. c→sensorControl()函数进行处理,代码如下:

```
void sensorControl(uint8 cmd)
{
//根据 cmd 参数处理对应的控制程序
  if(cmd & 0x02){                                  //LED2 灯控制位:bit1
    LED2 = ON;                                     //开启 LED2
  }
  else{
    LED2 = OFF;                                    //关闭 LED2
  }
  if(cmd & 0x01){                                  //LED1 灯控制位:bit0
    LED1 = ON;                                     //开启 LED1
  }
  else{
    LED1 = OFF;                                    //关闭 LED1
  }
  ledStatus = cmd;
}
```

(四)家庭灯光控制系统驱动设计

家庭灯光控制系统采用 LED 控制器驱动,LED 控制器的原理图如图 6-9 所示。

图 6-9 中 D1 与 D2 两个 LED 灯一端接电阻,另一端接在 CC2540 微处理器上,电阻的另一端连接在 3.3 V 的电源上,D1 与 D2 采用的是正向连接导通的方式,当 P1_0 和 P1_1 为高电平(3.3 V)时,D1 与 D2 两电压相同,无法形成压降,因此 D1 与 D2 不导通,D1 与 D2 熄灭。反之当 P1_0 和 P1_1 为低电平时,D1 与 D2 两端形成压降,则 D1 与 D2 点亮。

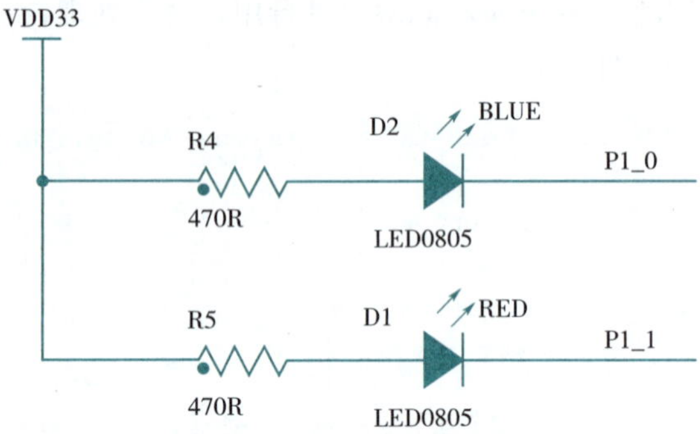

图 6-9 LED 控制器原理图

LED 控制驱动函数包含 led_init()、led_on()和 led_off(),下面来看一下这些函数和功能和具体应用。

(1)LED 硬件初始化,函数功能和实现代码如下:

```
/*************************************************************************
* 名称:led_init()
* 功能:LED 控制引脚初始化
* 参数:无
* 返回:无
*************************************************************************/
void led_init(void)
{
  P0SEL &= ~0x30;                     //配置控制管脚(p0.4,p0.5)为通用 I/O 模式
  P0DIR |= 0x30;                      //配置控制管脚(p0.4,p0.5)为输出模式
  LED1 = OFF;                         //初始状态为关闭
  LED2 = OFF;                         //初始状态为关闭
}
```

(2)控制 LED 打开,函数功能和实现代码如下:

```
/*************************************************************************
* 名称:led_on()
* 功能:LED 控制打开函数
* 参数:LED 号,在 led.h 中宏定义为 LED1,LED2
* 返回:0,打开 LED 成功,-1,参数错误
*************************************************************************/
signed char led_on(unsigned char led)
{
  if(led == LED1){                                        //如果要打开 LED1
    LED1 = ON;
    return 0;
  }
  if(led == LED2){                                        //如果要打开 LED2
    LED2 = ON;
    return 0;
  }
  return-1;                                               //参数错误,返回-1
}
```

(3)控制 LED 关闭,函数功能和实现代码如下:

```
/*************************************************************************
* 名称:led_off()
* 功能:LED 控制关闭函数
* 参数:LED 号,在 led.h 中宏定义为 LED1,LED2
* 返回:0,关闭 LED 成功,-1,参数错误
*************************************************************************/
signed char led_off(unsigned char led)
{
  if(led == LED1){                                        //如果要关闭 LED1
    LED1 = OFF;
    return 0;
  }
  if(led == LED2){                                        //如果要关闭 LED2
    LED2 = OFF;
    return 0;
  }
  return-1;                                               //参数错误,返回-1
}
```

任务小结

BLE 网络下无线设备的远程控制有着众多的使用场景,如家居的灯光控制、无人机控制、花草生长环境监测等。设备远程控制的基本原则是保障远程控制指令能够有效执行,而判断执行的有效方法就是指令执行节点在执行操作后返回操作信息,以此保证控制指令的顺利下达和操作动作的切实执行。

思考与练习

1. 采集类程序协议设计同样采用类 ________数据包格式。
2. 家庭湿度采集系统采用________无线传感网技术。
3. 整个湿度信息采集项目实例的实现分为________设计和________设计两部分。
4. HTU21D 通过________与 CC2540 BLE 芯片进行通信。
5. 灯光控制系统项目实例的实现分为 ________设计和 ________设计两部分。
6. BLE 的远程数据采集有哪些场景?

项目七

Wi-Fi 在智能家居中的应用

学习目标

- 掌握 Wi-Fi 数据发送接口的使用。
- 掌握 Wi-Fi 数据协议设计。

任务一　开发 Wi-Fi 家居环境采集系统

任务描述

本任务主要讲述物联网采集类节点的程序开发，通过设计基于 Wi-Fi 家居环境采集系统，理解 Wi-Fi 采集类传感器程序逻辑，智云采集类程序开发接口，家居环境采集系统程序开发。

任务分析

一、采集类程序逻辑分析

（一）采集程序逻辑分析

Wi-Fi 无线网络的使用过程中尤为重要的功能之一就是能够实现远程的数据传输，通过 Wi-Fi 无线节点将采集的数据通过 Wi-Fi 网络将大片区域的传感器数据在网关汇总，并为数据分析和处理提供数据支持。

Wi-Fi 的远程数据采集有很多场景可以使用，如室内温湿度信息采集、光照强度信息采集、家居燃气监测、花草环境监测、家居空气质量采集等。Wi-Fi 无线网络的远程传感器数据采集使用场景众多，但要如何利用 Wi-Fi 无线网络实现远程传感器数据的采集程序设计呢？下面将对远程传感器数据采集程序逻辑进行分析。

数据采集的可以归纳为三种逻辑事件，逻辑事件归纳如下：

（1）节点定时采集数据并上报。

（2）节点接收到查询指令后立刻响应并反馈实时数据。

(3)能够远程设定节点传感器数据的更新时间。

下面对这三类逻辑事件进行分析。

节点定时采集数据并上报是采集节点的基本功能,在物联网项目中并不需要持续地获取某个传感器数据的参数,只需要一段时间内获取一次参数即可。另一方面,传感器数据采集操作越频繁节点的耗电量越大,就会提高系统功耗。如果在一个网络中多个环境数据采集节点频繁发送数据,就会对无线网络的数据通信造成压力。因此节点定时上报需要注意两点,定时上报的时间间隔和发送的数据量。

节点接收到查询指令后立刻响应并反馈实时数据是采集节点的必要功能,这种操作通常出现在人为场景,例如,在自动化大棚中,当管理员需要实时了解大棚内的环境信息时,就需要发出数据更新指令,以获取实时数据,如果这时数据采集节点不能及时响应数据采集操作,那么管理员就无法得到实时数据信息,可能会对大棚内的应急操作造成影响,进而造成经济损失。所以节点接收到查询指令后立即响应并反馈实时数据是采集节点的必要功能。

能够远程设定节点传感器数据的更新时间是采集节点的辅助功能,这种功能通常运用在物联网自动化应用场景,例如,当大棚工作在自动模式时,如果大棚二氧化碳浓度环境参数超出阈值,那么系统将会启动通风功能,以降低系统的二氧化碳浓度。当通风系统处于工作状态时,大棚内二氧化碳浓度将持续变化,此时系统为了实现对二氧化碳浓度的精确控制,就需要了解更详细的大棚内二氧化碳浓度变化数据,为了提供更详细的二氧化碳浓度变化,数据就需要提高二氧化碳的浓度信息采集速率,此时就需要设定采集二氧化碳浓度数据节点的数据上报时间,将上报时间变短,以实现数据快速更新的目的。

(二)采集类协议设计

一个完整的物联网综合系统,数据贯穿了从感知层到网络层到服务层,最后到达应用层的各个部分,数据在这四个层之间层层传递。感知层用于产生有效数据,网络层需要对有效数据进行解析后向服务器发送数据,服务器需要对有效数据进行分解、分析、存储和调用,应用层需要从服务器获取经过分析的有用的节点数据。整个过程中,数据都在被物联网的各个组织层进行分析识别。要实现数据在每一层能够被正确识别,就需要整套物联网系统在构建之初建立一套完整的数据通信协议。

通信协议(communication protocol)是指双方实体完成通信或服务所必须遵循的规则和约定。通过通信信道和设备互联起来的多个不同地理位置的数据通信系统,使其能协同工作,实现信息交换和资源共享,它们之间必须具有共同的语言。交流什么、怎样交流及何时交流,都必须遵循某种互相都能接受的规则。

因此采集类节点要将采集的数据进行打包上报,并能够让远程的设备识别,或者远程设备向节点发送信息能够被节点所响应,就需要定义一套数据协议,这套数据协议对于节点和远程设备都是约定好的。在这样一套协议下才能够建立和实现节点与远程设备之间的数据交互。根据前面所讲内容,采集类节点分为三种逻辑场景,分别为:发送、查询、设置。这里暂不考虑对节点信息的配置。

采集类程序协议设计采用类 JSON 数据包格式。环境监测数据需要不断上报,因此,设计随机数数据 2 s 发送一次。远程环境监测数据采集系统设计协议见表 7-1。

表 7-1　采集类通信协议

数据方向	协议格式	说明
上行(节点往应用发送数据)	{temperature = X}	X 表示采集的温度值
下行(应用往节点发送指令)	{temperature = ?}	查询温度值,返回:{temperature = X},X 表示采集的温度值

二、采集类程序接口分析

(一)传感器应用接口

传感器应用层程序在 sensor.c 文件中实现,采集类传感器接口包括传感器硬件初始化、传感器节点入网调用、传感器数值上报、处理下行的用户命令、定时触发。

- sensorInit()函数下实现用户对传感器设备的初始化和启动数据上报事件。
- sensorLinkOn()函数下用于处理当节点组网成功后需要执行的操作。
- sensorUpdata()函数下实现对传感器数据的更新和更新数据的打包上报。
- ZXBeeUserProcess()函数下处理接收到的数据,并执行数据携带的操作指令。
- sensorLoop()函数下实现定时触发。

远程传感器数据采集功能依附于无线传感网络之上,在无线传感网络建立完成后,才能够进行无线节点所携带的传感器的初始化。初始化完成后需要初始化系统用户应用的系统任务,此后每次任务执行都会采集一次传感器数据,并将传感器数据填入到设计好的数据协议中,等待数据通过无线传感网络发送至协调器,最终数据通过服务器和互联网被用户所使用。为了保证数据的实时更新,设计中还需要设置传感器数据采集任务的执行时长,如 20 s 传一次数据等。

远程传感器数据采集程序逻辑流程设计如图 7-1 所示。

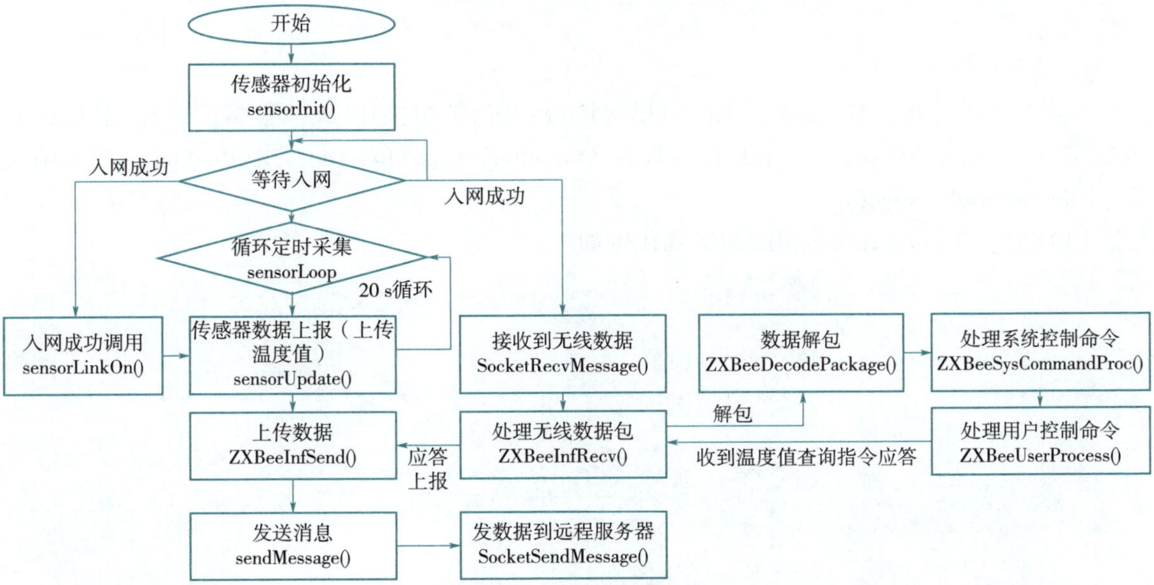

图 7-1　数据采集程序流程

(二)无线数据包收发

无线数据的收发处理在 zxbee-inf. c 文件中实现,包括 ZigBee 无线数据的收/发处理函数。

(1)ZXBeeInfSend()函数的功能和实现代码如下:

```
/***********************************************************************
* 名称:ZXBeeInfSend()
* 功能:节点发送无线数据包给汇集节点
* 参数:*p-- 要发送的无线数据包
* 返回:
***********************************************************************/
void ZXBeeInfSend(char*p,int len)
{
  bleSend(p,len);
}
```

(2)ZXBeeInfRecv()函数的功能和实现代码如下:

```
/***********************************************************************
* 名称:ZXBeeInfRecv()
* 功能:节点收到无线数据包
* 参数:*pkg-- 收到的无线数据包
* 返回:
***********************************************************************/
void ZXBeeInfRecv(char*pkg,int len)
{
  char* rdat = ZXBeeDecodePackage(pkg,len);      //对接收到的无线数据包进行解析,并
返回应答的数据包
  if(rdat! = NULL) {
  ZXBeeInfSend(p,strlen(rdat));                  //将返回的应答数据包发送给汇集节点
}
}
```

(三)无线数据包解析

针对特定的通信协议,需要对无线数据包进行封包、解包操作,无线数据的封包、解包相关函数在 zxbee. c 文件中实现,其中封包函数为 ZXBeeBegin()、ZXBeeAdd()、ZXBeeEnd();解包函数为 ZXBeeDecodePackage()。

(1)ZXBeeBegin()函数的功能和实现代码如下:

```
/***********************************************************************
* 名称:ZXBeeBegin()
* 功能:ZXBee 通信协议的帧头"{"
***********************************************************************/
int8 ZXBeeBegin(void)
{
  wbuf[0] = '{';                       //添加帧头"{"
  wbuf[1] = '\0';
  return 1;
}
```

(2) ZXBeeEnd()函数的功能和实现代码如下：

```
/*********************************************************************
* 名称:ZXBeeEnd()
* 功能:ZXBee 通信协议的数据包添加结束帧“ } ”,并返回封包后的数据包指针
* 参数:wbuf-- 返回封包后的数据包指针
* 返回:
* 修改:
* 注释:
*********************************************************************/
char* ZXBeeEnd(void)
{
  int offset = strlen(wbuf);
  wbuf[offset-1] = '}';                    //添加帧尾“ } ”
  wbuf[offset] = '\0';                     //添加数据包结束符
  if(offset >2) return wbuf;
  return NULL;
}
```

(3) ZXBeeAdd()函数的功能和实现代码如下：

```
/*********************************************************************
* 名称:ZXBeeAdd()
* 功能:ZXBee 通信协议的数据包中添加数据
* 参数:tag-- 变量;val-- 值
* 返回:len-- 数据长度
* 修改:
* 注释:
*********************************************************************/
int8 ZXBeeAdd(char* tag,char* val)
{
  sprintf(&wbuf[strlen(wbuf)],"% s=% s,",tag,val);      //添加数据包键值对
  return strlen(wbuf);
}
```

(4) ZXBeeDecodePackage()函数的功能和实现代码如下：

```
/*********************************************************************
* 名称:ZXBeeDecodePackage()
* 功能:对接收到的无线数据包进行解包
* 参数:pkg-- 数据  len-- 数据长度
* 返回:p-- 返回的数据包
* 修改:
* 注释:
*********************************************************************/
char* ZXBeeDecodePackage(char*pkg,int len)
{
  char*p;
  char*ptag = NULL;
  char*pval = NULL;
```

```
    if(pkg[0] ! = '{'||pkg[len-1] ! = '}') return NULL; //判断数据帧头帧尾格式

    ZXBeeBegin();                                        //为返回的命令响应添加帧头
    pkg[len-1] = 0;
    p = pkg+1;                                           //将数据包去掉帧头帧尾
    do {
      ptag = p;
      p = strchr(p,'=');                                 //判断键值对内的“ = ”
      if(p ! = NULL) {
        *p++ = 0;                                        //提取“ = ”左边 ptag
        pval = p;                                        //指针指向 pval
        p = strchr(p,',');                               //判断数据包内键值对分隔符“ , ”
        if(p ! = NULL)*p++ = 0;                          //提取“=”右边 pval
        int ret;
        ret = ZXBeeSysCommandProc(ptag,pval);             //将提取出来的键值对命令,发送给
系统函数处理
        if(ret < 0) {
            ret = ZXBeeUserProcess(ptag,pval);           //将提取出来的键值对命令,发送给
用户函数处理
        }
      }
    } while(p ! = NULL);                                 //当数据包未解析完,则继续循环
    p = ZXBeeEnd();                                      //为返回的命令响应添加帧尾
    return p;
  }
```

任务引导与步骤

三、智能家居环境采集系统

(一)智能家居环境采集系统设计

智能家居环境采集系统是智慧家居应用中的一个子系统,主要实现对室内环境温度采集,来检测室内温度值是否处于适宜状态。

智能家居环境采集系统采用 Wi-Fi 无线传感网技术,通过部署光照传感器和 Wi-Fi 无线节点,将采集到的数据通过智能网关发送到物联网云平台,最终通过家居环境采集系统进行温度数据的采集和数据展现,如图 7-2 所示。

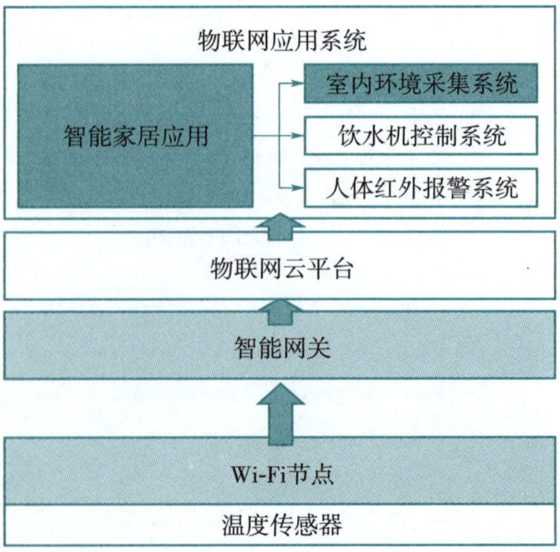

图 7-2　智能家居环境采集系统

本任务的目标是:研制一款基于 Wi-Fi 网络的智能家居环境监测产品,这款智能家居产品能自动获取家居环境中温度信息,且该系统能够将采集到的家居上传到智能家居网关中心,并能够通过串口输出相关信息。

为了满足对数据上报场景的模拟,基于 Wi-Fi 无线

网的家居环境采集的 Wi-Fi 节点携带了温度传感器。温度传感器采用的是 HTU21D,使用 IIC 总线通信。项目中定时采集温度信息并定时上报,当远程控制设备发出查询指令时,节点能够执行指令并反馈温度采集信息。

整个家居环境采集的实现分为两个部分,分别为硬件功能设计和软件协议设计。下面对这两个部分分别进行讲解。

1. 硬件功能设计

根据前面的分析,为了实现对家居物联网项目数据上报情况的模拟,硬件中使用了温度传感器作为温度信息的来源,通过温度传感器定时获取温度信息并上报,以此完成数据发送。家居环境采集系统硬件框图设计如图 7-3 所示。

从图 7-3 中可知,温度检测使用了外接传感器,外接传感器使用的是 HTU21D,通过 IIC 总线与 CC3200 WIFI 芯片进行通信。HTU21D 温度传感器硬件原理图如图 7-4 所示。

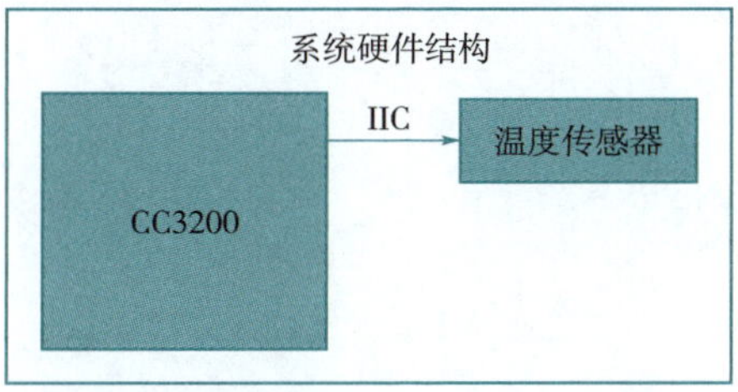

图 7-3 家居环境采集系统硬件框图设计

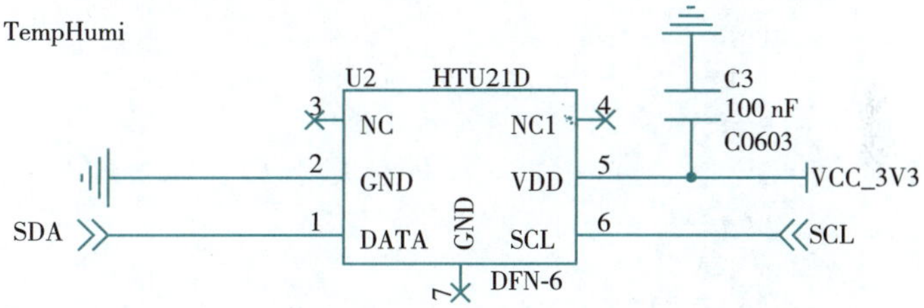

图 7-4 温度传感器硬件原理图

HTU21D 传感器采用 IIC 总线,其中 SCL 连接到 CC3200 单片机的 P0_0 端口,SDA 连接 CC3200 单片机的 P0_1 端口。

2. 软件协议设计

温度传感器节点 WiFiTemperature 工程实现了家居环境采集系统,该程序实现了以下功能:

(1)节点入网后,每隔 20 s 上行上传一次温度传感器数值。

(2)应用层可以下行发送查询命令读取最新的温度传感器数值。

WiFiTemperature 工程采用类 JOSN 格式的通信协议,具体见表 7-2。

表 7-2 温度传感器通信协议

数据方向	协议格式	说明
上行(节点往应用发送数据)	{temperature =X}	X 表示采集的温度值
下行(应用往节点发送指令)	{temperature =?}	查询温度值,返回:{temperature =X},X 表示采集的温度值

(二)家居环境采集系统程序分析

温度传感器节点 WiFiTemperature 工程采用智云传感器驱动框架开发,实现了温度传感器的定时上报、温度传感器数据的查询、无线数据包的封/解包等功能。下面详细分析家居环境采集系统的采集类传感器的程序逻辑:

(1)传感器应用部分。在 sensor.c 文件中实现,包括温度传感器硬件初始化(sensorInit())、温度传感器节点入网调用(sensoLinkOn())、温度传感器数值上报(sensoUpdate())、处理下行的用户命令(ZXBeeUserProcess())、用户事件(MyEventProcess())。

(2)温度传感器驱动。在 htu21d.c 文件中实现,通过调用 IIC 驱动实现对温度传感器实时数据的采集。

(3)无线数据的收发处理。在 zxbee-inf. c 文件中实现,包括 Wi-Fi 无线数据的收/发处理函数。

(4)无线数据的封包/解包。在 zxbee. c 文件中实现,其中封包函数为 ZXBeeBegin()、ZXBeeAdd()、ZXBeeEnd();解包函数为 ZXBeeDecodePackage()。

(三)家居环境采集系统应用设计

家居环境采集系统属于采集类传感器应用,主要完成传感器数据的循环上报。

(1)温度传感器硬件初始化

Wi-Fi 协议栈框架下,协议栈初始化完成后,在 main. c 文件内 main()函数中执行调用传感器初始化函数,实现代码如下:

```
void main()
{
    long lRetVal =-1;
    //Board Initialization
    BoardInit();     //板载初始化
    SysTickInit();  //初始化 systick 定时器
    //Initialize the uDMA
UDMAInit();      //初始化 DMA 控制
…
#ifndef CC3200_Serial
    sensorInit();
#endif
    …
#ifndef CC3200_Serial
        sensorLoop();
#endif
       _SlNonOsMainLoopTask();
    }
}
```

在 sensor. c→sensorInit()函数中实现光强传感器的硬件初始化:

```
void sensorInit(void)
{
  //初始化传感器代码
  htu21d_init();                                    //温湿度传感器初始化
}
```

(2)温度传感器数据循环上报

采集类传感器负责定时上报所采集的传感器数据,在 sensor. c→sensorInit()函数中初始化完传感器硬件后,启动一个定时器来触发循环上报数据,每隔 ct_update 来调用 sensor. c→sensorLoop()函数,该函数内调用 sensorUpdate()进行温度传感器数据上报,实现温度传感器数据的循环上报,具体实现代码如下:

```
void sensorLoop(void)
{
  static unsigned long ct_update = 0;
```

```
    if(t4exp(ct_update)) {
      sensorUpdate();
      ct_update = t4ms()+20* 1000;
    }
  }
```

在 sensor. c 文件中实现温度传感器的数据上报 sensorUpdate(),该函数调用 updateTemperature()函数更新温度数据,并通过 ZXBeeBegin()、ZXBeeAdd(char * tag,char * val)、ZXBeeEnd(void)函数实现对数据的封包,最后调用 zxbee-inf. c→ZXBeeInfSend(char * p,int len)函数将数据包发送给应用。

```
void sensorUpdate(void)
{
  char pData[16];
  char*p = pData;
  //温度采集
  updateTemperature();
  ZXBeeBegin();                                          //智云数据帧格式包头
  //上报温度值
  sprintf(p,"% .1f",temperature);
  ZXBeeAdd("temperature",p);
  p = ZXBeeEnd();                                        //智云数据帧格式包尾
  if(p ! = NULL) {
    ZXBeeInfSend(p,strlen(p));
  }
  DebugMsg("sensor->sensorUpdate(): temperature=% .1f\r\n",temperature);
}
```

(3)温度传感器节点入网处理

温度传感器节点入网后,Wi-Fi 协议栈框架会进行入网确认处理 main. c→SocketInit(),该函数调用 sensor. c→sensorLinkOn()函数进行入网后温度传感器数据上报。

```
void sensorLinkOn(void)
{
  sensorUpdate();
}
```

(4)处理无线下行控制命令

当 Wi-Fi 协议栈接收到发送过来的下行数据包:main. c→SocketRecvMessage()函数,会调用 zxbee-inf. c→ZXBeeInfRecv()函数对无线数据的解包,并将解包后返回的应答数据包发送给应用层。

```
void ZXBeeInfRecv(char* buf,int len)
{
  char*p = ZXBeeDecodePackage(buf,len);
  if(p ! = NULL) {
    ZXBeeInfSend(p,strlen(p));
  }
}
```

zxbee.c→ZXBeeDecodePackage()函数将接收到的无线数据包进行命令解析,并先调用 zxbee-sys-command.c→ZXBeeSysCommandProc()函数进行系统命令处理,最后调用 sensor.c→ZXBeeUserProcess()函数进行用户命令处理,比如,查询温度值命令,实现代码如下:

```
int ZXBeeUserProcess(char*ptag,char*pval)
{
  int ret = 0;
  char pData[16];
  char*p = pData;
  //控制命令解析
  if(0 == strcmp("temperature",ptag)){                    //查询执行器命令编码
    if(0 == strcmp("?",pval)){
      updateTemperature();
      ret = sprintf(p,"%.1f",temperature);
      ZXBeeAdd("temperature",p);
    }
  }
  return ret;
}
```

(四)家居环境采集系统驱动设计

家居环境系统采用温度传感器 HTU21D 进行温度采集,HTU21D 内部集成有一个数字处理芯片,可以将检测信息转换为湿度物理量,通过 IIC 总线与微处理器通信,通过相关通信协议微处理器可以通过 IIC 总线获取湿度信息。

HTU21D 的分辨率可以通过输入命令进行改变(8/12 bit 乃至 12/14 bit 的 RH/T 数据),传感器可以检测到电池低电量状态,并且输出校验和,有助于提高通信的可靠性。HTU21D 温度传感器芯片如图 7-5 所示。

图 7-5　HTU21D 温度传感器芯片

(1)温度传感器硬件初始化

温度传感器采用数字芯片 HTU21D,通过 IIC 与 CC3200 连接,硬件初始化主要是进行 IIC 总线初始化,实现代码如下:

```
/*********************************************************************
* 名称:htu21d_init()
* 功能:htu21d 初始化
* 参数:无
* 返回:无
*********************************************************************/
void htu21d_init(void)
{
  iic_init();                                    //I2C 初始化
  iic_start();                                   //启动 I2C
  iic_write_byte(HTU21DADDR&0xfe);               //写 HTU21D 的 I2C 地址
  iic_write_byte(0xfe);
  iic_stop();                                    //停止 I2C
```

```
  //delay(600);                                               //短延时
}
/*********************************************************************************
* 名称:iic_init()
* 功能:I2C 初始化函数
* 参数:无
* 返回:无
* 修改:
* 注释:
*********************************************************************************/
voidiic_init(void)
{
  P0SEL &= ~0x03;                                            //设置 P0_0/P0_1 为普通 I/O 模式
  P0DIR |= 0x03;                                             //设置 P0_0/P0_1 为输出模式
  SDA = 1;                                                   //拉高数据线
  iic_delay_us(10);                                          //延时 10 us
  SCL = 1;                                                   //拉高时钟线
  iic_delay_us(10);                                          //延时 10 us
}
```

(2)获取温度传感器湿度数值,实现代码如下:

```
/*********************************************************************************
* 名称:htu21d_get_data()
* 功能:htu21d 测量温湿度
* 参数:order-- 指令
* 返回:temperature-- 温度值  humidity-- 湿度值
* 修改:
* 注释:
*********************************************************************************/
int htu21d_get_data(unsigned char order)
{
  float temp = 0,TH = 0;
  unsigned char MSB,LSB;
  unsigned int humidity,temperature;
  iic_start();                                               //I2C 开始
  if(iic_write_byte(HTU21DADDR & 0xfe) == 0){                //写 HTU21D 的 I2C 地址
    if(iic_write_byte(order) == 0){                          //写寄存器地址
      do{
        delay(30);
        iic_start();
      }
      while(iic_write_byte(HTU21DADDR | 0x01) == 1);         //发送读信号
      MSB = iic_read_byte(0);                                //读取数据高八位
      delay(30);                                             //延时
      LSB = iic_read_byte(0);                                //读取数据低八位
      iic_read_byte(1);
      iic_stop();                                            //I2C 停止
      LSB &= 0xfc;                                           //取出数据有效位
```

```
        temp = MSB* 256+LSB;                                    //数据合并
        if(order == 0xf3){                                      //触发开启温度检测
          TH=(175.72)* temp/65536-46.85;                        //温度:T=-46.85 + 175.72*
ST/2^16
          temperature =(unsigned int)(fabs(TH)* 100);
          if(TH >= 0)
            flag = 0;
          else
            flag = 1;
          return temperature;
        }else{
          TH =(temp* 125)/65536-6;
          humidity =(unsigned int)(fabs(TH)* 100);        //湿度: RH% =-6 + 125* SRH/
2^16
          return humidity;
        }
      }
    }
    iic_stop();
    return 0;
  }
```

(3)通过 IIC 读取 HTU21D 内部数据,实现代码如下:

```
/*********************************************************************
* 名称:htu21d_read_reg()
* 功能:htu21 读取寄存器
* 参数:cmd-- 寄存器地址
* 返回:data 寄存器数据
* 修改:
* 注释:
*********************************************************************/
unsigned char htu21d_read_reg(unsigned char cmd)
{
  unsigned char data = 0;
  iic_start();                                          //I2C 开始
  if(iic_write_byte(HTU21DADDR & 0xfe) == 0){           //写 HTU21D 的 I2C 地址
    if(iic_write_byte(cmd) == 0){                       //写寄存器地址
      do{
        delay(30);                                      //延时 30 ms
        iic_start();                                    //开启 IIC 通信
      }
      while(iic_write_byte(HTU21DADDR |0x01) == 1);     //发送读信号
      data = iic_read_byte(0);                          //读取一个字节数据
      iic_stop();                                       //I2C 停止
    }
  }
  return data;
}
```

任务小结

Wi-Fi 网络的数据发送有很多的应用场合，如家居环境信息监测、家居燃气监测、家居能耗监测等。数据发送方式的格式多种多样，但要实现收发双方对数据的有效识别需要在两者之间建立一套通信协议，用来约定收发的内容信息。在一套约定好的数据通信协议下才能实现有效的数据收发。

任务二　开发 Wi-Fi 家居智能饮水机系统

任务描述

本任务主要讲述物联网控制类节点的程序开发，通过设计基于 Wi-Fi 家居智能饮水机系统，理解 Wi-Fi 控制类传感器程序逻辑、智云控制类程序开发接口，以及智能饮水机控制系统程序开发。

任务分析

一、控制类程序逻辑分析

（一）控制类逻辑分析

Wi-Fi 无线网络的使用过程中尤为重要的功能之一就是能够实现远程设备控制。很多时候为了实际需要，需要对远程的电器设备进行控制，此时就需要用户通过发送控制指令，指令经由协调器发送至控制节点，控制节点通过处理相关的指令信息执行指令内容，来进行控制并反馈控制结果。

Wi-Fi 的远程设备控制有很多场景可以使用，如室内窗帘控制、家居环境灯光控制、无人飞行器控制、鱼缸投食控制、花草自动浇水控制等。Wi-Fi 无线网络的远程设备控制使用场景众多，但要如何利用 Wi-Fi 无线网络实现远程传感器数据的采集程序设计呢？下面将对远程设备控制程序逻辑进行分析。

针对于控制节点，其主要的关注点还是要了解控制节点对设备控制是否有效，以及控制结果。控制类节点逻辑事件的重要功能如下：

（1）远程设备对节点发送控制指令，节点实时响应并执行操作。

（2）远程节点发送查询指令后，节点实时响应并反馈设备状态。

（3）控制节点设备工作状态的实时上报。

远程设备对节点发送控制指令，节点实时响应并执行操作，这是控制节点的基本功能。该功能主要是由用户执行远程设备发送的命令。另一方面，控制节点要能够实时响应远程节点发送的控制指令，这对整个物联网信息而言非常重要。例如，当智能家居某些环境参数出现异常时，系统就需要自动打开某些环境调节设备调节环境，而这些环境控制设备通常为受控设备，如果受控设备不能实时响应，就会对室内环境调节造成影响。

远程节点发送查询指令后，节点实时响应并反馈设备状态，这是控制节点的重要功能。该功能的主要作用是当远程设备对控制节点发出控制指令后，远程设备并不了解远程节点是否完成了对设备的控制。这种不确定性对于一个调节系统而言是非常危险的。所以需要通过指令来了解控制节点对设备的操作结果，以确保节点命令执行的有效性。

上述的两种逻辑事件在实际的操作中其实是同时发送的，即发送一条控制指令后随机紧跟一条查询指令。那么，当控制节点执行完控制操作后随机执行状态反馈操作。通过这种方式可以实现一次远程节点控制的完整操作。

控制节点设备工作状态的实时上报也是控制节点的重要功能，很多时候在控制节点遭到外界环境影响，如雷击或人为等因素造成了设备的重启，设备的重启状态通常为默认状态，此时上报的设备状态将与远程设备需要的控制状态不符，此时远程控制设备就可以重新发送控制指令让控制节点回到正常的工作状态上来。

（二）控制类程序通信协议分析

在物联网系统中远程设备和控制节点分别处于通信的两端，要实现两者间的数据识别就需要指定通信协议，通过指定同意的通信协议，远程设备发送的控制和查询指令才能够控制节点识别并执行。通过前面的分析可以了解到控制节点拥有两种操作逻辑事件，分别为设备远程控制和设备状态查询。

控制类程序协议设计同样采用类 JSON 数据包格式。

为了实现控制系统的有效性测试，这里使用继电器代替客厅中的饮水机进行控制。在接收到控制指令并执行操作后反馈操作结果，为了实现对控制结果的识别，这里使用键值对的形式反馈控制结果。系统通信协议定义见表 7-3。

表 7-3　控制类通信协议

数据方向	协议格式	说明
上行（节点往应用发送数据）	{switchStatus=X}	上传设备状态，X 表示控制器状态值
下行（应用往节点发送指令）	{switchStatus=?}	查询控制器状态值，返回：{switchStatus=X}，X 表示控制器状态值
下行（应用往节点发送指令）	{cmd=X}	发送控制指令，X 表示控制指令，节点根据设置进行相关控制器硬件操作

二、控制类程序接口分析

（一）传感器应用接口

传感器应用层程序在 sensor. c 文件中实现，控制类传感器接口包括控制器硬件初始化、控制器节点入网调用、控制器状态上报、控制器控制、处理下行的用户命令、定时循环触发。

- sensorInit()函数下实现用户对传感器设备的初始化和启动数据上报事件。
- sensorLinkOn()函数下用于处理当节点组网成功后需要执行的操作。
- sensorUpdate()函数下实现对控制器状态值的上报。
- sensorControl()函数通过接收到的控制指令对控制器硬件进行控制。
- ZXBeeUserProcess()函数下处理接收到的数据，并执行数据携带的操作指令。
- sensorLoop()函数下实现循环定时触发。

远程设备控制功能依附于无线传感网络之上，在无线传感网络建立完成后，才能够进行无线节点所携带的传感器的初始化。初始化完成后需要初始化系统用户应用的系统任务，接着等待远程应用发送控制指令，当节点接收到控制指令时，通过约定的数据协议对数据内容进行解包，解包完成后根据指令信息对相应的传感器设备进行控制，待控制结束后将反馈指令通过数据协议打包返送给远程服务器，用户接收到反馈指令后知晓远程控制指令执行完成。

远程传感器控制系统程序逻辑流程设计如图 7-6 所示。

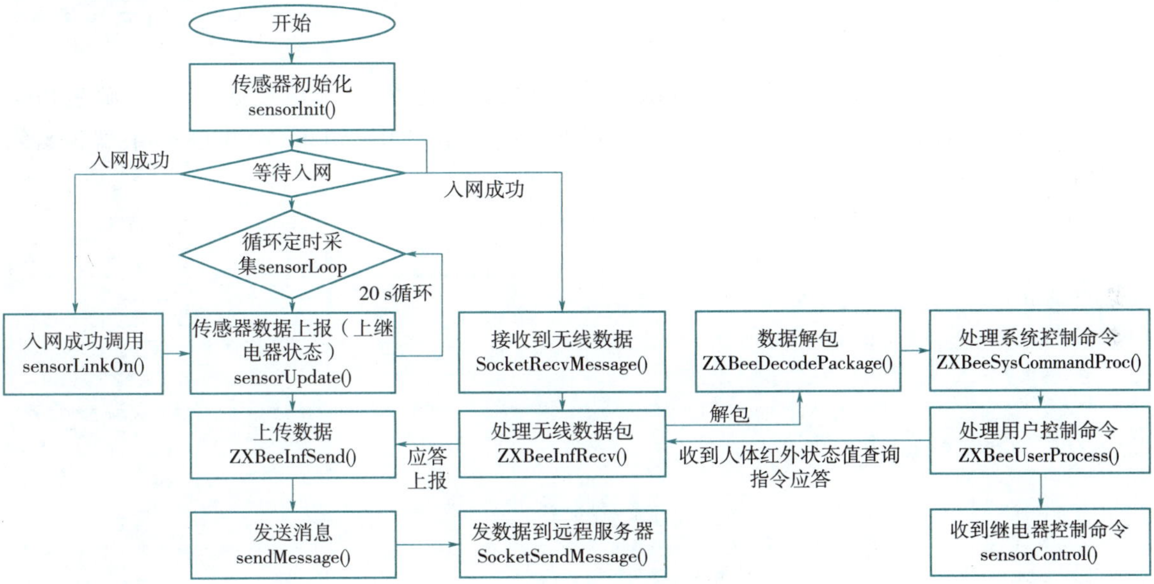

图 7-6　控制类传感器程序流程

（二）无线数据包收发

无线数据的收发处理在 zxbee-inf. c 文件中实现，包括 BLE 无线数据的收/发处理函数。

（1）ZXBeeInfSend()函数的功能和实现代码如下：

```
/*********************************************************************
* 名称:ZXBeeInfSend()
* 功能:节点发送无线数据包给汇集节点
* 参数:*p-- 要发送的无线数据包
* 返回:
*********************************************************************/
void ZXBeeInfSend(char*p,int len)
{
    bleSend(p,len);
}
```

（2）ZXBeeInfRecv()函数的功能和实现代码如下：

```
/*********************************************************************
* 名称:ZXBeeInfRecv()
* 功能:节点收到无线数据包
* 参数:*pkg-- 收到的无线数据包
* 返回:
*********************************************************************/
```

```
void ZXBeeInfRecv(char*pkg,int len)
{
  char* rdat = ZXBeeDecodePackage(pkg,len);  //对接收到的无线数据包进行解析,并返回应答的数据包
  if(rdat ! = NULL) {
    ZXBeeInfSend(rdat,strlen(p));            //将返回的应答数据包发送给汇集节点
  }
}
```

(三)无线数据包解析

针对特定的通信协议,需要对无线数据包进行封包、解包操作,无线数据的封包、解包相关函数在 zxbee.c 文件中实现,其中封包函数为 ZXBeeBegin()、ZXBeeAdd()、ZXBeeEnd();解包函数为 ZXBeeDecodePackage()。

(1)ZXBeeBegin()函数的功能和实现代码如下:

```
/*********************************************************************
* 名称:ZXBeeBegin()
* 功能:ZXBee 通信协议的帧头"{"
* 参数:
*********************************************************************/
int8 ZXBeeBegin(void)
{
  wbuf[0] = '{';                        //添加帧头"{"
  wbuf[1] = '\0';
  return 1;
}
```

(2)ZXBeeEnd()函数的功能和实现代码如下:

```
/*********************************************************************
* 名称:ZXBeeEnd()
* 功能:ZXBee 通信协议的数据包添加结束帧"}",并返回封包后的数据包指针
* 参数:wbuf-- 返回封包后的数据包指针
* 返回:
*********************************************************************/
char* ZXBeeEnd(void)
{
  int offset = strlen(wbuf);
  wbuf[offset-1] = '}';                 //添加帧尾"}"
  wbuf[offset] = '\0';                  //添加数据包结束符
  if(offset >2) return wbuf;
  return NULL;
}
```

(3)ZXBeeAdd()函数的功能和实现代码如下:

```
/*********************************************************************
* 名称:ZXBeeAdd()
* 功能:ZXBee 通信协议的数据包中添加数据
* 参数:tag-- 变量;val-- 值
```

```
* 返回:len-- 数据长度
* 修改:
* 注释:
*********************************************************************/
int8 ZXBeeAdd(char* tag,char* val)
{
  sprintf(&wbuf[strlen(wbuf)],"% s=% s,",tag,val);  //添加数据包键值对
  return strlen(wbuf);
}
```

(4)ZXBeeDecodePackage()函数的功能和实现代码如下:

```
/*********************************************************************
* 名称:ZXBeeDecodePackage()
* 功能:对接收到的无线数据包进行解包
* 参数:pkg-- 数据  len-- 数据长度
* 返回:p-- 返回的数据包
* 修改:
*********************************************************************/
char* ZXBeeDecodePackage(char*pkg,int len)
{
  char*p;
  char*ptag = NULL;
  char*pval = NULL;

  if(pkg[0] ! = '{'||pkg[len-1] ! = '}') return NULL; //判断数据帧头帧尾格式

  ZXBeeBegin();                                       //为返回的命令响应添加帧头

  pkg[len-1] = 0;
  p = pkg+1;                                          //将数据包去掉帧头帧尾
  do {
    ptag = p;
    p = strchr(p,'=');                                //判断键值对内的“ = ”
    if(p ! = NULL) {
      *p++ =0;                                        //提取“ = ”左边 ptag
      pval = p;                                       //指针指向 pval
      p = strchr(p,',');                              //判断数据包内键值对分隔符“ , ”
      if(p ! = NULL)*p++ = 0;                         //提取“ = ”右边 pval
      int ret;
      ret = ZXBeeSysCommandProc(ptag,pval);           //将提取出来的键值对命令,发送
给系统函数处理
      if(ret < 0) {
          ret = ZXBeeUserProcess(ptag,pval);          //将提取出来的键值对命令,发送
给用户函数处理
      }
    }
  } while(p ! = NULL);                                //当数据包未解析完,则继续循环
  p = ZXBeeEnd();                                     //为返回的命令响应添加帧尾

  return p;
}
```

任务引导与步骤

三、家居智能饮水机系统

(一)家居智能饮水机系统设计

家居智能饮水机系统是智慧家居应用中的一个子系统,主要实现对智能饮水机的远程控制。

家居智能饮水机系统采用 Wi-Fi 无线传感网技术,部署继电器和 Wi-Fi 无线节点,与智能网关组网并连接到物联网云平台,最终通过家居智能饮水机系统远程对饮水机的控制,如图 7-7 所示。

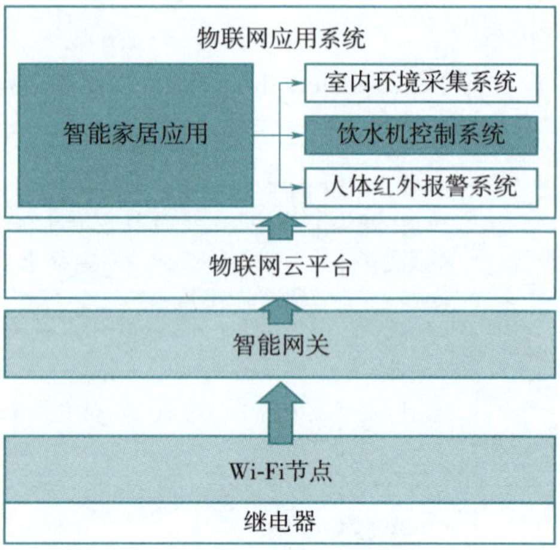

图 7-7　家居智能饮水机系统

本任务的目标是:以家居智能饮水机控制系统为例,学习在应用接口下的控制节点的程序开发,学习并掌握控制节点的操作逻辑和应用接口的使用。

为了满足对设备控制场景的模拟,基于 Wi-Fi 无线网的家居智能饮水机控制系统的 Wi-Fi 节点携带了继电器受控设备。继电器直接与 CC3200 WIFI 芯片相连,继电器受 CC3200 控制。根据前文对设备控制逻辑的分析,任务中定时上报继电器状态,当远程控制设备发出控制指令时,节点能够执行指令并反馈控制结果信息。

整个家居智能饮水机控制系统的实现分为两个部分,分别为硬件功能设计和软件协议设计。下面对这两个部分分别进行讲解。

1. 硬件功能设计

根据前面的分析,为了实现对家居物联网设备控制情况的模拟,硬件中使用了继电器用于模拟对饮水机控制的功能,继电器受 CC3200 控制。家居智能饮水机控制系统硬件框图设计如图 7-8 所示。

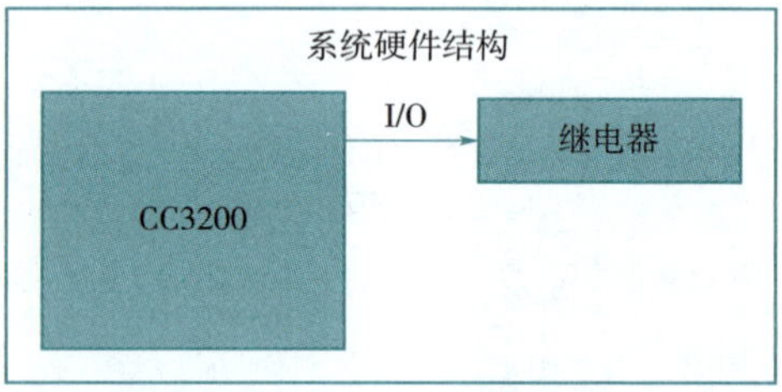

图 7-8　家居智能饮水机系统硬件框图设计

从图 7-8 中可知,CC3200 直接驱动继电器,继电器硬件原理图如图 7-9 所示。

2. 软件协议设计

继电器控制器节点 WiFiRelay 工程实现了家居智能饮水机控制系统,该程序实现了以下功能:

(1)节点入网后,每隔 20 s 上行上传一次继电器控制状态数值。

(2)应用层可以下行发送查询命令查看继电器控制器控制状态。

(3)应用层可以下行发送控制命令让继电器控制器进行对应的控制操作。

WiFiRelay 工程采用类 JSON 格式的通信协议,具体见表 7-4。

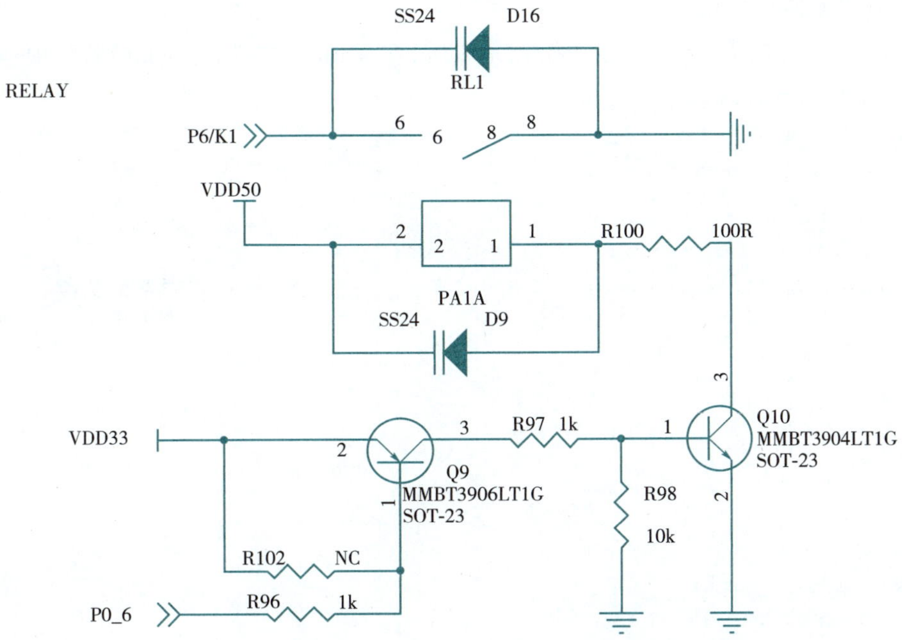

图 7-9 继电器硬件原理图

表 7-4 通信协议

数据方向	协议格式	说明
上行(节点往应用发送数据)	{switchStatus=X}	饮水机(继电器)状态 0:关闭,1:打开
下行(应用往节点发送指令)	{switchStatus=?}	查询当前继电器状态,返回:{switchStatus =X},X为0:关闭,1:打开
下行(应用往节点发送指令)	{cmd=X}	继电器控制指令,X为0:关闭,1:打开

(二)家居智能饮水机系统程序分析

继电器传感器节点WiFiRelay工程采用智云传感器驱动框架开发,实现了继电器的远程控制、继电器当前状态的查询、继电器状态的循环上报、无线数据包的封/解包等功能。下面详细分析家居智能饮水机控制系统的控制类传感器的程序逻辑:

(1)传感器应用部分。在sensor.c文件中实现,包括继电器硬件初始化(sensorInit())、继电器节点入网调用(sensoLinkOn())、继电器状态上报(sensoUpdate())、继电器控制(sensorControl())、处理下行的用户命令(ZXBeeUserProcess())、循环定时触发(sensorLoop())。

(2)继电器驱动。在relay.c文件中实现,实现继电器硬件初始化、继电器开、继电器关等功能。

(3)无线数据的收发处理。在zxbee-inf.c文件中实现,包括ZigBee无线数据的收/发处理函数。

(4)无线数据的封/解包。在zxbee.c文件中实现,其中封包函数为ZXBeeBegin()、ZXBeeAdd()、ZXBeeEnd();解包函数为ZXBeeDecodePackage()。

家居智能饮水机系统属于控制类传感器应用,主要完成远程传感器设备的下行控制。

(1)继电器硬件初始化

在 Wi-Fi 协议栈框架下,协议栈初始化完成后,在 main. c 文件内 main()函数中执行调用传感器初始化函数,实现代码如下:

```
void main()
{
    long lRetVal =-1;
    //Board Initialization
    BoardInit();                                          //板载初始化
    SysTickInit();                                        //初始化 systick 定时器
    //Initialize the uDMA
UDMAInit();                                               //初始化 DMA 控制
………………
#ifndef CC3200_Serial
      sensorInit();
#endif
    ………………
#ifndef CC3200_Serial
        sensorLoop();
#endif
      _SlNonOsMainLoopTask();
    }
}
```

在 sensor. c→sensorInit()函数中实现光强传感器的硬件初始化,实现代码如下:

```
void sensorInit(void)
{
  //初始化传感器代码
  relay_init();                                           //继电器初始化
}
```

(2)继电器数据循环上报

控制类传感器负责定时上报所采集的传感器状态值,在 sensor. c→sensorInit()函数中初始化完传感器硬件后,启动一个定时器来触发循环上报数据,每隔 ct_update 来调用 sensor. c→sensorLoop()函数,在该函数内调用 sensorUpdate()进行温度传感器数据上报,实现温度传感器数据的循环上报。

```
void sensorLoop(void)
{
  static unsigned long ct_update = 0;

  if(t4exp(ct_update)) {
    sensorUpdate();
    ct_update = t4ms()+20* 1000;
  }
}
```

在 sensor. c 文件中实现继电器的数据上报 sensorUpdate(),通过 ZXBeeBegin()、ZXBeeAdd(char * tag,char * val)、ZXBeeEnd(void)函数实现对数据的封包,最后调用 zxbee-inf. c→ZXBeeInf

Send(char *p,int len)函数将数据包发送给应用。

```
void sensorUpdate(void)
{
  char pData[16];
  char*p = pData;
  ZXBeeBegin();
  sprintf(p,"% u",switchStatus);                //上报控制编码
  ZXBeeAdd("switchStatus",p);
  p= ZXBeeEnd();                                //智云数据帧格式包尾
  if(p ! = NULL) {
    ZXBeeInfSend(p,strlen(p));                  //将需要上传的数据进行打包操作,并通过 zb_
SendDataRequest()发送到协调器
  }
}
```

(3)继电器节点入网处理

温度传感器节点入网后,Wi-Fi 协议栈框架会进行入网确认处理 main. c→SocketInit(),该函数调用 sensor. c→sensorLinkOn()函数进行入网后温度传感器数据上报。

```
void sensorLinkOn(void)
{
  sensorUpdate();
}
```

(4)处理无线下行控制命令

当 Wi-Fi 协议栈接收到发送过来的下行数据包:main. c→SocketRecvMessage()函数,会调用 zxbee-inf. c→ZXBeeInfRecv()函数对无线数据的解包,并将解包后返回的应答数据包发送给应用层。

```
void ZXBeeInfRecv(char* buf,int len)
{
  char*p= ZXBeeDecodePackage(buf,len);
  if(p ! = NULL) {
    ZXBeeInfSend(p,strlen(p));
  }
}
```

zxbee. c→ZXBeeDecodePackage()函数将接收到的无线数据包进行命令解析,并先调用 zxbee-sys-command. c→ZXBeeSysCommandProc()函数进行系统命令处理,最后再调用 sensor. c→ZXBeeUserProcess()函数进行用户命令处理,如查询温度值命令,代码如下:

```
int ZXBeeUserProcess(char*ptag,char*pval)
{
  int ret = 0;
  char pData[16];
  char*p = pData;
  //控制命令解析
  if(0 == strcmp("temperature",ptag)){                //查询执行器命令编码
    if(0 == strcmp("?",pval)){
```

```
        updateTemperature();
        ret = sprintf(p,"%.1f",temperature);
        ZXBeeAdd("temperature",p);
      }
    }
    return ret;
}
```

（三）家居智能饮水机系统驱动设计

（1）继电器控制器硬件初始化的功能和实现代码如下：

```
/*********************************************************************
 * 名称:relay_init()
 * 功能:继电器传感器初始化
 * 参数:无
 * 返回:无
*********************************************************************/
void relay_init(void)
{
  PRCMPeripheralClkEnable(PRCM_GPIOA0,PRCM_RUN_MODE_CLK);    //使能时钟
  PinTypeGPIO(PIN_08,PIN_MODE_0,0);                          //选择引脚为 GPIO
模式(gpio17)
  GPIODirModeSet(GPIOA2_BASE,G17_UCPINS,GPIO_DIR_MODE_OUT);  //设置 GPIO17 为输
出模式
  PRCMPeripheralClkEnable(PRCM_GPIOA3,PRCM_RUN_MODE_CLK);    //使能时钟
  PinTypeGPIO(PIN_18,PIN_MODE_0,0);                          //选择引脚为 GPIO
模式(gpio28)
  GPIODirModeSet(GPIOA3_BASE,G28_UCPINS,GPIO_DIR_MODE_OUT);  //设置 GPIO28 为输
出模式
  GPIOPinWrite(GPIOA2_BASE,G17_UCPINS,0xFF);
  GPIOPinWrite(GPIOA3_BASE,G28_UCPINS,0xFF);                 //初始化断开继电器
}
```

（2）控制继电器开的功能和实现代码如下：

```
/*********************************************************************
 * 名称:relay_on()
 * 功能:继电器开
 * 参数:cmd
*********************************************************************/
signed int relay_on(char cmd)
{
  if(cmd & 0x01){
    GPIOPinWrite(GPIOA2_BASE,G17_UCPINS,0x00);
  }
  if(cmd & 0x02){
    GPIOPinWrite(GPIOA3_BASE,G28_UCPINS,0x00);
  }
  return 0;
}
```

(3)控制步进电机反转的功能和实现代码如下：

```
/***********************************************************************
* 名称:relay_off()
* 功能:继电器关
* 参数:cmd
***********************************************************************/
signed int relay_off(char cmd)
{
  if(cmd & 0x01){
    GPIOPinWrite(GPIOA2_BASE,G17_UCPINS,0xff);
  }
  if(cmd & 0x02){
    GPIOPinWrite(GPIOA3_BASE,G28_UCPINS,0xff);
  }
  return 0;
}
```

(4)控制继电器开关的功能和实现代码如下：

```
/***********************************************************************
* 名称:relay_control()
* 功能:继电器开关
* 参数:cmd
***********************************************************************/
void relay_control(char cmd)
{
  relay_on(cmd);
  relay_off((~cmd)&0x03);
}
```

任务小结

Wi-Fi 网络下无线设备的远程控制有着众多的使用场景，如家居的灯光控制、家居窗帘控制、家居安防报警等。设备远程控制的基本原则是保障远程控制指令能够有效执行，而判断执行的有效方法就是指令执行节点在执行操作后返回操作信息，以此保证控制指令的顺利下达和操作动作的切实执行。

思考与练习

1. Wi-Fi 无线网络的使用过程中最为重要的功能之一就是能够实现远程的________。
2. 通过 Wi-Fi 无线节点将采集的数据通过 Wi-Fi 网络将大片区域的传感器数据在________汇总，并为数据________和________提供数据支持。
3. 节点接收到查询指令后立刻响应并反馈实时数据是________节点的必要功能。
4. 能够远程设定节点传感器数据的________是采集节点的辅助功能。
5. 一个完整的物联网综合系统，________用于产生有效数据，________需要对有效数据进行解析后向服务器发送数据，________需要对有效数据进行分解、分析、存储和调用，________需要从服务器获取经过分析的有用的节点数据。

6. 采集类传感器接口包括________初始化、________、________、________、________。

7. 为了实现控制系统的有效性测试，这里使用________代替客厅中的饮水机进行控制。

8. 简述家居智能饮水机系统项目任务目标。

工程篇

短距离无线通信技术应用拓展

引言

物联网中的连接通常有很多无线通信系统可供选择。哪种通信技术最合适取决于应用的类型和要求。根据应用需求，可以将物联网通信要求分为以下几类：

1. 短距离和长距离：一方面，对于一些偏远地区的环境监测或一些需要进行远程网络传输的场景需要长距离应用；另一方面，很多生活方式、家庭自动化、PC 外设和医疗应用只需要短距离通信。

2. 对低功耗通信的需求：对于工业应用而言，某些设备会连接电源（或使用大容量电池），因此可能不需要低功耗通信。但是，可穿戴电子设备等应用通常使用纽扣电池，低功耗通信是一项迫切要求，未来这类应用会是物联网的主要增长点。

3. 短突发或连续的数据传送：某些设备需要连续不断地通信，而另一些设备只需周期性地以短突发方式发送数据。用于描述这些传送方法的指标是占空比（单个周期内信号处于活动状态的百分比）。因此，设备可以被分类为低占空比设备和高占空比设备。

很多公司都在专注于开发各种创新型智能可穿戴设备。它们之中的大多数并不生产 PC、智能手机等主设备。因此，这些公司更愿意看到它们的设备能够与尽可能多的主设备通信。鉴于此，它们愿意采用大多数主设备都理解的标准通信技术。

学习目标

- 掌握 ZigBee、BLE、Wi-Fi 数据接收与发送接口的使用。
- 掌握 ZigBee、BLE、Wi-Fi 数据协议设计。

知识体系

- 短距离无线通信技术应用拓展
  - 项目八　ZigBee农业预警系统
    - 任务　开发ZigBee农业预警系统
  - 项目九　BLE家庭门磁报警系统
    - 任务　开发BLE家庭门磁报警系统
  - 项目十　Wi-Fi家居智能安防系统
    - 任务　开发Wi-Fi家居智能安防系统

项目八

ZigBee 农业预警系统

学习目标

- 掌握 ZigBee 数据接收与发送接口的使用。
- 掌握 ZigBee 数据协议设计。

任务　开发 ZigBee 农业预警系统

任务描述

本任务主要讲述物联网安防类节点的程序开发，通过设计基于 ZigBee 农业光强预警系统，理解 ZigBee 安防类传感器程序逻辑、智云安防类程序开发接口、农业光强预警系统程序开发。

任务分析

一、安防类程序逻辑分析

(一)安防类场景分析

ZigBee 无线网络的使用过程中尤为重要的功能之一就是能够实现对监测信息的预警，通过 ZigBee 无线节点将警报数据通过 ZigBee 网络将大片区域的传感器数据在协调器汇总，并为数据分析和处理提供数据支持。

ZigBee 节点的报警功能有很多场景可以使用，如家居非法人员闯入、大棚环境参数超过阈值、城市低洼涵洞隧道内涝预警、桥梁震动位移预警、车辆内人员滞留预警等。ZigBee 无线网络的远程信息预警的使用场景众多，但要如何利用 ZigBee 无线网络实现远程信息预警程序设计呢？下面将对远程信息预警程序逻辑进行分析。

远程信息预警可以归纳为四种逻辑事件，如图 8-1 所示，逻辑事件归纳如下：

(1)节点安全信息定时获取并上报。

(2)当节点监测到危险信息时系统能迅速上报危险信息。

(3)当危险信息解除时系统能够恢复正常。

(4)当监测到查询信息时节点能够响应指令并反馈安全信息。

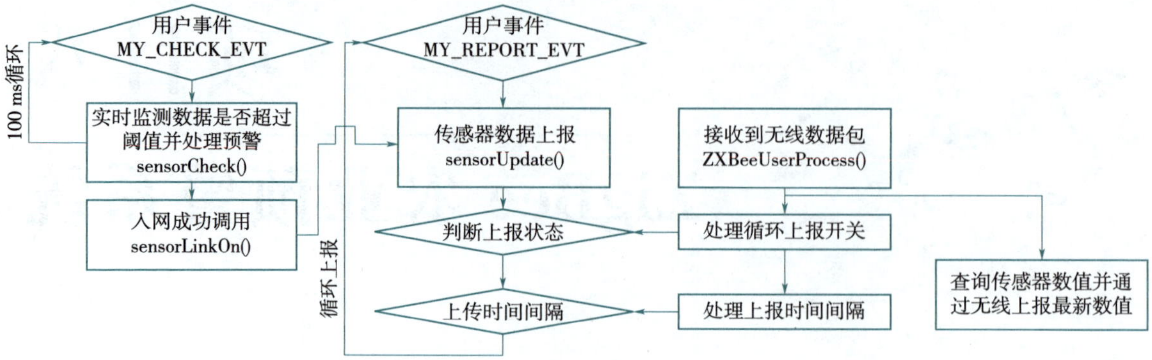

图 8-1　数据采集程序流程

(二)安防类程序通信协议

根据前面所讲的内容,报警类节点分为四种逻辑场景,分别为安全信息上报、危险信息上报、危险信息解除和查询响应。

安防类程序协议设计采用类 JSON 数据包格式。此处以 ZigBee 农业光强预警系统为例定义了协议内容,约定协议见表 8-1。

表 8-1　安防类通信协议

数据方向	协议格式	说　明
上行(节点往应用发送数据)	{sensorValue = X}、{sensorStatus = Y}	X 表示采集的传感器数值,Y 表示安防报警状态
下行(应用往节点发送指令)	{sensorValue = ?}、{sensorStatus = ?}	1. 查询传感器值,返回:{sensorValue = X},X 表示采集的传感器数值 2. 查询安防报警状态值,返回:{sensorStatus = Y},Y 为 1 表示报警,Y 为 0 表示正常

二、安防类程序接口分析

(一)传感器应用接口

传感器应用层程序在 sensor. c 文件中实现,控制类传感器接口包括控制器硬件初始化、控制器节点入网调用、控制器状态上报、传感器预警实时监测并处理、处理下行的用户命令和事件。

- sensorInit()函数下实现用户对传感器设备的初始化和启动数据上报事件。
- sensorLinkOn()函数下用于处理当节点组网成功后需要执行的操作。
- sensorUpdate()函数下实现对控制器状态值的上报。
- sensorCheck()函数下实现实时监测传感器报警状态,并实时预警上报。
- ZXBeeUserProcess()函数下处理接收到的数据,并执行数据携带的操作指令。
- MyEventProcess()函数下实现对用户定义事件的启动和处理。

传感器安防预警功能基于 ZigBee 无线传感网络系统,在传感网建立完成后,进行传感器硬件的初始化。同时开启用户定时事件,进行传感器数值的循环上报和传感器阈值的实时监测。根据设计好的通信协议,节点将数据通过网关发送到物联网云平台进行数据处理,最终应用系统调用服务接口进行应用交互。安防预警系统需要实时监测传感器数值,并判断是否超出阈值,根据判断结果进行报警通知。

远程传感器预警安防系统程序逻辑流程设计如图 8-2 所示。

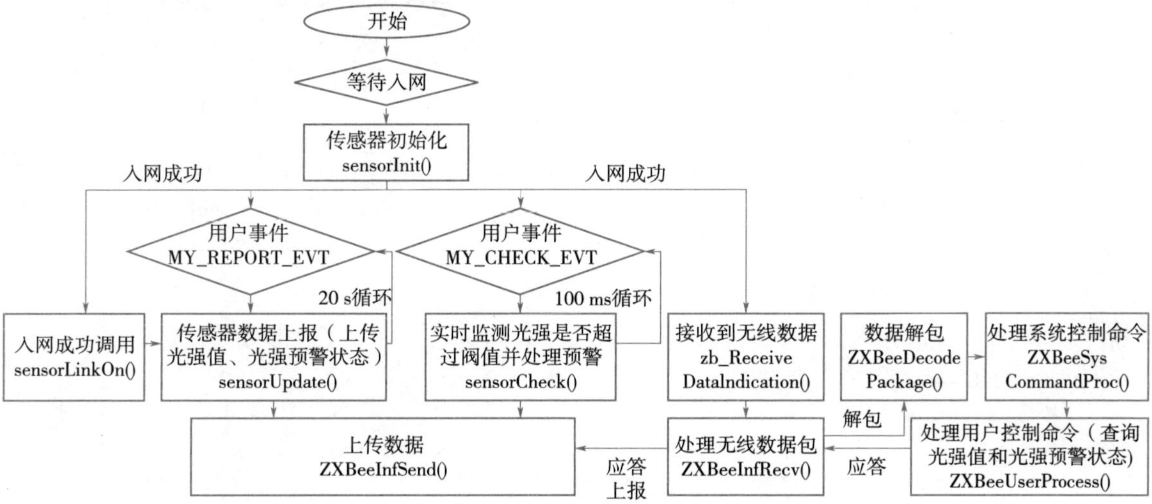

图 8-2　安防类传感器程序流程

(二)无线数据包收发

无线数据的收发处理在 zxbee-inf. c 文件中实现,包括 ZigBee 无线数据的收/发处理函数。

(1)ZXBeeInfSend()函数的功能和实现代码如下:

```
/*********************************************************************
* 名称:ZXBeeInfSend()
* 功能:节点发送无线数据包给汇集节点
* 参数:*p-- 要发送的无线数据包
* 返回:
*********************************************************************/
void ZXBeeInfSend(char*p,int len)
{
    HalLedSet(HAL_LED_1,HAL_LED_MODE_OFF);
    HalLedSet(HAL_LED_1,HAL_LED_MODE_BLINK);
    zb_SendDataRequest(0,0,len,(uint8* )p,0,0/* AF_ACK_REQUEST* /,AF_DEFAULT_
RADIUS);
}
```

(2)ZXBeeInfRecv()函数的功能和实现代码如下:

```
/*********************************************************************
* 名称:ZXBeeInfRecv()
* 功能:节点收到无线数据包
* 参数:*pkg-- 收到的无线数据包
* 返回:
* 修改:
* 注释:
```

```
*************************************************************************/
void ZXBeeInfRecv(char*pkg,int len)
{
  char*p = ZXBeeDecodePackage(pkg,len);     //对接收到的无线数据包进行解析,并返回
应答的数据包
  if(p ! = NULL) {
    ZXBeeInfSend(p,strlen(p));               //将返回的应答数据包发送给汇集节点
  }
}
```

(三)无线数据包解析

针对特定的通信协议,需要对无线数据包进行封包、解包操作,无线数据的封包、解包相关函数在 zxbee. c 文件中实现,其中封包函数为 ZXBeeBegin()、ZXBeeAdd()、ZXBeeEnd();解包函数为 ZXBeeDecodePackage()。

(1)ZXBeeBegin()函数的功能和实现代码如下:

```
/*************************************************************************
* 名称:ZXBeeBegin()
* 功能:ZXBee 通信协议的帧头"{"
* 参数:
*************************************************************************/
int8 ZXBeeBegin(void)
{
  wbuf[0] = '{';                            //添加帧头"{"
  wbuf[1] = '\0';
  return 1;
}
```

(2)ZXBeeEnd()函数的功能和实现代码如下:

```
/*************************************************************************
* 名称:ZXBeeEnd()
* 功能:ZXBee 通信协议的数据包添加结束帧"}",并返回封包后的数据包指针
* 参数:wbuf-- 返回封包后的数据包指针
*************************************************************************/
char* ZXBeeEnd(void)
{
  int offset = strlen(wbuf);
  wbuf[offset-1] = '}';                     //添加帧尾"}"
  wbuf[offset] = '\0';                      //添加数据包结束符
  if(offset >2) return wbuf;
  return NULL;
}
```

(3)ZXBeeAdd()函数的功能和实现代码如下:

```
/*************************************************************************
* 名称:ZXBeeAdd()
* 功能:ZXBee 通信协议的数据包中添加数据
* 参数:tag-- 变量;val-- 值
```

```
  * 返回:len-- 数据长度
  ***************************************************************************/
  int8 ZXBeeAdd(char* tag,char* val)
  {
    sprintf(&wbuf[strlen(wbuf)],"% s=% s,",tag,val);  //添加数据包键值对
    return strlen(wbuf);
  }
```

(4)ZXBeeDecodePackage()函数的功能和实现代码如下:

```
  /***************************************************************************
  * 名称:ZXBeeDecodePackage()
  * 功能:对接收到的无线数据包进行解包
  * 参数:pkg-- 数据  len-- 数据长度
  * 返回:p-- 返回的数据包
  ***************************************************************************/
  char* ZXBeeDecodePackage(char*pkg,int len)
  {
    char*p;
    char*ptag = NULL;
    char*pval = NULL;

    if(pkg[0] ! = '{'||pkg[len-1] ! = '}') return NULL;//判断数据帧头帧尾格式

    ZXBeeBegin();                                  //为返回的命令响应添加帧头

    pkg[len-1] = 0;
    p = pkg+1;                                     //将数据包去掉帧头帧尾
    do {
      ptag = p;
      p= strchr(p,'=');                            //判断键值对内的“=”
      if(p ! = NULL) {
        *p++ = 0;                                  //提取“=”左边 ptag
        pval = p;                                  //指针指向 pval
        p = strchr(p,',');                         //判断数据包内键值对分隔符“,”
        if(p ! = NULL)*p++ = 0;                    //提取“=”右边 pval
        int ret;
        ret = ZXBeeSysCommandProc(ptag,pval);      //将提取出来的键值对命令,发送
给系统函数处理
        if(ret < 0) {
            ret = ZXBeeUserProcess(ptag,pval);     //将提取出来的键值对命令,发送
给用户函数处理
        }
      }
    } while(p ! = NULL);                           //当数据包未解析完,则继续循环
    p = ZXBeeEnd();                                //为返回的命令响应添加帧尾

    return p;
  }
```

任务引导与步骤

三、农业预警安防系统

(一)农业预警安防系统设计

农业预警安防系统是智慧农业应用中的一个子系统,主要实现对农作物生长环境中的光强进行定时监测,并根据设定的预警阈值进行实时监测预警,以便对植物生产进行灾害预防和管理。

农业预警安防系统采用ZigBee无线传感网技术,通过部署光照传感器和ZigBee无线节点,将采集到的数据通过智能网关发送到物联网云平台上,最终通过智慧农业应用系统进行光强数据的采集、数据展现和超阈报警,如图8-3所示。

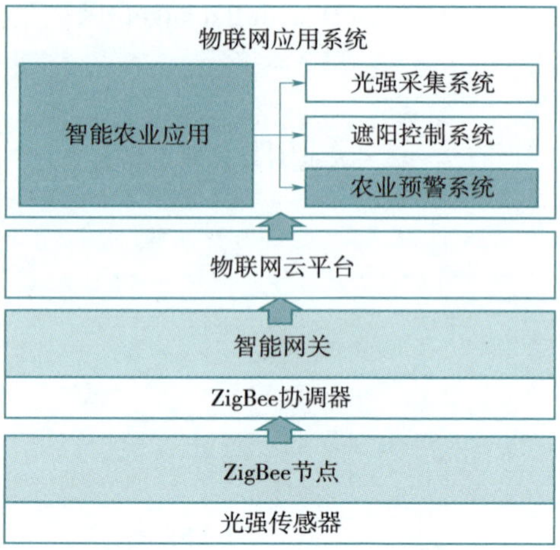

图8-3 农业预警安防系统

本任务的目标是:以大棚内光照强度检测预警系统为例,学习在应用接口下的报警节点的程序开发,学习并掌握控制节点的操作逻辑和应用接口的使用。

为了满足对ZigBee应用接口的充分使用,基于ZigBee无线网的大棚内光照强度检测预警系统的ZigBee节点携带了光强传感器。光强传感器采用的是BH1750,使用IIC总线通信。任务中定时采集光照信息并定时上报,同时系统中添加了光强危险阈值监控功能,当节点检测到光强调节超出能力范围时,系统会发出报警信息,报警信息每3 s发送一次。当远程控制设备发出查询指令时,节点能够执行指令并反馈光强采集信息,当系统查询光强调节安全信息时,节点能够执行指令并返回系统光强调节安全信息。

整个农业光强采集和调节的实现分为两个部分,分别为硬件功能设计和软件协议设计。下面对这两个部分分别进行讲解。

1. 硬件功能设计

根据前面的分析,为了实现对农业物联网项目数据上报情况的模拟,硬件中使用了光照传感器作为光强信息的来源,通过光照传感器定时获取光强信息并上报,以此完成数据发送。农业光强信息采集硬件框图设计如图8-4所示。

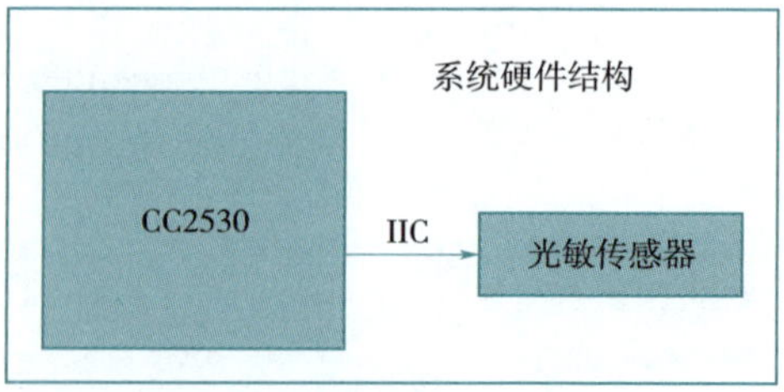

图8-4 农业光强系统节点硬件示意图

从图8-4中可知,光照检测使用了外接传感器,外接传感器使用的是BH1750,通过IIC总线与CC2530 ZigBee芯片进行通信。BH1750传感器硬件原理图如图8-5所示。

图8-5中BH1750传感器采用IIC总线,其中SCL连接到CC2530单片机的P0_0端口,SDA连接CC2530单片机的P0_1端口。

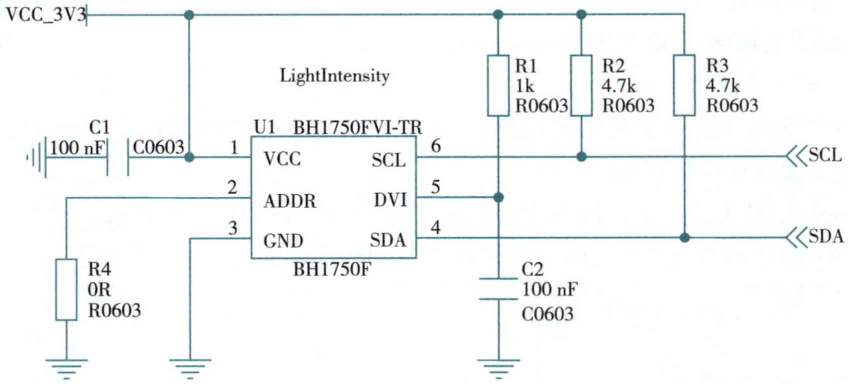

图 8-5　光强传感器硬件原理图

2. 软件协议设计

光强传感器节点 ZigBeeLightFlag 工程实现了农业预警安防系统,该程序实现了以下功能:

(1)节点入网后,每隔 20 s 上行上传一次光强传感器数值。

(2)程序每隔 100 ms 检测一次光强值,并判断光强值是否超过设定的阈值,若超过则每隔 3 s 上传一次报警状态。

(3)应用层可以下行发送查询命令,读取最新的光强传感器数值、光强过阈报警状态。

ZigBeeLightFlag 工程采用类 JSON 格式的通信协议,具体见表 8-2。

表 8-2　光强预警通信协议

数据方向	协议格式	说　明
上行(节点往应用发送数据)	{lightIntensity = X}、{lightStatus = Y}	X 表示采集的光强值,Y 表示光强的报警状态
下行(应用往节点发送指令)	{lightIntensity = ?}、{lightStatus = ?}	1. 查询光强值,返回:{lightIntensity = X},X 表示采集的光强值 2. 查询光强报警状态值,返回:{ lightStatus = Y},,Y 为 1 表示光强值超过阈值,Y 为 0 表示光强值正常

(二)农业预警安防系统程序分析

光强预警传感器节点 ZigBeeLightFlag 工程采用智云传感器驱动框架开发,实现了光强阈值的实时监测和预警、光强当前光照值和报警状态的查询、光照当前光照值的循环上报、无线数据包的封/解包等功能。下面详细分析光强预警项目中安防类传感器的程序逻辑:

(1)传感器应用部分。在 sensor.c 文件中实现,包括光强传感器硬件初始化(sensorInit())、光强传感器节点入网调用(sensoLinkOn())、光强传感器光强值和报警状态的上报(sensoUpdate())、光强传感器预警实时监测并处理(sensorCheck())、处理下行的用户命令(ZXBeeUserProcess())、用户事件(MyEventProcess())。

(2)光强传感器驱动。在 BH1750.c 文件中实现,通过调用 IIC 驱动实现对光强传感器实时数据的采集。

(3)无线数据的收发处理。在 zxbee-inf.c 文件中实现,包括 ZigBee 无线数据的收/发处理函数。

(4)无线数据的封/解包。在 zxbee. c 文件中实现,其中封包函数为 ZXBeeBegin()、ZXBeeAdd()、ZXBeeEnd();解包函数为 ZXBeeDecodePackage()。

(三)农业预警系统应用设计

农业预警系统属于安防类传感器应用,主要完成传感器报警阈值的实时监测和上报预警。

(1)光强传感器硬件初始化

ZStack sapi 框架下,ZStack 协议栈初始化完成后,在 AppCommon. c 文件内接收 ZB_ENTRY_EVENT 系统事件并处理,执行调用传感器初始化函数,实现代码如下:

```
void zb_HandleOsalEvent(uint16 event)
{
  if(event & ZB_ENTRY_EVENT) {
……
sensorInit();                                      //传感器初始化
  }
……
}
```

在 sensor. c→sensorInit()函数中实现光强传感器的硬件初始化,实现代码如下:

```
void sensorInit(void)
{
  bh1750_init();          //光强传感器初始化

  //启动定时器,触发传感器上报数据事件:MY_REPORT_EVT
  osal_start_timerEx(sapi_TaskID,MY_REPORT_EVT,(uint16)((osal_rand()% 10)*
1000));
  //启动定时器,触发传感器监测事件:MY_CHECK_EVT
  osal_start_timerEx(sapi_TaskID,MY_CHECK_EVT,100);
}
```

(2)光强传感器光强值和报警状态循环上报

采集类传感器负责定时上报所采集的光强数据和报警状态,在 sensor. c→sensorInit()函数中初始化完传感器硬件后,启动一个定时器来触发循环事件 MY_REPORT_EVT,在 MY_REPORT_EVT 事件触发后,进入到 AppCommon. c→zb_HandleOsalEvent()函数,触发用户事件,并调用 sensor. c→MyEventProcess(event)函数,在该函数内调用 sensorUpdate()进行光强数据和报警状态上报,并再次启动一个定时器来触发循环事件 MY_REPORT_EVT,实现光强数据和报警状态的循环上报,代码如下:

```
void sensorUpdate(void)
{
  char pData[16];
  char*p = pData;

  //光强度采集
  updateLightIntensity();

  ZXBeeBegin();                                   //智云数据帧格式包头
```

```
    //更新光强值
    sprintf(p,"% .1f",lightIntensity);
    ZXBeeAdd("lightIntensity",p);

    //更新 lightStatus 的值
    sprintf(p,"% u",lightStatus);
    ZXBeeAdd("lightStatus",p);

    p = ZXBeeEnd();                              //智云数据帧格式包尾
    if(p ! = NULL) {
      ZXBeeInfSend(p,strlen(p));                 //将需要上传的数据进行打包,并通过 zb_
SendDataRequest()发送到协调器
    }
  }
```

(3)光强传感器阈值实时监测及预警处理

在 sensor. c→sensorInit()函数中初始化完传感器硬件后,会启动一个 100 ms 的定时器来触发传感器实时数据采集事件 MY_CHECK_EVT,在 MY_CHECK_EVT 事件触发后,进入到 AppCommon. c→zb_HandleOsalEvent()函数,触发用户事件,并调用 sensor. c→MyEventProcess(event)函数,在该函数内调用 sensorCheck()进行光强数值的实时监测和阈值判断,并再次启动一个定时器来触发循环事件 MY_CHECK_EVT,实现光强数值的实时循环监测,代码如下:

```
  void sensorCheck(void)
  {
    static char lastlightStatus=0;
    static uint32ct0=0;
    char pData[16];
    char*p = pData;

    //光强阈值报警状态采集
    updateLightIntensity();

    ZXBeeBegin();

    //光强阈值报警状态监测
  if(lastlightStatus ! = lightStatus ||(ct0 ! = 0 && osal_GetSystemClock() >(ct0+
3000))) {
      sprintf(p,"% u",lightStatus);
      ZXBeeAdd("lightStatus",p);
  ct0 = osal_GetSystemClock();
      if(lightStatus == 0) {
        ct0 = 0;
      }
      lastlightStatus = lightStatus;
    }

    p = ZXBeeEnd();
    if(p ! = NULL) {
```

```
      int len = strlen(p);
      ZXBeeInfSend(p,len);
    }
  }
```

在 sensorCheck()函数中,程序会判断当前实时的光强值是否超过设定的阈值,如果持续超过阈值,则每隔 3 s 进行一次光强超标的状态上报,如果不超过阈值,则在状态翻转后仅上报一次。

(4)光强传感器节点入网处理

光强传感器节点入网后,ZStack sapi 框架会进行入网确认处理 AppCommon. c→zb_StartConfirm(),该函数调用 sensor. c→sensorLinkOn()函数进行入网后光照传感器数据上报。

```
void sensorLinkOn(void)
{
  sensorUpdate();
}
```

(5)处理无线下行控制命令

当 ZStack 协议栈接收到发送过来的下行数据包:AppCommon. c→zb_ReceiveDataIndication()函数,会调用 zxbee-inf. c→ZXBeeInfRecv()函数对无线数据解包,并将解包后返回的应答数据包发送给应用层。

```
void ZXBeeInfRecv(char*pkg,int len)
{
  char*p = ZXBeeDecodePackage(pkg,len);
  if(p ! = NULL) {
    ZXBeeInfSend(p,strlen(p));
  }
}
```

zxbee. c→ZXBeeDecodePackage()函数将接收到的无线数据包进行命令解析,并先调用 zxbee-sys-command. c→ZXBeeSysCommandProc()函数进行系统命令处理,最后再调用 sensor. c→ZXBeeUserProcess()函数进行用户命令处理,在该函数内实现了当前电动机状态的查询、电动机控制指令的处理等。

```
int ZXBeeUserProcess(char*ptag,char*pval)
{
  int ret = 0;
  char pData[16];
  char*p = pData;

  //控制命令解析
  if(0 == strcmp("lightIntensity",ptag)){                    //查询执行器命令编码
    if(0 == strcmp("?",pval)){
      updateLightIntensity();
      ret = sprintf(p,"% .1f",lightIntensity);
      ZXBeeAdd("lightIntensity",p);
    }
```

```
    }
    if(0 == strcmp("lightStatus",ptag)){                    //查询执行器命令编码
      if(0 == strcmp("?",pval)){
    updateLightIntensity();
        ret = sprintf(p,"% u",lightStatus);
        ZXBeeAdd("lightStatus",p);
      }
    }

    return ret;
  }
```

（四）农业预警系统驱动设计

农业预警系统采用数字光强传感器 BH1750FVI 进行光强采集，光强传感器驱动在 BH1750. c 文件中实现，通过调用 IIC 驱动实现对光强传感器实时数据的采集。具体内容参考前文。

任务小结

ZigBee 网络的数据监测与报警处理有很多应用场合，报警类节点的安全信息与危险信息的发送的实时性也不同，安全信息可在一段时间内更新一次，如半分钟或一分钟。而危险信息则相对紧急，危险信息的上报时间要保持在 1 s 更新一次，也就是要对危险信息的变化进行实时的监控，以确保对危险信息变化的实时掌握。

思考与练习

1. BH1750FVI 采用________通信接口。
2. 农业预警系统属于________类传感器应用。
3. ________层可以下行发送查询命令。
4. 光强预警传感器节点 ZigBeeLightFlag 工程采用________传感器驱动框架开发。
5. 光照检测使用了外接传感器，外接传感器使用的是________。
6. 采集类传感器负责定时上报所采集的________数据和________状态。

项目九

BLE 家庭门磁报警系统

学习目标

- 掌握 BLE 数据接收与发送接口的使用。
- 掌握 BLE 数据协议设计。

任务　开发 BLE 家庭门磁报警系统

任务描述

本任务主要讲述物联网控制类节点的程序开发，通过设计基于 BLE 的家庭门磁报警系统，理解 BLE 安防类传感器程序逻辑、智云控制类程序开发接口，以及家庭门禁安防程序开发。

任务分析

一、安防类程序逻辑分析

（一）安防类场景分析

BLE 无线网络的使用过程中尤为重要的功能之一就是能够实现对监测信息的预警，通过 BLE 无线节点将警报数据通过 BLE 网络将传感器数据在 BLE 主设备上进行汇总，并为数据分析和处理提供数据支持。

BLE 无线网络远程信息预警的程序逻辑同项目八。

（二）安防类程序通信协议设计

安防类程序通信协议设计采用类 JSON 数据包格式。为了实现智能门磁系统的有效性测试，这里使用霍尔传感器代替客厅门禁进行控制。在接收到查询指令并执行操作后反馈操作结果，并使用键值对的形式反馈控制结果，指令表定义见表 9-1。

表 9-1 安防类通信协议

数据方向	协议格式	说明
上行(节点往应用发送数据)	{doorStatus = X}	X 表示霍尔传感器状态
下行(应用往节点发送指令)	{doorStatus = ?}	查询霍尔传感器状态,返回:{doorStatus = Y},X 为 0 表示门磁打开状态,X 为 1 表示门磁关闭状态

二、安防类程序接口分析

(一)程序接口分析

传感器安防预警功能基于 BLE 无线传感网络系统,在传感网建立完成后,进行传感器硬件的初始化。同时开启用户定时事件,进行传感器数值的循环上报实时监测。根据设计好的通信协议,节点将数据通过网关发送到物联网云平台进行数据处理,最终应用系统调用服务接口进行应用交互。安防预警系统需要实时监测传感器数值。

远程传感器预警安防系统程序逻辑流程设计如图 9-1 所示。

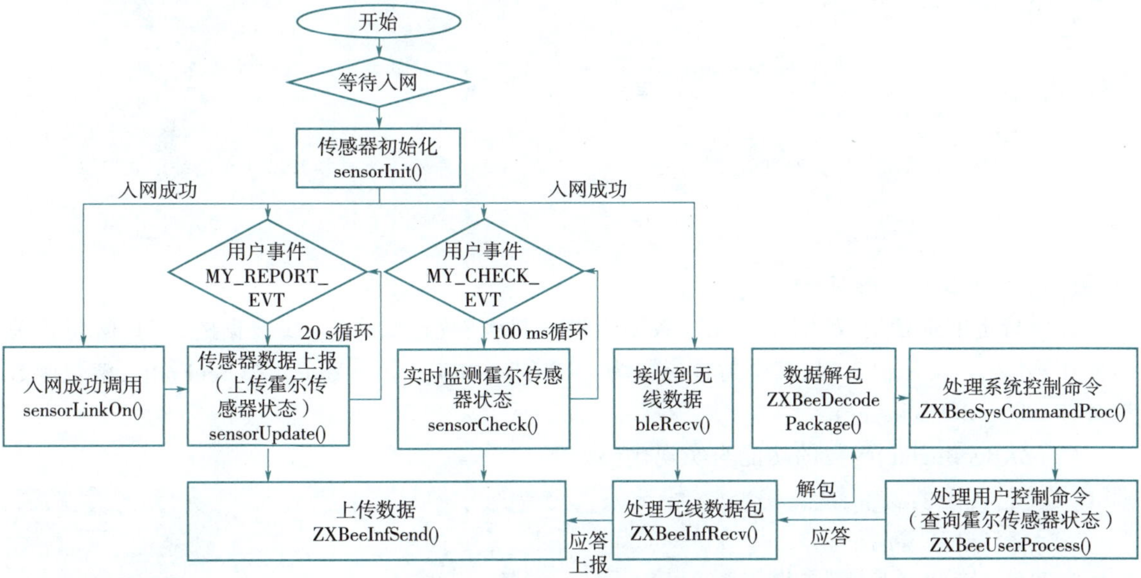

图 9-1 安防类传感器程序流程

(二)无线数据包收发

无线数据的收发处理:在 zxbee-inf. c 文件中实现,包括 ZigBee 无线数据的收/发处理函数。

(1)ZXBeeInfSend()函数的功能与实现代码如下:

```
/*********************************************************************
* 名称:ZXBeeInfSend()
* 功能:节点发送无线数据包给汇集节点
* 参数:*p-- 要发送的无线数据包
* 返回:
* 修改:
* 注释:
*********************************************************************/
```

```
    void ZXBeeInfSend(char*p,int len)
    {
        HalLedSet(HAL_LED_1,HAL_LED_MODE_OFF);
        HalLedSet(HAL_LED_1,HAL_LED_MODE_BLINK);
        zb_SendDataRequest(0,0,len,(uint8* )p,0,0/* AF_ACK_REQUEST* /,AF_DEFAULT_
RADIUS);
    }
```

(2)ZXBeeInfRecv()函数的功能与实现代码如下:

```
    /*********************************************************************
    * 名称:ZXBeeInfRecv()
    * 功能:节点收到无线数据包
    * 参数:*pkg-- 收到的无线数据包
    * 返回:
    * 修改:
    * 注释:
    *********************************************************************/
    void ZXBeeInfRecv(char*pkg,int len)
    {
      char*p = ZXBeeDecodePackage(pkg,len);      //对接收到的无线数据包进行解析,并返回
应答的数据包
      if(p ! = NULL) {
        ZXBeeInfSend(p,strlen(p));               //将返回的应答数据包发送给汇集节点
      }
    }
```

(三)无线数据包解析

针对特定的通信协议,需要对无线数据包进行封包、解包操作,无线数据的封包、解包相关函数在 zxbee. c 文件中实现,其中封包函数为 ZXBeeBegin()、ZXBeeAdd()、ZXBeeEnd();解包函数为 ZXBeeDecodePackage()。

(1)ZXBeeBegin()函数的功能与实现代码如下:

```
    /*********************************************************************
    * 名称:ZXBeeBegin()
    * 功能:ZXBee 通信协议的帧头"{"
    * 参数:
    *********************************************************************/
    int8 ZXBeeBegin(void)
    {
      wbuf[0] = '{';                        //添加帧头"{"
      wbuf[1] = '\0';
      return 1;
    }
```

(2)ZXBeeEnd()函数的功能与实现代码如下:

```
    /*********************************************************************
    * 名称:ZXBeeEnd()
    * 功能:ZXBee 通信协议的数据包添加结束帧"}",并返回封包后的数据包指针
```

```
 * 参数:wbuf-- 返回封包后的数据包指针
 * 返回:
 ***************************************************************************/
 char* ZXBeeEnd(void)
 {
   int offset = strlen(wbuf);
   wbuf[offset-1] = '}';                        //添加帧尾“}”
   wbuf[offset] = '\0';                         //添加数据包结束符
   if(offset >2) return wbuf;
   return NULL;
 }
```

(3)ZXBeeAdd()函数的功能与实现代码如下:

```
 /***************************************************************************
 * 名称:ZXBeeAdd()
 * 功能:ZXBee 通信协议的数据包中添加数据
 * 参数:tag-- 变量;val-- 值
 * 返回:len-- 数据长度
 * 修改:
 * 注释:
 ***************************************************************************/
 int8 ZXBeeAdd(char* tag,char* val)
 {
   sprintf(&wbuf[strlen(wbuf)],"% s=% s,",tag,val);  //添加数据包键值对
   return strlen(wbuf);
 }
```

(4)ZXBeeDecodePackage()函数的功能与实现代码如下:

```
 /***************************************************************************
 * 名称:ZXBeeDecodePackage()
 * 功能:对接收到的无线数据包进行解包
 * 参数:pkg-- 数据  len-- 数据长度
 * 返回:p-- 返回的数据包
 * 修改:
 * 注释:
 ***************************************************************************/
 char* ZXBeeDecodePackage(char*pkg,int len)
 {
   char*p;
   char*ptag = NULL;
   char*pval = NULL;

   if(pkg[0] ! = '{'||pkg[len-1] ! = '}') return NULL;  //判断数据帧头帧尾格式

   ZXBeeBegin();                                   //为返回的命令响应添加帧头

   pkg[len-1] = 0;
   p = pkg+1;                                      //将数据包去掉帧头帧尾
```

```
    do{
      ptag = p;
      p = strchr(p,'=');                                //判断键值对内的“=”
      if(p ! = NULL) {
        *p++ = 0;                                       //提取“ = ”左边 ptag
        pval = p;           //指针指向 pval
        p = strchr(p,',');                              //判断数据包内键值对分隔符“ , ”
        if(p ! = NULL)*p++ = 0;                         //提取“ = ”右边 pval
        int ret;
        ret = ZXBeeSysCommandProc(ptag,pval);           //将提取出来的键值对命令,发送给系
统函数处理
        if(ret < 0) {
            ret = ZXBeeUserProcess(ptag,pval);          //将提取出来的键值对命令,发送给用
户函数处理
        }
      }
    } while(p ! = NULL);                                //当数据包未解析完,则继续循环
    p = ZXBeeEnd();                                     //为返回的命令响应添加帧尾

    return p;
  }
```

任务引导与步骤

三、家庭门禁安防系统

(一)家庭门禁安防系统设计

家庭门禁安防系统是智慧家庭应用中的一个子系统,主要实现对家庭门磁状态检测,实现对家庭门磁报警的管理。

家庭门禁安防系统是采用 BLE 无线传感网技术,部署霍尔传感器和 BLE 无线节点,与智能网关组网并连接到物联网云平台,最终通过智慧家庭应用系统远程对霍尔传感器的检测,如图 9-2 所示。

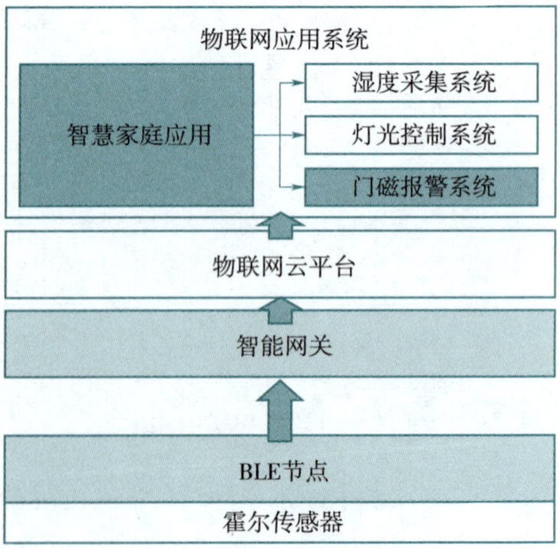

图 9-2 家庭门禁安防系统

本任务的目标是:以家庭门磁报警系统为例,学习在应用接口下的检测节点的程序开发,学习并掌握控制节点的操作逻辑和应用接口的使用。

为了满足对设备安防场景的模拟,基于 BLE 无线网的家庭门禁安防系统的 BLE 节点携带了霍尔传感器受检设备。霍尔传感器直接与 CC2540 芯片相连,霍尔传感器受 CC2540 控制。根据前文对设备检测逻辑的分析,任务中定时上报霍尔传感器状态,当远程检测设备发出检测指令时,节点能够执行指令并反馈控制结果信息。

整个家庭门禁安防系统的实现分为两个部分,分别为硬件功能设计和软件协议设计。下面对这两个部分分别进行讲解。

1. 硬件功能设计

为了实现对家庭物联网项目设备检测情况的模拟,硬件中使用了霍尔传感器来模拟家庭门磁的功能,霍尔传感器受 CC2540 控制。家庭门磁报警系统硬件框图设计如图 9-3 所示。

从图 9-3 中可知,CC2540 直接驱动霍尔传感器,霍尔传感器接口电路原理图如图 9-4 所示。

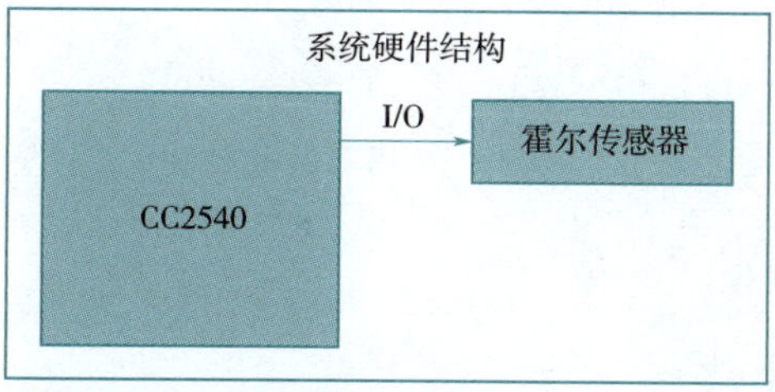

图 9-3 家庭门磁报警系统硬件框图

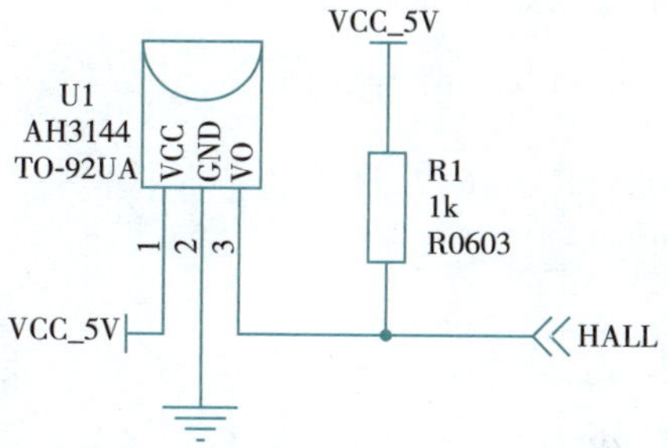

图 9-4 霍尔传感器接口电路原理图

2. 软件协议设计

霍尔传感器节点 BLEDoorAlarm 工程实现了家庭门磁预警系统,该程序实现了以下功能:

(1)节点入网后,每隔 20 s 上行上传一次霍尔传感器数值。

(2)应用层可以下行发送查询命令读取最新的霍尔传感器状态、光强过阈报警状态。ZigBeeLightFlag 工程采用类 JSON 格式的通信协议,具体见表 9-2。

表 9-2 门磁预警通信协议

数据方向	协议格式	说明
上行(节点往应用发送数据)	{doorStatus=X}	X 表示霍尔传感器状态
下行(应用往节点发送指令)	{doorStatus =?}	查询霍尔传感器状态,返回:{ doorStatus =Y},X 为 0 表示门磁打开状态,X 为 1 表示门磁关闭状态

(二)家庭门磁报警系统程序分析

门磁报警传感器节点 BLEDoorAlarm 工程采用智云传感器驱动框架开发,实现了霍尔传感器状态的实时监测、霍尔传感器状态的查询、霍尔传感器状态的循环上报、无线数据包的封/解包等功能。下面详细分析门磁报警项目中安防类传感器的程序逻辑:

(1)传感器应用部分。在 sensor. c 文件中实现,包括霍尔传感器硬件初始化(sensorInit())、霍尔传感器节点入网调用(sensoLinkOn())、霍尔传感器光强值和报警状态的上报(sensoUpdate())、霍尔传感器预警实时监测并处理(sensorCheck())、处理下行的用户命令(ZXBeeUserProcess())、用户事件(MyEventProcess())。

(2)霍尔传感器驱动。在 hall. c 文件中实现,通过 CC2540 驱动霍尔传感器实时数据的采集。

(3)无线数据的收发处理。在 zxbee-inf. c 文件中实现,包括 BLE 无线数据的收/发处理函数。

(4)无线数据的封包/解包。在 zxbee. c 文件中实现,其中封包函数为 ZXBeeBegin()、ZXBeeAdd()、ZXBeeEnd();解包函数为 ZXBeeDecodePackage()。

(三)家庭门磁报警系统应用设计

家庭门磁报警系统属于安防类传感器应用,主要完成远程传感器检测的下行控制。

(1)霍尔传感器硬件初始化

BLE 协议栈框架下,BLE 协议栈初始化完成后,在 ZXBeeBLEPeripheral. c 文件内执行调用传感器初始化函数,代码如下:

```
void zb_SimpleBLEPeripheral_Init(uint8 task_id)
{
#ifndef CC2540_Serial
  sensorInit();                                         //传感器初始化
#endif
  }
……
}
```

在 sensor. c→sensorInit()函数中实现霍尔传感器的硬件初始化,代码如下:

```
void sensorInit(void)
{
  //初始化 LED 代码
  hall_init();                                                //霍尔传感器初始化
  //启动定时器,触发传感器上报数据事件:MY_REPORT_EVT
  osal_start_timerEx(simpleBLEPeripheral_TaskID,MY_REPORT_EVT,(uint16)((osal_
rand()% 10)* 1000));
}
```

(2)霍尔传感器状态循环上报

安防类传感器负责定时上报所采集的光强数据和报警状态,保持设备的在线状态通知。在 sensor. c→sensorInit()函数中初始化完传感器硬件后,启动一个定时器来触发循环事件 MY_REPORT_EVT,在 MY_REPORT_EVT 事件触发后,进入到 ZXBeeBLEPeripheral. c→SimpleBLEPeripheral_ProcessEvent()函数,触发用户事件,并调用 sensor. c→MyEventProcess(event)函数,在该函数内调用 sensorUpdate()进行霍尔传感器状态上报,并再次启动一个定时器来触发循环事件 MY_REPORT_EVT,实现霍尔传感器状态的循环上报,实现代码如下:

```
void MyEventProcess(uint16 event)
{
  if(event & MY_REPORT_EVT) {
    sensorUpdate();                                   //传感器数据定时上报
    //启动定时器,触发事件:MY_REPORT_EVT
    osal_start_timerEx(simpleBLEPeripheral_TaskID,MY_REPORT_EVT,20* 1000);
  }
  if(event & MY_CHECK_EVT) {
    sensorCheck();                                    //传感器状态实时监测
    //启动定时器,触发事件:MY_CHECK_EVT
    osal_start_timerEx(simpleBLEPeripheral_TaskID,MY_CHECK_EVT,100);
  }
}
```

在 sensor. c 文件中使用函数 sensorUpdate()实现电动机传感器的状态上报,代码如下:

```
void sensorUpdate(void)
{
char pData[16];
  char*p = pData;
  //门磁状态更新
  updateDoorStatus();
  ZXBeeBegin();                              //智云数据帧格式包头
  //更新 doorStatus 的值
  sprintf(p,"% u",doorStatus);
  ZXBeeAdd("doorStatus",p);
    p = ZXBeeEnd();                          //智云数据帧格式包尾
  if(p ! = NULL) {
    ZXBeeInfSend(p,strlen(p));               //将需要上传的数据进行打包操作,并通过 zb_
SendDataRequest()发送到协调器
  }
  printf("sensor->sensorUpdate(): doorStatus=% u\r\n",doorStatus);
  }
}
```

(3)霍尔传感器实时监测及预警处理

在 sensor. c→sensorInit()函数中初始化完传感器硬件后,会启动一个 100 ms 的定时器来触发传感器实时数据采集事件 MY_CHECK_EVT,在 MY_CHECK_EVT 事件触发后,进入到 ZXBeeBLEPeripheral. c→SimpleBLEPeripheral_ProcessEvent()函数,触发用户事件,并调用 sensor. c→MyEventProcess(event)函数,在该函数内调用 sensorCheck()进行光强数值的实时监测和阈值判断,并再次启动一个定时器来触发循环事件 MY_CHECK_EVT,实现光强数值的实时循环监测。

```
void sensorCheck(void)
{
  static char lastDoorStatus=0;
  static uint32 ct0=0;
  char pData[16];
  char*p = pData;
  //门磁状态采集
  updateDoorStatus();
  ZXBeeBegin();
  if(lastDoorStatus ! = doorStatus ||(ct0 ! = 0 && osal_GetSystemClock() >(ct0+
3000))) {                                                        //门磁状态监测
    sprintf(p,"% u",doorStatus);
    ZXBeeAdd("doorStatus",p);
ct0 = osal_GetSystemClock();
    if(doorStatus == 0) {
      ct0 = 0;
    }
    lastDoorStatus= doorStatus;
  }
```

```
    p = ZXBeeEnd();
    if(p ! = NULL) {
      int len = strlen(p);
      ZXBeeInfSend(p,len);
    }
  }
```

(4)霍尔传感器节点入网处理

节点入网后,BLE 协议栈框架会进行入网确认处理 ZXBeeBLEPeripheral. c→peripheral-StateNotificationCB(),该函数调用 sensor. c→sensorLinkOn()函数进行入网后霍尔传感器状态上报。

```
void sensorLinkOn(void)
{
  sensorUpdate();
}
```

(5)处理无线下行控制命令

当 BLE 协议栈接收到发送过来的下行数据包:ble. inf. c→bleRecv()函数,会调用 zxbee-inf. c→ZXBeeInfRecv()函数对无线数据的解包,并将解包后返回的应答数据包发送给应用层。

```
void ZXBeeInfRecv(char*pkg,int len)
{
  char*p = ZXBeeDecodePackage(pkg,len);
  if(p ! = NULL) {
    ZXBeeInfSend(p,strlen(p));
  }
}
```

zxbee. c→ZXBeeDecodePackage()函数将接收到的无线数据包进行命令解析,并先调用 zxbee-sys-command. c→ZXBeeSysCommandProc()函数进行系统命令处理,最后调用 sensor. c→ZXBeeUserProcess()函数进行用户命令处理,如查询湿度值命令,实现代码如下:

```
int ZXBeeUserProcess(char*ptag,char*pval)
{
  int ret = 0;
  char pData[16];
  char*p= pData;
  //控制命令解析
  if(0 == strcmp("doorStatus",ptag)){                              //查询执行器命令编码
    if(0 == strcmp("?",pval)){
  updateDoorStatus();
      ret = sprintf(p,"% u",doorStatus);
      ZXBeeAdd("doorStatus",p);
}
  }
    return ret;
}
```

(四)家庭门禁安防系统驱动设计

家庭门禁安防系统采用 CC2540 实现霍尔传感器的采集霍尔传感器驱动函数包括 hall_init()

和 get_hall_status(),主要实现霍尔传感器的硬件初始化,以及获得霍尔传感器状态。

(1)霍尔传感器硬件初始化的函数功能与实现代码如下:

```
/************************************************************************
* 名称:hall_init()
* 功能:霍尔传感器初始化
************************************************************************/
void hall_init(void)
{
  P0SEL &= ~0x04;                                    //配置管脚为通用IO模式
  P0DIR &= ~0x04;                                    //配置控制管脚为输入模式
}
```

(2)获得霍尔传感器状态的函数功能与实现代码如下:

```
/************************************************************************
* 名称:unsigned char get_hall_status(void)
* 功能:获取霍尔传感器状态
************************************************************************/
unsigned char get_hall_status(void)
{
  if(P0_2)                                           //霍尔传感器检测引脚
    return 0;                                        //没有检测到信号返回0
  else
    return 1;                                        //检测到信号返回1
}
```

任务小结

BLE网络的数据发送有很多的应用场合,如环境监测、智能监控、智能玩具等。数据发送方式的格式多种多样,但要实现收发双方数据的有效识别,需要在两者之间建立一套通信协议,用来约定收发的内容信息。在一套约定好的数据通信协议下才能实现有效的数据收发。

思考与练习

1. BLE无线网络的使用过程中最为重要的功能之一就是能够实现对________的预警。
2. 警报数据通过BLE网络将传感器数据在BLE________设备上进行汇总。
3. 为了实现智能门磁系统的有效性测试,这里使用________传感器代替客厅门禁进行控制。
4. BLE节点将数据通过网关发送到________进行数据处理。
5. 在接收到查询指令并执行操作后反馈操作结果,这里使用________的形式反馈控制结果。
6. 根据设计好的通信协议,节点将数据通过网关发送到________进行数据处理,最终应用系统调用服务接口进行应用交互。
7. 简述家庭门禁安防系统项目的任务目标。

项目十

Wi-Fi 家居智能安防系统

学习目标

- 掌握 Wi-Fi 数据接收与发送接口的使用。
- 掌握 Wi-Fi 数据协议设计。

任务　开发 Wi-Fi 家居智能安防系统

任务描述

本任务主要讲述物联网安防类节点的程序开发，通过设计基于 Wi-Fi 家居智能安防系统，理解 Wi-Fi 安防类传感器程序逻辑、智云安防类程序开发接口，以及家居智能安防系统程序开发。

任务分析

一、安防类程序逻辑分析

（一）安防类程序场景分析

Wi-Fi 无线网络的使用过程中尤为重要的功能之一就是能够实现对监测信息的预警，通过 Wi-Fi 无线节点将警报数据通过 Wi-Fi 网络将传感器数据在 Wi-Fi 主设备上进行汇总，并为数据分析和处理提供数据支持。其远程信息预警程序逻辑同项目八、项目九。

（二）安防类程序通信协议设计

安防类程序协议设计采用类 JSON 数据包格式。人体红外报警器设计协议见表 10-1。

表 10-1　安防类通信协议

数据方向	协议格式	说　明
上行（节点往应用发送数据）	{infraredStatus = X}	X 表示安防报警状态，X = 1，有告警；X = 0，无告警
下行（应用往节点发送指令）	{infraredStatus = ?}	查询安防报警状态值，返回：{infraredStatus = Y}，Y 为 1 表示报警，Y 为 0 表示正常

二、安防类程序接口分析

(一)程序接口分析

传感器应用部分在sensor.c文件中实现,包括传感器硬件初始化、传感器节点入网调用、传感器数值和报警状态的上报、传感器预警实时监测并处理、处理下行的用户命令、循环定时触发。

- sensorInit()函数下实现用户对传感器设备的初始化和启动数据上报事件。
- sensorLinkOn()函数下用于处理当节点组网成功后需要执行的操作。
- sensorUpdate()函数下实现对控制器状态值的上报。
- sensorCheck()函数下实现实时监测传感器报警状态,并实时预警上报。
- ZXBeeUserProcess()函数下处理接收到的数据,并执行数据携带的操作指令。
- sensorLoop()函数下实现循环定时触发。

传感器安防预警功能基于Wi-Fi无线传感网络系统,在传感网建立完成后,进行传感器硬件的初始化。同时开启循环定时触发上报,进行传感器状态的循环上报。根据设计好的通信协议,节点将数据通过网关发送到物联网云平台进行数据处理,最终应用系统调用服务接口进行应用交互。安防预警系统需要实时监测传感器数状态,根据判断结果进行报警通知。

远程传感器预警安防系统程序逻辑流程设计如图10-1所示。

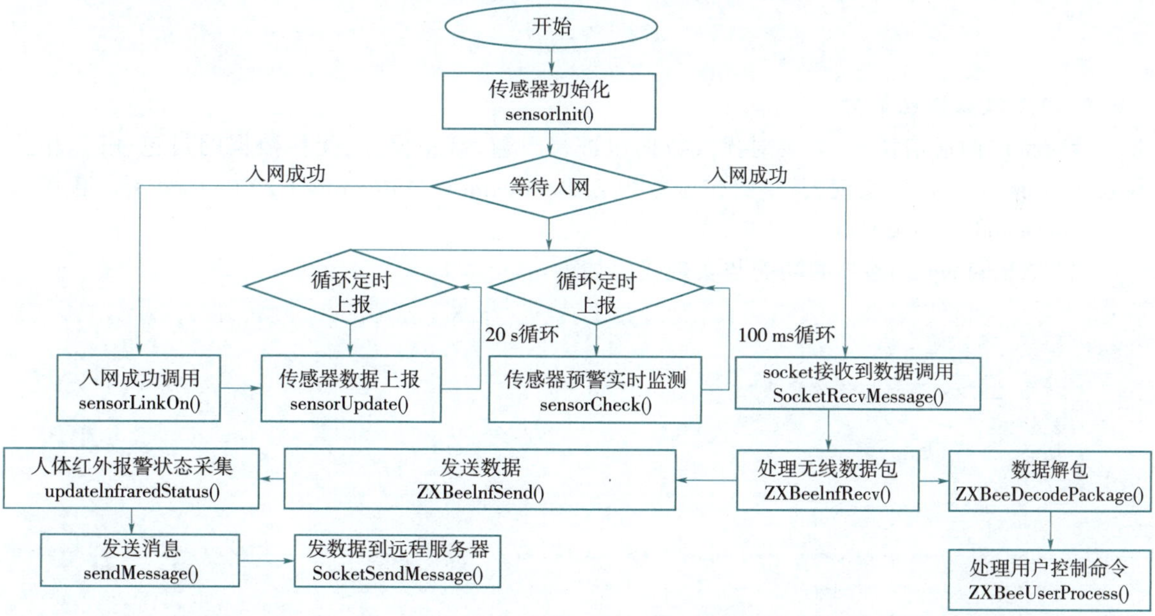

图10-1　安防类传感器程序流程

(二)无线数据包收发

无线数据的收发处理在zxbee-inf.c文件中实现,包括ZigBee无线数据的收/发处理函数。

(1)ZXBeeInfSend()函数的功能与实现代码如下:

```
/**********************************************************************************
* 名称:ZXBeeInfSend()
* 功能:节点发送无线数据包给汇集节点
```

```
* 参数:*p-- 要发送的无线数据包
*********************************************************************/
void ZXBeeInfSend(char*p,int len)
{
    HalLedSet(HAL_LED_1,HAL_LED_MODE_OFF);
    HalLedSet(HAL_LED_1,HAL_LED_MODE_BLINK);
    zb_SendDataRequest(0,0,len,(uint8* )p,0,0/* AF_ACK_REQUEST* /,AF_DEFAULT_
RADIUS);
}
```

(2)ZXBeeInfRecv()函数的功能与实现代码如下:

```
/*********************************************************************
* 名称:ZXBeeInfRecv()
* 功能:节点收到无线数据包
* 参数:*pkg-- 收到的无线数据包
*********************************************************************/
void ZXBeeInfRecv(char*pkg,int len)
{
  char*p = ZXBeeDecodePackage(pkg,len);     //对接收到的无线数据包进行解析,并返回
应答的数据包
  if(p ! = NULL) {
    ZXBeeInfSend(p,strlen(p));              //将返回的应答数据包发送给汇集节点
  }
}
```

(三)无线数据包解析

针对特定的通信协议,需要对无线数据包进行封包、解包操作,无线数据的封包、解包相关函数在 zxbee.c 文件中实现,其中封包函数为 ZXBeeBegin()、ZXBeeAdd()、ZXBeeEnd();解包函数为 ZXBeeDecodePackage()。

(1)ZXBeeBegin()函数的功能与实现代码如下:

```
/*********************************************************************
* 名称:ZXBeeBegin()
* 功能:ZXBee 通信协议的帧头"{"
* 参数:
* 返回:
* 修改:
* 注释:
*********************************************************************/
int8 ZXBeeBegin(void)
{
  wbuf[0] = '{';                          //添加帧头"{"
  wbuf[1] = '\0';
  return 1;
}
```

(2)ZXBeeEnd()函数的功能与实现代码如下:

```
/*********************************************************************
* 名称:ZXBeeEnd()
```

```
* 功能:ZXBee 通信协议的数据包添加结束帧"}",并返回封包后的数据包指针
* 参数:wbuf-- 返回封包后的数据包指针
* 返回:
* 修改:
* 注释:
*****************************************************************************/
char* ZXBeeEnd(void)
{
  int offset = strlen(wbuf);
  wbuf[offset-1] = '}';                  //添加帧尾"}"
  wbuf[offset] = '\0';                   //添加数据包结束符
  if(offset >2) return wbuf;
  return NULL;
}
```

(3)ZXBeeAdd()函数的功能与实现代码如下:

```
/*****************************************************************************
* 名称:ZXBeeAdd()
* 功能:ZXBee 通信协议的数据包中添加数据
* 参数:tag-- 变量;val-- 值
* 返回:len-- 数据长度
* 修改:
* 注释:
*****************************************************************************/
int8 ZXBeeAdd(char* tag,char* val)
{
  sprintf(&wbuf[strlen(wbuf)],"% s=% s,",tag,val);  //添加数据包键值对
  return strlen(wbuf);
}
```

(4)ZXBeeDecodePackage()函数的功能与实现代码如下:

```
/*****************************************************************************
* 名称:ZXBeeDecodePackage()
* 功能:对接收到的无线数据包进行解包
* 参数:pkg-- 数据  len-- 数据长度
* 返回:p-- 返回的数据包
* 修改:
* 注释:
*****************************************************************************/
char* ZXBeeDecodePackage(char*pkg,int len)
{
  char*p;
  char*ptag = NULL;
  char*pval = NULL;

  if(pkg[0] ! = '{'||pkg[len-1] ! = '}') return NULL;      //判断数据帧头帧尾格式
```

```
    ZXBeeBegin();                                         //为返回的命令响应添加帧头

    pkg[len-1] = 0;
    p = pkg+1;                                            //将数据包去掉帧头帧尾
    do {
      ptag = p;
      p = strchr(p,'=');                                  //判断键值对内的“ = ”
      if(p ! = NULL) {
        *p++ = 0;                                         //提取“ = ”左边 ptag
        pval = p;          //指针指向 pval
        p = strchr(p,',');                                //判断数据包内键值对分隔符“ , ”
        if(p ! = NULL)*p++ = 0;                           //提取“ = ”右边 pval
        int ret;
        ret = ZXBeeSysCommandProc(ptag,pval);             //将提取出来的键值对命令,发送给系
统函数处理
        if(ret < 0) {
            ret = ZXBeeUserProcess(ptag,pval);            //将提取出来的键值对命令,发送给用
户函数处理
        }
      }
    } while(p ! = NULL);                                  //当数据包未解析完,则继续循环
    p = ZXBeeEnd();                                       //为返回的命令响应添加帧尾

    return p;
  }
```

任务引导与步骤

三、家居智能安防系统

(一)家居智能安防系统设计

家居智能安防系统是智慧家居应用中的一个子系统,主要实现对人体红外状态实时监测预警。

家居智能安防系统采用 Wi-Fi 无线传感网技术,通过部署人体红外传感器和 Wi-Fi 无线节点,将采集到的状态通过智能网关发送到物联网云平台,最终通过家居智能安防系统进行人体红外状态的采集,如图 10-2 所示。

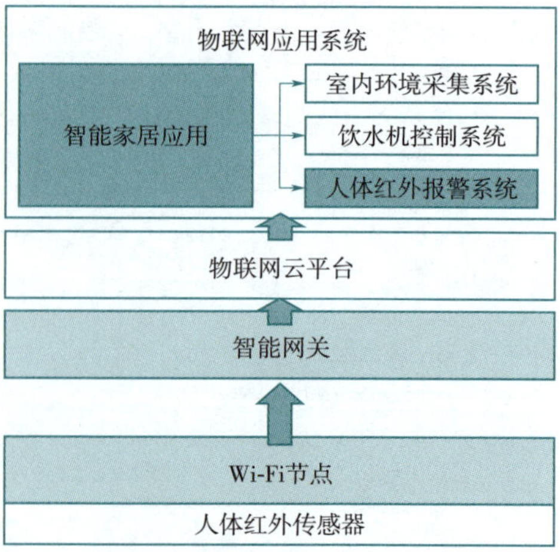

图 10-2　家居智能安防系统

本任务的目标是:以家居智能安防系统为例,学习在应用接口下的报警节点的程序开发,学习并掌握控制节点的操作逻辑和应用接口的使用。

为了满足对 Wi-Fi 应用接口的充分使用,基于 Wi-Fi 无线网的家居智能安防系统的 Wi-Fi 节点携带了人体

红外传感器。人体红外传感器采用的是 AS312。任务中定时采集人体红外传感器信息并定时上报。当远程控制设备发出查询指令时，节点能够执行指令并反馈人体红外采集信息，当系统查询人体红外调节安全信息时，节点能够执行指令并返回系统人体红外调节安全信息。

整个家居智能安防系统的实现分为两个部分，分别为硬件功能设计和软件协议设计。下面对这两个部分分别进行讲解。

1. 硬件功能设计

为了实现对家居智能安防项目数据上报情况的模拟，硬件中使用了人体红外传感器作为人体红外信息的来源，通过人体红外传感器定时获取人体红外信息并上报，以此完成数据发送。家居智能安防硬件框图设计如图 10-3 所示。

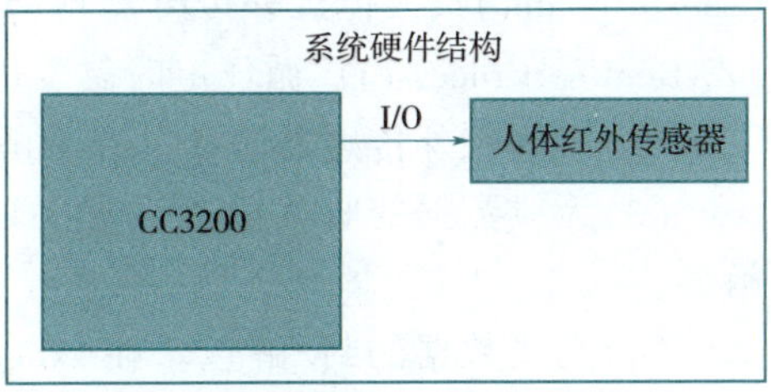

图 10-3 家居智能安防硬件框图设计

从图 10-3 中可知，人体红外检测使用了外接传感器，外接传感器使用的是 AS312，AS312 传感器硬件原理图如图 10-4 所示。

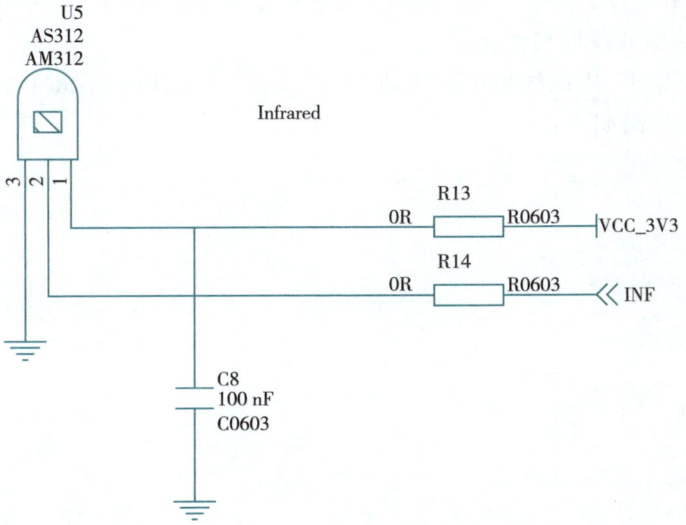

图 10-4 AS312 传感器硬件原理图

2. 软件协议设计

人体红外传感器节点 WiFiInfrared 工程实现了家居智能安防系统，该程序实现了以下功能：

(1) 节点入网后，每隔 20 s 上行上传一次人体红外传感器状态。

(2) 程序每隔 100 ms 检测一次人体红外状态。

(3) 应用层可以下行发送查询命令读取最新的光强传感器状态。

WiFiInfrared 工程采用类 JSON 格式的通信协议，具体见表 10-2。

表 10-2 家居智能安防系统通信协议

数据方向	协议格式	说明
上行(节点往应用发送数据)	{infraredStatus = X}	X 表示采集的人体红外状态值
下行(应用往节点发送指令)	{infraredStatus = ?}	查询人体红外状态值，返回：{infraredStatus = X}，X 表示采集的人体红外值

(二)家居智能安防系统程序分析

家居智能安防传感器节点 WiFiInfrared 工程采用智云传感器驱动框架开发,实现了人体红外传感器的实时监测、当前人体红外传感器状态的查询、人体红外传感器当前状态的循环上报、无线数据包的封/解包等功能。下面详细分析光强预警项目中安防类传感器的程序逻辑:

(1)传感器应用部分。在 sensor. c 文件中实现,包括人体红外传感器硬件初始化(sensorInit())、人体红外传感器节点入网调用(sensoLinkOn())、人体红外传感器光强值和报警状态的上报(sensoUpdate())、人体红外传感器预警实时监测并处理(sensorCheck())、处理下行的用户命令(ZXBeeUserProcess())、循环定时触发(sensorLoop())。

(2)人体红外传感器驱动。在 infrared. c 文件中实现。

(3)无线数据的收发处理。在 zxbee-inf. c 文件中实现,包括 Wi-Fi 无线数据的收/发处理函数。

(4)无线数据的封/解包。在 zxbee. c 文件中实现,其中封包函数为 ZXBeeBegin()、ZXBeeAdd()、ZXBeeEnd();解包函数为 ZXBeeDecodePackage()。

(三)家居智能安防系统应用设计

家居智能安防系统属于安防类传感器应用,主要完成传感器实时监测和上报预警。

(1)人体红外传感器硬件初始化

Wi-Fi 协议栈框架下,协议栈初始化完成后,在 main. c 文件内 main()函数中执行调用传感器初始化函数,实现代码如下:

```
void main()
{
    long lRetVal =-1;
    //Board Initialization
    BoardInit();                                        //板载初始化
    SysTickInit();                                      //初始化 systick 定时器
    //Initialize the uDMA
UDMAInit();                                             //初始化 DMA 控制
…
#ifndef CC3200_Serial
    sensorInit();
#endif
    …
#ifndef CC3200_Serial
        sensorLoop();
#endif
      _SlNonOsMainLoopTask();
    }
}
```

在 sensor. c→sensorInit()函数中实现人体红外传感器的硬件初始化,实现代码如下:

```
void sensorInit(void)
{
  //初始化传感器代码
  infrared_init();                                          //人体红外传感器初始化
}
```

(2)人体红外数据循环上报

控制类传感器负责定时上报所采集的传感器状态值,在 sensor. c→sensorInit()函数中初始化完传感器硬件后,启动一个定时器来触发循环上报数据,每隔 ct_update 来调用 sensor. c→sensorLoop()函数,该函数内调用 sensorUpdate()和 sensorCheck()进行温度传感器数据上报和实时监测,实现人体红外状态的循环上报。

```
void sensorLoop(void)
{
  static unsigned long ct_update = 0;
  static unsigned long ct_check = 0;
  if(t4exp(ct_update)) {
    sensorUpdate();
    ct_update = t4ms()+20* 1000;
  }
  if(t4exp(ct_check)) {
    sensorCheck();
    ct_check = t4ms()+100;
  }
}
```

在 sensor. c 文件中实现继电器的状态上报 sensorUpdate(),通过 ZXBeeBegin()、ZXBeeAdd(char * tag,char * val)、ZXBeeEnd(void)函数实现对数据的封包,最后调用 zxbee-inf. c→ZXBeeInfSend(char * p,int len)函数将数据包发送给应用。

```
void sensorUpdate(void)
{
  char pData[16];
  char*p = pData;
  //人体红外报警状态更新
  updateInfraredStatus();
  ZXBeeBegin();                                    //智云数据帧格式包头
  //更新 infraredStatus 的值
  sprintf(p,"% u",infraredStatus);
  ZXBeeAdd("infraredStatus",p);

  p = ZXBeeEnd();                                  //智云数据帧格式包尾
  if(p ! = NULL) {
    ZXBeeInfSend(p,strlen(p));
  }
  DebugMsg("sensor->sensorUpdate(): infraredStatus=% u\r\n",infraredStatus);
}
```

在 sensor. c 文件中实现继电器的状态实时监测 sensorCheck(),通过 ZXBeeBegin()、ZXBeeAdd(char * tag, char * val)、ZXBeeEnd(void)函数实现对数据的封包,最后调用 zxbee-inf. c→ZXBeeInfSend(char * p,int len)函数将数据包发送给应用。

```
void sensorCheck(void)
{
  static char lastinfraredStatus=0;
```

```
    static uint32 ct0=0;
    char pData[16];
    char*p = pData;
    //人体红外报警状态采集
    updateInfraredStatus();
    ZXBeeBegin();
    if(lastinfraredStatus ! = infraredStatus ||(ct0 ! = 0 && clock_time() >(ct0+
3000))) {  //人体红外报警状态监测
      sprintf(p,"% u",infraredStatus);
      ZXBeeAdd("infraredStatus",p);
      ct0 = clock_time();
      if(infraredStatus == 0) {
        ct0 = 0;
      }
      lastinfraredStatus = infraredStatus;
    }
    p = ZXBeeEnd();
    if(p ! = NULL){
      int len = strlen(p);
      ZXBeeInfSend(p,len);
    }
  }
```

(3)人体红外传感器节点入网处理

人体红外传感器节点入网后,Wi-Fi 协议栈框架会进行入网确认处理 main. c→SocketInit(),再调用 sensor. c→sensorLinkOn()函数进行入网后温度传感器数据上报。

```
void sensorLinkOn(void)
{
  sensorUpdate();
}
```

(4)处理无线下行控制命令

当 Wi-Fi 协议栈接收到发送过来的下行数据包:main. c→SocketRecvMessage()函数,会调用 zxbee-inf. c→ZXBeeInfRecv()函数对无线数据的解包,并将解包后返回的应答数据包发送给应用层。

```
void ZXBeeInfRecv(char* buf,int len)
{
  char*p = ZXBeeDecodePackage(buf,len);
  if(p ! = NULL) {
    ZXBeeInfSend(p,strlen(p));
  }
}
```

zxbee. c→ZXBeeDecodePackage()函数将接收到的无线数据包进行命令解析,并先调用 zxbee-sys-command. c→ZXBeeSysCommandProc()函数进行系统命令处理,最后调用 sensor. c→ZXBeeUserProcess()函数进行用户命令处理,如查询人体红外状态命令,代码如下:

```
int ZXBeeUserProcess(char*ptag,char*pval)
{
  int ret = 0;
  char pData[16];
  char*p = pData;
  //控制命令解析
  if(0 == strcmp("infraredStatus",ptag)){                //查询执行器命令编码
    if(0 == strcmp("?",pval)){
      updateInfraredStatus();
      ret = sprintf(p,"% u",infraredStatus);
      ZXBeeAdd("infraredStatus",p);
}
  }
  return ret;
}
```

（四）家居智能安防系统驱动设计

红外探测器设备内部硬件一般由微处理器、人体红外传感器、无线通信相关模块组成，结构相对简单，红外探测器内部结构如图 10-5 所示。

图 10-6 所示是将数字智能控制电路与人体探测敏感元件都集成在电磁屏蔽罩内的热释电红外传感器。人体探测敏感元将感应到的人体移动信号通过甚高阻抗差分输入电路耦合到数字智能集成电路芯片上，数字智能集成电路将信号转化成 15 位 ADC 数字信号，当 PIR 信号超过选定的数字阈值时就会有 LED 动态输出，以及具有定时时间的 REL 电平输出。OEN 使能端可使 REL 输出或通过光照传感器自动控制。灵敏度和时间参数通过电阻设置，对应相应的数值，其电压被转化成为带有 7 位分辨率的数字阈值。所有的信号处理都在芯片上完成。AS312 内部方框图如图 10-7 所示。

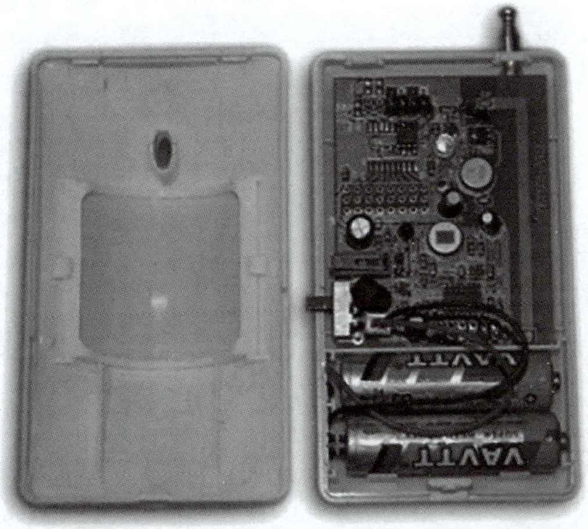

图 10-5　红外探测器内部结构

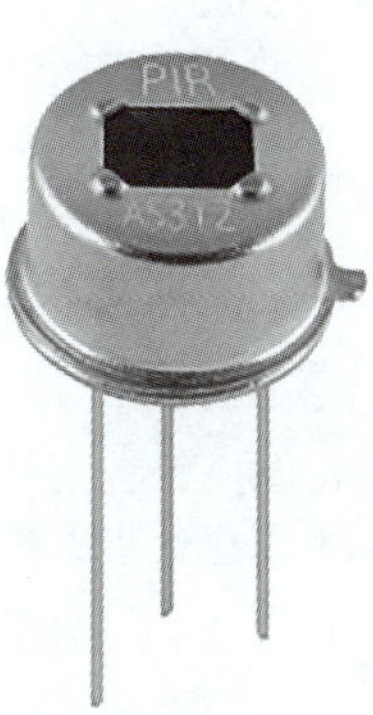

图 10-6　热释电人体红外传感器

人体红外传感器驱动函数包括 infrared_init()和 get_infrared_status()，主要实现人体红外传感器的硬件初始化，以及获得人体红外传感器的状态。

REL的高电平输出延时时间	T_{OH}		2.3		S	
振荡器和滤波器						
低通滤波器截止频率				7	Hz	
高通滤波器截止频率				0.44	Hz	
芯片上的振荡器频率	F_{CLK}			64	kHz	
内部方框图	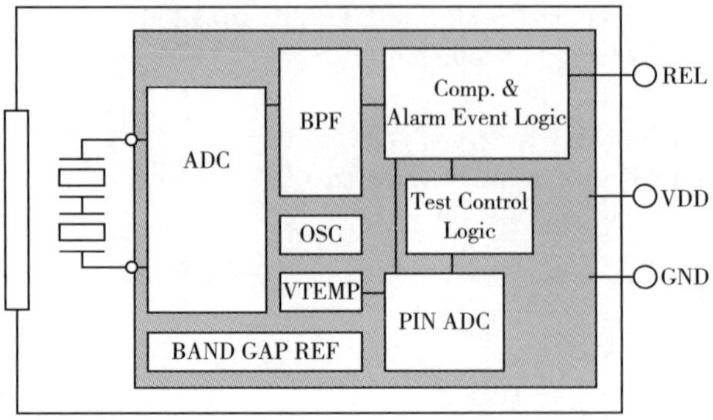					

图 10-7　AS312 内部方框图

（1）人体红外传感器硬件初始化的函数功能和实现代码如下：

```
/*************************************************************************
* 名称:infrared_init()
* 功能:人体红外传感器硬件初始化
* 参数:无
* 返回:无
*************************************************************************/
void infrared_init(void)
{
  PRCMPeripheralClkEnable(PRCM_GPIOA1,PRCM_RUN_MODE_CLK);        //使能时钟
  PinTypeGPIO(PIN_04,PIN_MODE_0,false);                           //选择引脚为 GPIO
模式(gpio16)
  GPIODirModeSet(GPIOA1_BASE,G13_UCPINS,GPIO_DIR_MODE_IN);        //设置 GPIO16 为输
入模式
  PinConfigSet(PIN_04,PIN_TYPE_STD_PD,PIN_MODE_0);                //上拉
}
```

（2）获得人体红外传感器状态的函数功能和实现代码如下：

```
/*************************************************************************
* 名称:unsigned char get_infrared_status(void)
* 功能:获取人体红外传感器状态
* 参数:无
* 返回:无
* * * * * * * * **********************************************************
*************/
unsigned char get_infrared_status(void)
{
```

```
if((unsigned char)GPIOPinRead(GPIOA1_BASE,G13_UCPINS) >0)
                                                  //人体红外传感器检测引脚
  return 1;                                       //检测到信号返回 1
else
  return 0;                                       //没有检测到信号返回 0
}
```

任务小结

随着 Wi-Fi 网络的普及，通过包含 Wi-Fi 功能的智能网关将多种设备进行集成，通过部署人体红外传感器和 Wi-Fi 无线节点，将采集到的状态通过智能网关发送到物联网云平台，提高了系统的整体性能和可靠性。

思考与练习

1. 传感器安防预警功能基于________无线传感网络。
2. 针对特定的通信协议，需要对无线数据包进行________、________操作。
3. 家居智能安防系统是智慧家居应用中的一个子系统，主要实现对________状态实时监测预警。
4. 家居智能安防系统采用________无线传感网技术，通过部署________传感器和________无线节点，将采集到的状态通过________发送到物联网云平台。
5. 人体红外传感器采用的是________。
6. 整个家居智能安防项目实例的实现分为两个部分，分别为________功能设计和________实现设计。
7. 人体探测敏感元件将感应到的人体移动信号通过______________电路耦合到数字智能集成电路芯片上，数字智能集成电路将信号转化成________位的________数字信号。
8. 红外探测器设备内部硬件一般由________、________传感器、________等相关模块组成。
9. 简述家居智能安防系统项目的任务目标。

参 考 文 献

[1]廖建尚. 物联网平台开发及应用:基于 CC2530 和 ZigBee[M]. 北京:电子工业出版社, 2016.

[2]刘洋,张颖慧,赵鑫. 无线通信技术与应用研究[M]. 北京:化学工业出版社, 2023.

[3]胡瑛. ZigBee 无线通信技术应用开发[M]. 北京:电子工业出版社, 2020.

[4]曹纪磊. 基于无线传感网络的定位与测距技术研究[J]. 长江信息通信,2023,36(8):204-206.

[5]孙祥安,朱泓艺. 面向多业务的家庭网络模拟[J]. 物联网技术,2022,12(10):33-35.